振兴乡村发展战略
林业实用技术丛书

延安红枣与花椒

丰产栽培技术

YANAN HONGZAO YU HUAJIAO
FENGCHAN
ZAIPEI JISHU

延安市林业局　组编

高永强　白双明　羽鹏芳　编著

陕西新华出版传媒集团
陕西科学技术出版社
西安

图书在版编目(CIP)数据

延安红枣与花椒丰产栽培技术 / 高永强，白双明，羽鹏芳编著. --西安：陕西科学技术出版社，2022.11

ISBN 978-7-5369-8511-7

Ⅰ. ①延… Ⅱ. ①高… ②白… ③羽… Ⅲ. ①枣-果树园艺②花椒-栽培技术 Ⅳ. ①S665.1②S573

中国版本图书馆 CIP 数据核字（2022）第 123405 号

延安红枣与花椒丰产栽培技术

高永强　白双明　羽鹏芳　编著

出 版 人　崔　斌
责任编辑　赵文欣
封面设计　李渊博

出 版 者　陕西新华出版传媒集团　陕西科学技术出版社
西安市曲江新区登高路 1388 号陕西新华出版传媒产业大厦 B 座
电话(029)81205187　传真(029)81205155　邮编 710061
http://www.snstp.com
发 行 者　陕西新华出版传媒集团　陕西科学技术出版社
电话(029)81205180　81205191
印　　刷　西安市建明工贸有限责任公司
规　　格　787mm×1092mm　32 开本
印　　张　12.375
字　　数　251 千字
版　　次　2022 年 11 月第 1 版
印　　次　2022 年 11 月第 1 次印刷
书　　号　ISBN　978-7-5369-8511-7
定　　价　50.00 元

《振兴乡村发展战略林业实用技术丛书》编写委员会

延安市林业局　组编

主　任　王占金

副主任　李永东

编　委　王占金　李永东　王思柏　白双明　刘延民
　　　　谷　敏　高　健　任和平　王　涛　陈国伟

序

延安市地处陕北黄土高原丘陵沟壑腹地，是苹果最佳优生区，也是红枣、核桃、花椒适生区。位于黄河沿岸的延川、延长、宜川等县是我国红枣、花椒优生区，靠近渭北地区的黄龙、黄陵、洛川等县是我国核桃优生区。延安市有13833万公顷天然林，发展森林康养、森林生态旅游资源丰富，在林下养蜂、森林猪、森林鸡，种植中药材、食用菌等具有得天独厚的自然条件。

延安市曾经是黄河流域水土流失最为严重的地区之一。1999年，延安市在全国率先实施了退耕还林工程，经过全市上下20多年的不懈努力，山川大地实现了由“黄”到“绿”的历史性转变。为解决退耕后群众的收入问题，延安市大力发展大棚蔬菜、山地苹果、舍饲养殖等后续产业，全市苹果、红枣、核桃、花椒等特色经济林规模不断扩大，其中干果经济林面积在2011年达到8.27万公顷，年均产值突破12亿元，成为产区群众脱贫致富奔小康的支柱产业。同时，中蜂养殖、森林猪、森林鸡、食用菌、中药材等林下经济和森林生态旅游也得到较快发展，森林康养基地、自然科学教育基地和国家森林公园初具规模，旅游收入实现稳步增长，“绿水青山就是金山银山”理念在圣地延安成功实践。

林业产业是现代林业三大体系之一，做大做强林业产业不仅能保障林区社会稳定、促进林农致富、保护林草资源，对于推动乡村振兴战略深入实施也具有重要意义。党的十八大把生态文明建设纳入中国特色社会主义事业“五位一体”总体布局，党的十九大作出实施乡村振兴战略重大决策部署，“十四五”规划就优先发展农业农村、全面推进乡村振兴、推动绿色发展、促进人与自然和谐共生等作出了专门部署。国家林草局、发改委、财政部、农业农村部等部委和陕西省林业局等厅局就科学利用林地资源促进木本油料和林下经济高质量发展出台了具体意见，省、市还就加快推进核桃、苹果等经济林建设和森林康养生态旅游等制定出台了一系列政策措施，为我市发展林业产业提供了有力支持。

多年来，延安市广大林业科技工作者勇于实践，不断探索创新特色经济林和林下经济种养技术，为林业产业发展作出了积极贡献。但是我市林业产业依然存在管理粗放、科技含量低、产业链不完善、产品供给不足、规模效益不突出等问题，特别是红枣易遭受成熟季节连阴雨裂果灾害、核桃和花椒易遭受晚霜冻害等自然灾害，是制约我市干果经济林发展的瓶颈问题；森林生态旅游、森林康养、林下经济等仍处于起步阶段，还没有形成骨干产业，后续发展潜力巨大。

为了助力乡村振兴战略深入实施，推动我市特色干果经济林和林下经济健康发展，帮助林区群众解决生产环节的技术难题，延安市林学会组织本地部分林业科技专家，本着面向实际、科学实用的原则，参考国内、省内红枣、核桃、花椒等干果经济林优质丰产培育管理实践经验，吸收先进地区林业科研新技术、新成果，充分吸纳本地科技工作者多年基层实践经验和技术研究，精心编写了《乡村振兴发展战略林业实用技术丛书》。该系列丛书内容翔实，图文并茂，通俗易懂，科技含量较高，实践操作性较强，突出良种推广、科学管理技术和抗自然灾害生产管理办法，通篇贯穿着新发展理念，展现出作者爱林、护林情怀，凝聚了科技工作者们为林农、为生产一线服务的真情，是他们长期实践锻炼、推广科学技术、指导基层生产的经验总结和智慧结晶。在此对该书的成功编撰出版表示祝贺。

愿这套林业实用技术丛书成为林业基层职工、技术人员和林农生产的良师益友，为他们在生产实践中提供知识营养和技术服务，也真心希望该书在推动林业产业发展、助力乡村全面振兴、加快建设生态文明新征程中发挥应有作用。

王占全

2022 年 4 月

内容提要

红枣、花椒经济林，在延安市区域内均有栽植，主要分布在延安市东部的延川、延长、宜川、黄龙县等黄河沿岸地区，是当地农民脱贫致富的主要经济树种之一，并培育形成了“延川红枣”“宜川花椒”知名品牌，成为延安特色经济林产业。近年来，随着红枣、花椒经济林面积不断向周边县区延伸，效益不断提升，出现了一些制约产业发展中生产技术和管理方面的问题，如管理粗放、品种良莠不齐、科技含量不高、红枣成熟期遭连阴雨裂果、花椒春季遭受晚霜冻害等自然灾害、贮藏加工技术滞后、商品果率低等。

本书针对以上问题，吸收国内、省内红枣和花椒生产管理、加工最新科技成果，以及延安市近年来在红枣、花椒生产管理和科技推广中总结的一些新技术与实践经验，以良种为基础，以标准化、科学化管理为手段，提倡走优质、丰产发展道路，用图文并茂的方式，介绍当前适宜在延安市区域栽植的红枣与花椒优良品种低产园高接换优嫁接改造技术、整形修剪、常见病虫害防治、红枣设施栽植、果实采收贮藏等方面的相关技术，力求促进红枣、花椒经济林产业健康稳步发展，实现优质、丰产、高效的目标。

本书供林业科技人员、广大林农朋友在进行红枣、花椒生产管理中参考。

前　言

红枣、花椒均原产于我国，栽培历史悠久，分布范围较广，容易栽培，群众在房前屋后、庭院四旁、山坡田埂广为栽种。

红枣在世界分布较少，除我国是主要生产国外，伊朗等西亚国家和朝鲜、日本、韩国有少量引种栽培。中国是世界上红枣的最大生产国和红枣产品出口国，晋陕黄河沿岸黄土高原是我国红枣优生区，延安市黄河沿岸的延川、延长、宜川县也是中国红枣优生区。近代以来，红枣作为民间食用果树，在北方地区广泛成片栽植。改革开放后，红枣作为经济林，在我国甘肃、陕西、宁夏、山西、河北、河南、新疆、山东等北方省（区）大规模发展，形成一定区域的红枣产业链。

延安市延川县是“中国红枣之乡”之一，“延川红枣”为中国驰名商标，其品牌享誉国内外，红枣经济林产业已成为当地农民的主导产业和主要经济收入来源。

花椒用途广泛，不仅是我国大部分地区人们居家必备的调味品，也是副食品加工的主要佐料。花椒（果皮）可提取芳香油、可入药，种子可榨油，种子油可加工制作肥皂、工业漆等。花椒树已成为栽种地区群众的“摇钱树”。

延安市是花椒宜生区，其中延长县以南的黄河沿岸和南部县区是我国花椒优生区。花椒在我市作为经济林，从20世纪80年代开始大面积种植，集中分布在黄河沿岸的宜川、延长、黄龙县东部一带。

改革开放实行联产承包到户40年来，红枣、花椒优生区群众把这2种经济林当作脱贫致富的主要经济树种成规模发展。延安市自1999年率先实施退耕还林以来，红枣与花椒作为退耕还林后续产业发展经济林主要树种，在延川、延长、宜川黄河沿岸地区和黄龙县种植面积迅速扩大，红枣面积曾达到3.7万公顷，鲜枣产量突破7万多吨，产值达到8亿元；花椒面积也曾突破6.4万公顷，产量2500多吨，产值1.7亿元。红枣与花椒经济林产业成为当地农民经济收入的一项支柱产业，为产区群众脱贫致富发挥了巨大的作用。

20世纪80年代末以来，延安市从事红枣与花椒经济林产业的科技人员，从全国红枣与花椒产地引入上百个品种，结合当地保存的传统种植品种，筛选出适合延安的红枣、花椒优良品种10余种进行试验栽植，并在苗木繁殖、嫁接、果园管理等方面取得一系列技术成就。特别是近年来，鲜食枣和花椒调料深受广大消费者青睐，其果品收益提升较快，当地群众发展设施红枣和花椒积极性不断提高。

但是，随着红枣、花椒面积的不断扩张，产区劳动力减少，红枣产区近年降雨量不断增多，红枣成熟季节遭连阴雨裂果自然灾害频繁发生，造成丰产不丰收年份增多，挫伤了枣农的积极性，不少群众放松了管理，使枣疯病等病虫害发生率增多，部分枣园被荒弃，保存面积从2012年开始减少。花椒也面临管理粗放，投入不足，新科技、新技术应用推广少，低产老园比例增多，产量提升缓慢，春季遇“倒春寒”天气，遭受晚霜冻害等问题。这些问题制约着红枣与花椒产业稳步发展和继续做大做强，影响了当地乡村振兴战略的实施。

为了实现乡村振兴发展战略，振兴延安红枣与花椒经济林产业，帮助群众选用良种、规范建园、科学管理、改造低效园、增强抵抗自然灾害能力，进一步提高果品质量、产量和效益，针对延安红枣、花椒产区群众在优质丰产栽培管理方面面临的问题，延安市林学会组织当地专家，本着面向实际、科学实用的原则，吸收应用国内、省内红枣与花椒优质丰产培育和管理的新技术、新成果，特别是吸纳了本地科技工作者在解决延安红枣、花椒丰产栽培技术难题和实践中总结出的新技术、好办法，编写了《延安红枣与花椒丰产栽培技术》一书。该书通过图片、通俗易懂的简练文字，说明了相关生产管理技术、办法，便于基层技术人员和群众阅读、辨识、理解、掌握、使用，具有较强的针对性和实用性。

本书主要内容涉及红枣与花椒的良种应用、苗木繁育、栽植建园技术、土肥水管理、整形修剪、病虫害防治等果园管理及采收储藏等，特别是在红枣抗裂果方面，引入设施园建设技术；在花椒防晚霜冻害技术方面，引进良种和新的预防技术。同时，将“延安市红枣生产管理作业年历”“延安市花椒生产管理作业年历”附入书内，很有实用性和前瞻性，可供广大林业科技人员、林农和有关院校大中专学生在工作学习中参考。

本书编写过程中得到了市、县、乡镇各级林业部门的关心支持，特别是党新安、辛文军、刘锦春、任加伟等市、县专家和企业管理者，对编著本书提出了不少宝贵意见，在此谨致衷心感谢！因我国农村目前多以亩为面积单位，为方便广大农民使用，本书中保留亩，1 亩约等于 667 平方米，文中不再另注。限于经验、学识与水平不足，错误之处难免，恳请专家和广大读者不吝指正。

编　者

2022 年 4 月

目 录

第一篇 红 枣

第二篇 花 椒

第一篇

第一章 概 述

一、 枣树的栽培历史和意义

枣树是我国特有的经济林树种，起源于黄河中游地区，据考证已有7000多年的历史。据有关资料记载，红枣在陕西北部黄河沿岸地区栽培历史也有3000多年。在漫长的生产实践中，劳动人民积累了栽培枣树的丰富经验，选育出丰富多彩的品种，为当地农民群众致富作出了巨大的贡献。

枣树是经济林中的重要树种，科学合理地发展红枣产业，对发展县域经济、增加农民收入、改善生态环境、实现乡村振兴都具有重要意义。

枣树的抗逆性和适应性很强，抗旱、耐涝、耐瘠薄、耐盐碱，在山坡、平地、荒山荒坡和“四旁”都可以栽培，是不与粮棉争地的木本树种。枣树在不同类型的土壤中都能生长，因而被群众称为“铁杆庄稼”。特别是在陕北黄河沿岸干旱少雨地区，枣树充分体现了其抗逆性和适应性强的特点。黄土高原沿黄生态脆弱区适合种植红枣，红枣成为解决当地农村发展问题和可持续发展关键因素之一，也很好地协

调了经济收入的增加和水土保持等生态环境的改善。

枣树结果早、丰产性强、盛果期和寿命长，当年栽植当年就可以结果，在管理规范的枣园3~5年即可进入盛产期，且维持时间比较长，有的在百年甚至数百年仍能保持较高的产量。因此发展枣树产业，可一次栽植，长年受益，造福当地百姓。

目前，中国拥有全世界99%的枣树资源和红枣产品，国际贸易量接近100%。枣树是最具代表性的民族果树，是中国第一大干果、第七大果树，是高效利用山、沙、碱、旱土地资源的先锋树种；红枣是1000多万农民的主要经济来源，是健康国人的滋补保健佳品。

二、枣树的分布及种类

1. 红枣分布

世界上有枣树的国家有50多个，但均未形成规模化栽培。红枣以我国栽植为主，除我国外，伊朗等西亚国家和朝鲜、日本、韩国及近年的北美洲有少量引种栽培。红枣在我国的分布范围为东经76°~124°，北纬23°~42°，北至内蒙古，东北到黑龙江，西到新疆，多在平原、沙滩、盐碱、山丘地及高原地带生长。

在我国，枣树种植集中分布在河北、山东、河南、山西、陕西、新疆六省区，约占全国总产的90%，尤其是新疆发展最快。

2. 面积、产量

全国种植面积已超过3000万亩，产量达到800余万吨，红枣

产量占全球产量的97%以上。其中，制干枣面积1800万亩，年产460万吨，优质果品供应与规模化加工并重；鲜食枣面积350万亩，年产300万吨，产值300亿元；特色时令果品蜜枣面积100万亩。设施栽培是特色，传统产区是发展的主产区。枣产区覆盖人口达2500万，枣产业产值1000多亿元。

陕西省秦岭以北是公认的红枣优生区和适生区，是我国五大连片重点红枣主产区之一，红枣种植规模近300万亩，挂果面积270万亩，年产红枣80万吨，面积在全国排名第三。延安市延川县是红枣大县，2001年被国家林业局命名为“中国红枣之乡”；2003年经省质检部门检测评审，获得“无公害红枣生产基地”认证；2006年延川狗头枣、团圆枣、骏枣、大木枣、条枣顺利通过国家质检总局地理标志认证；2012年“延川红枣”商标被国家工商总局认定为中国驰名商标。

3. 品种繁多

据《中国枣种质资源》记载，我国枣品种（品系）共计944种，现已栽植的枣树品种有704个，其中干制品种224个，鲜食品种261个，兼用品种159个，加工品种56个，观赏品种4个。陕北地区有近200个品种，按果实用途分为鲜食品种、制干品种、鲜食制干兼用品种、观赏品种和蜜饯品种5类，知名枣品种包括灰枣、骏枣、冬枣、延川狗头枣、金丝小枣、赞皇大枣、木枣等，干制枣、鲜食枣、鲜干兼用和蜜枣品种的产量比例为53∶40∶5∶2。干制品种主要有金丝小枣、木枣、骏枣、灰枣、婆枣、赞皇大枣、壶瓶枣、扁核枣、灵宝大枣等，鲜食品种主要有冬枣、梨枣、七月鲜等。

鲜食枣采用设施栽培技术使冬枣成熟期提前，形成了露地栽培、

避雨栽培、冷棚栽培和日光温室栽培等多种栽培模式。这些多种栽培模式共存的产业结构，使冬枣成熟采收期从5月中旬一直延续到10月上旬。成熟期的拉长和延伸为冬枣产业赢得了更多的发展空间，也使枣农收获了较高的经济利益。鲜食枣主产区在陕西大荔县和山东沾化区，目前推广栽植的鲜食枣和鲜干兼用品种达10余种（图1-1-1）。

图1-1-1 红枣主要品种

三、红枣的营养和药用价值

1. 红枣的功效

枣果有丰富的营养价值和重要的药用价值，富含诸多营养、保健成分，被列为“五果”（桃、李、梅、杏、枣）之一，被誉为“木本粮食”。红枣作为药用，早在汉代有《本经》论枣：“主心腹邪气，安中养脾，助十二经；平胃气，通九窍，补少气，少津

液，身中不足，大惊，四肢重，和百药。”李时珍在《本草纲目》中写道：“枣味甘、性温，能补中益气、养血生津。”《名医别录》中记载：“补中益气，强力，除烦闷，疗心下悬，肠僻澼。”《日华子本草》中记载：“润心肺，止咳，补五脏，治虚劳损，除肠胃癖气。”《黄帝内经》中记载：“肝色青，宜食甘，粳米牛肉枣葵皆甘。”一日三枣，一辈不老。红枣历史文化底蕴深厚，在传统饮食、中药和保健食品中用途广泛（图 1-1-2）。

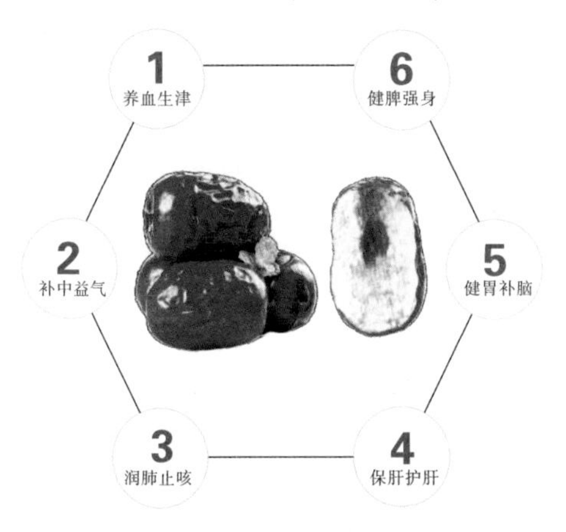

图 1-1-2　红枣功效

2. 红枣的营养价值

红枣含有丰富的三萜类化合物和环磷酸腺苷（cAMP），具有防癌抗癌、降血脂、养肝护脾、养血补气、抗疲劳、安神益气、美容养颜、防治心血管疾病、提高机体免疫力等作用。

红枣是集药、食、补三大功能为一体的果品资源，其休闲化、营养化、功能化加工日趋提高了其产品综合产值，符合当前“方便、美味、可口、实惠、营养、安全、健康、个性化、多样性”

的食品产业发展理念，具有巨大的市场潜力。我国红枣以干枣消费为主，经过分选、晾晒、冲洗、烘干、包装等步骤即可上市销售。

红枣加工产品有紫晶枣、枣酒、红枣浓缩汁、膨化脆片、枣醋、蜜枣等，从分子营养和功能角度开发的红枣精深加工产品较少。

1）**维生素**　枣果中除了含有蛋白质、脂肪外，维生素最多，有天然“维生素丸”之美誉。枣中含有丰富的 V_A、V_{B^1}、V_{B^2}、V_{B^3}、V_C、V_E、V_P 等，尤其 V_C 极为丰富。鲜枣中 V_C 含量可达 540 ~972 毫克/100 克，比苹果高 70~100 倍，比柑橘高 7~10 倍；干枣每 100 克含胡萝卜素 0.04 毫克、V_B 10.06 毫克、V_A 20.15 毫克、V_C12~29 毫克、烟酸 5.1 毫克。

2）**多糖**　红枣还含多糖，即红枣多糖，具有许多重要的功能。20 世纪 80 年代发现，多糖的糖链在分子生物学中具有决定性的作用，能控制细胞分裂和分化，调节细胞生长和衰老；90 年代日本学者发现，从枣中分离纯化得到的多糖具有抗补体的药理活性。

3）**氨基酸类**　红枣中含有人体必需的 18 种氨基酸（天门冬氨酸、谷氨酸、丙氨酸、缬氨酸、辅氨酸、丝氨酸、苯丙氨酸、精氨酸、亮氨酸、赖氨酸、甘氨酸等），其中包括成人体内不能合成的丙氨酸、苏氨酸、色氨酸、蛋氨酸、赖氨酸等，以及儿童体内必需又不能合成的组氨酸、精氨酸。

4）**矿质元素**　枣果中含有 36 种矿质元素，其中主要的有氮、磷、钾、镁、钙、铁、铜、锌、锰和铝等，含量在 1.82%~2.25%。

这些人体不可缺少的矿质元素，对于构成人体的组织结构、维持人体的体液平衡，对成人保健、促进儿童发育和提高智力尤为重要。干枣每100克含钙55~61毫克、铁3.1毫克、磷61毫克。

5）**芳香物质** 红枣含多种挥发性芳香物质。陕西师范大学研究了鲜油枣、鲜木枣、梨枣及烘干的油枣等的挥发性芳香物的化学成分，鉴定出几种化合物，主要为有机酸，按其相对含量排序为Δ9-十六烯酸、棕榈酸、Δ9-十四烯酸、豆蔻酸、葵酸、油酸、月桂酸、己酸。

6）**芦丁** 红枣含丰富的芦丁，含量高达3300毫克/100克以上。芦丁具有多种生理活性作用：能加强Vc的作用并促进Vc在体内积蓄，使人体血脂胆固醇降低；具有维持毛细管正常抵抗力，降低通透性，减少其脆性的作用，是预防和治疗心血管疾病的有效功能成分。

7）**皂苷** 皂苷是一种比较复杂的化合物，它的水溶液振荡时能产生大量持久的蜂窝状泡沫，与肥皂相似，故名皂苷。它是一类生物活性物质，具有降血脂、抗菌、抗病毒、抗氧化、抗自由基、抑制肿瘤细胞生长、免疫调节等作用。经陕西师范大学红枣研究课题组测定，和田玉枣总皂苷含量为6.3毫克/克。

8）**环磷酸腺苷**（cAMP） 环磷酸腺苷是枣中最具特色的生物活性物质，对肿瘤细胞生长有抑制作用，可以治疗哮喘、抑制心肌肥大和抗心律失常与心力衰竭，对血小板功能的调节有重要作用。

环磷酸腺苷在枣中的含量是所有已测植物材料中最高的，为一般动植物材料环磷酸腺苷含量的数千至数万倍，具重要开发利用价值。

3. 红枣的药用价值

红枣有重要的医疗价值。枣树浑身是宝，枣果、枣核、枣仁、树皮、根、叶均可入药。枣果具有补脾和胃、益气生津、解药毒之功效。近年研究发现，枣果中还含有较多的环磷酸腺苷和环磷酸鸟苷，对心血管病、癌症等都有一定疗效。

四、红枣产业存在的问题

我国红枣产量和面积均居世界首位，但存在专用品种普及率低、人工成本高、机械化水平低、产品品质和种植效益下降等问题。

1. 红枣生产成本高，灾害应对能力差

红枣多在山区，干旱缺水以及传统的作业方式，造成红枣生产劣质、低效问题突出，主要表现在山地红枣经营成本高、效益低、品种良莠不齐、病虫危害严重、夏季落花落果、秋季裂果腐烂、冬季霜冻抽干等问题，红枣产业抵御自然灾害能力较差，特别是每到红枣成熟期的 9 月、10 月，阴雨偏多，造成不同程度的裂果烂果问题，红枣丰产不丰收。使用无机化肥使红枣品质降低，已经成为限制红枣产业扩张和技术改造的主要因素。红枣收获期集中，红枣干制加工企业和设备数量严重不足。

2. 缺乏现代化加工企业和有影响力的品牌

95%的干制枣用分选包装，红枣鲜销售估计不到 1%；加工红

枣饮料、高档红枣白兰地、红枣酒、枣片等深加工产品占红枣消耗量的4%左右。红枣加工企业多数属于初级加工企业，主要以烤、熏枣为主，附加值低，效益不高，且多为季节性加工，生产秩序混乱，没有统一的质量标准和卫生要求，未能充分发挥枣果营养优势，特色功能食品加工技术滞后，加工产品严重短缺且生产效益很低。同时，受资金缺乏、贷款难等制约因素的困扰，绝大多数红枣加工企业没有打出知名品牌，分散凌乱，各自为政，市场占有率低，缺乏主打品牌。

3. 缺乏管理劳动力

城市化的发展和农村劳动力的转移，使枣区年轻劳力大量转移，管理主要靠老年人，管理粗放。少数60岁以上的人口经营红枣，对红枣修剪、打药、施肥和收枣力不从心。有的农户甚至放弃红枣园管理，任其自然徒长，导致枣园荒芜。“靠天吃枣”的现状日益凸显。

4. 产业链条短，信息化配套不足

红枣上下游技术之间没有形成精准匹配、紧密联结的链式关系，没有形成适宜大规模产业化经营的完整技术体系，缺少产业技术链、信息链和组织链的有效融合，生产、加工、销售、消费等环节脱节。

五、红枣发展的趋势与对策

（一）今后的发展趋势

我国东北和南方大力发展鲜食，中西部大规模发展干制品种。

红枣产区向西部转移，特别是干枣产区的转移最为明显，目标是品种良种化、良种区域化。选择市场对路的品种和品种类别特别重要。

（1）单位面积的效益是枣农选择红枣经营的标尺（2000～3000元/亩），所以优质高效栽培技术是红枣基地发展的技术保障，满山遍野很难做成产业，精耕细作才是产业发展的方向。

（2）红枣加工业是产业持续健康发展的关键环节，枣农合作组织是红枣优质高效栽培和产后经营的有效形式。

（3）针对生产中的突出问题（如阴雨裂果和病害），必须研究和采取有效的措施（如设施防雨、高效烘烤等）。

（二）高质量发展的对策

1. 从规模数量型转为质量效益型

以往片面追求总规模和单位面积产量的目标导向已经不适应买方市场时代的新要求。在买方市场情况下，能满足消费者需求才是唯一的出路，消费者最关心的是品质及安全性、新颖性、性价比。鉴于此，今后红枣生产应将高产变为优质前提下的适度高产，将品种同质化转为优质多样化，将产品销售片面追求超高价和低价倾销转为优质优价，将面向国内单一市场转为国内、国际两大市场。

1）**发展模式**　在发展模式上，从产区规模化转向枣园规模化。目前，在控制总面积的前提下，需要通过土地流转及公司化和农民专业合作社等途径，加速走上企业化、规模化经营，一、二、三产业融合发展的新道路。

2）**品种布局**　在品种布局上，从良种同质化转为良种多样化，单一品种的大规模化种植势必导致价格的下跌和经济效益的

下降。坚持以干枣为主、鲜枣为辅、良种多样化的定位，制干品种要突出优质和抗病性，主要用于替换现有大宗品种。在交通便利、旅游业发达的区域适当发展优良的不同成熟期的鲜食品种。

3）**栽培管理**　在栽培管理上，从技术复杂化转为技术简单化。在卖方市场和枣农不计劳动成本的情况下，几乎所有的栽培技术都是以提高单产和单果重为目标的。随着从事枣树管理人员的老龄化、雇佣劳动力成本的急剧增加和化肥农药等生产价格的上升，特别是规模化、企业化经营的普及，成本控制变得十分重要。因此，应逐步将劳动密集型转为资金、技术、机械设备密集型。通过采用适栽易管良种、宽行密植建园、生草养殖肥田、水肥一体施用、简化树形修剪、生物物理治虫、壮树避雨防病、全程机械作业等，最大限度地实行机械化、标准化、自动化，实现规模化经营跨越。

4）**加工方式**　在加工方式上，从低档单一化转为高档多样化。据初步统计，红枣产品中初级加工品占到80%以上，精深加工比例很低，加工品的种类与国内其他区域的产品同质化现象严重，市场竞争力差。因此，应加大产品研发力度，重点研发基于木枣营养特点的高营养功能性新产品，提高市场竞争力和经济效益。

2. 从粗放经营型转为科技效益型

（1）要研究品种换代和品质提升技术，研发以优质抗病新品种高接换头和平衡施肥、肥水一体化管理为核心的品质提升技术。

（2）研发集成全程机械化和自动化的省力、节本、安全、高效、新一代栽培技术体系，实现五减（化肥、潜水、农药、人工、

总投入）五增（单产、品质、安全、纯效益、投入产出率），推动枣园规模化、企业化经营。

（3）攻关研究和大规模示范推广重大毁灭性病害（裂果、枣疯病）的高效防治技术体系，保障枣产业的可持续发展。

（4）着力研发面向高端人群的功能性营养品，面向普通百姓日常消费的大宗粮食型产品，面向病人和亚健康人群的医学食品以及面向国际市场的创汇型新产品。

（5）研发林下经济多种经营和一、二、三产业融合的枣产业发展新模式及其关键技术，实现多层面多领域综合增值。

（6）积极引进现代营销模式，开拓国际市场，争取早日将木枣纳入期货市场，为枣业增值增效开拓新渠道。通过新技术、新模式研发应用，为枣产业转型升级和持续健康发展保驾护航。

（三）发展的具体措施建议

1. 推广红枣树精简高效栽培关键技术

枣树大多生长在山区，大型机械无法实施，机械化程度低，各种农活主要通过人力完成，成本居高不下，竞争力低，有必要开展轻简、高效、省力化生产。针对干制枣专用品种栽培用工量大、效率低等问题，集成干制枣宽行稀植、覆膜保墒除草等轻简栽培农艺、机械化简约作业和水肥一体化智能在线管理技术，优化栽培农艺作业过程，筛选、提升配套挖坑施肥同步作业机具、覆膜除草机具及水肥一体化智能管理装备并集成示范，建立干制枣专用优良品种轻简、高效栽培技术规范。

建立可持续红枣低产园改造政策，积极与院校专家合作沟通，试验红枣抗裂果、免打农药、土壤改良、施肥等农业生产新技术。

2. 研究红枣防裂抗裂关键技术

裂果是沿黄红枣生产的最大瓶颈，目前解决裂果最有效的办法就是设施避雨栽培，但沿黄多为坡地枣园，土地破碎，栽植不规范，不适宜搞设施栽培。要根本解决裂果问题，需从品种更新、防裂减损栽培等方面入手，这就需要科研院所、大专院校加大科研力度，协作攻关。从目前个别抗裂品种推广应用效果来看，发展抗裂品种是解决裂果问题最快捷、最经济、最有效的技术途径。因此，要重点开展抗裂品种选育，尽快审定推广一批抗裂优良品种，以期最终突破裂果这个制约红枣生产的瓶颈。针对沿黄枣区干旱少雨、土壤瘠薄、红枣产量低而不稳的现状，在栽培方面要重点开展有机旱作、防裂减损、优质丰产集成技术的研发与推广。科技人才还要扎根一线指导生产，广泛开展技术培训，就地解决实际问题，及时把科研成果和先进管理技术传授给农民，为农民丰产增收和保证产业持续稳定发展提供有力的技术支撑。

3. 应用红枣绿色采收处理技术

针对红枣人工采收用工量大、效率低的问题，提升剪切式、气吸式等人机协同采收机具的结构与性能，建立人机协同绿色采收技术规范；利用光谱与机器视觉的无损检测技术，建立基于枣外观表型品质、内部品质、气象条件的最佳采收时期判定系统，筛选优化配套振动式或气吸采收装置并集成示范，建立枣绿色采收技术规范。

4. 进行红枣深加工和高值化利用

（1）沿黄枣区远离城镇，工矿企业稀少，没有污染，具备生

产有机农产品环境条件。中国人讲究药食同源，红枣营养丰富还可入药，是典型的功能型食品，加强红枣功能性食品的开发生产，可以凸显绿色、养生，实现产业深层增值。

（2）红枣加工可细分为初加工、中加工和深加工，沿黄红枣加工产品定位应以中加工为主，产品主要包括枣片、枣粒、枣粉、枣泥、枣酱、枣汁、红枣酵素等。这些产品多为食品工业基料，市场需求量大。之所以选择中加工是因为沿黄木枣与新疆原枣相比，果个较小、商品外观差，但味道偏酸、风味好，中加工能保留其原有的营养成分，突出风味好的优势，既满足消费者的口感要求，又隐藏了其品相不好的缺陷。目前沿黄枣区红枣加工企业多以粗加工为主，如免洗枣、滩枣、空心脆枣、熏枣、无核糖枣等，要具备中加工能力须在技术、设备上进行大的升级。沿黄枣区红枣加工企业，品牌多而不强，政府应主动引导企业进行整合，把众多品牌整合为1~2个品牌或1~2个企业，通过合并重组提高企业竞争实力，形成在全国有影响力的大型工贸企业。

（3）加大科研力度。基于枣梯度加工原则，采用微波-热风耦合、超声波-中短波红外耦合、射频-中短波红外耦合干燥红枣技术，缩短干燥时间，节省能源，提高干燥效率和品质；规范紫晶枣标准化加工和制定技术；采用超声辅助可控酶解技术，通过低温浸提工艺制备枣原浆产品，制定枣原浆产品标准化加工技术规程；通过可控益生菌发酵红枣渣（原浆加工副产物），采用冻干联合低温粉碎技术制备益生菌枣粉产品，制定益生菌枣粉产品标准化加工技术规程；基于食药同源的食材，通过科学配方，采用加工复合枣产品，制定枣产品标准化加工技术规程；采用高效复合

酶制剂联合机械磨皮法制备去皮枣产品，制定去皮枣产品标准化加工技术规程（图 1-1-3）。

图 1-1-3 蜜枣产品

5. 健全红枣全产业链智联物流一体化

针对红枣全产业链各环节信息流通不畅、产加销脱节等问题，利用遥感、生物传感、机器视觉、智能终端等技术，制定全产业链产加销各环节数据采集标准，应用大数据、区块链、物联网等新兴技术，研发区块链多元异构数据融合和智能合约技术，建立全产业链智联物流一体化大数据平台，实现产加销各环节数据的集成与共享。在全产业链一体化大数据平台框架下，根据红枣生产过程的差异性，运用人工智能、云计算等技术，构建各自全产业链智联物流服务子系统；采用数据挖掘、机器学习、深度学习等方法，通过大数据分析，建立产品销售市场需求预测模型，为全产业链整体与各环节资源配置提供决策依据，打通产加销全产业链关键环节，破解产品卖不好、卖不动、服务难等难题，通过数字赋能推动特色红枣产业提质增效（图 1-1-4）。

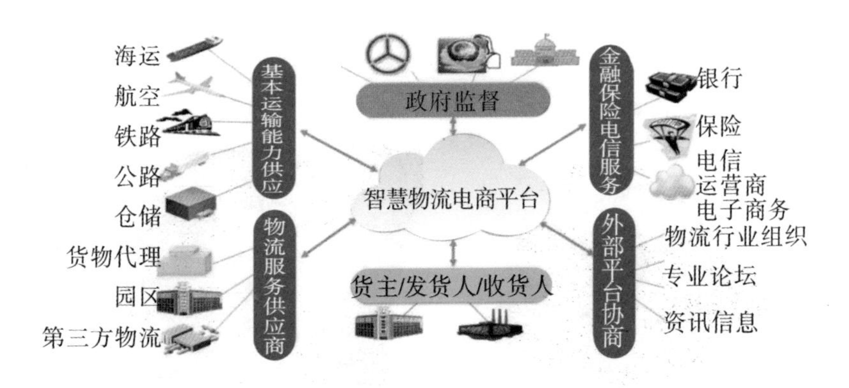

图 1-1-4　大数据平台

6. 创新全产业链经营模式

针对红枣存在的产业链短、产业综合效益低的问题，结合产业链差异化发展现状与市场需求，以“深耕利益链、配置资源链、提升服务链、设计创新链和创新价值链”为理念，明确全产业价值增值的创新路径，创新多主体协同合作的收益分配机制，制定多主体合作、价值共创的资源和服务能力配置规划方案，构建以企业为龙头，原料基地、合作社、农户和科研院所共同参与，以产促销、品牌赋能的差异化全产业链一体化经营协作模式（图 1-1-5）。在红枣主产区，建立基于优良专用品种轻简高效栽培、人机协同绿色采收、初加工产品标准化生产和新产品研发、智联物流产加销全产业链示范，发挥看得见、摸得着的实体样板的示范引领作用，辐射带动全国范围整个产业发展，推动产业链延伸，提高产业综合效益。

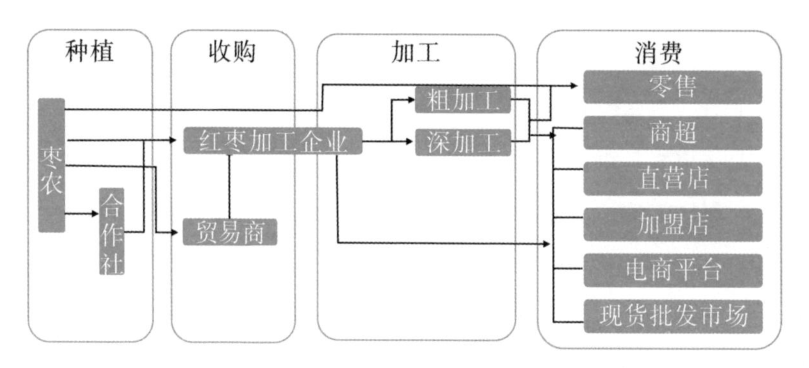

图 1-1-5 我国红枣产业链一体化经营协作模式

第二章 枣树的生物学特性及物候期

一、枣树的生物学特性

（一）生态学特性

（1）枣树在无霜期160天、年均气温8℃、极端最低温-28℃、极端最高温47.6℃、空气相对湿度30%和有灌溉条件的地区，均能栽培。

（2）根深、抗旱、耐瘠薄，对土壤的适应性强，无论沙土、轻黏壤土或盐碱地均能栽培，在pH值8.5的土壤上仍能正常生长。

（3）喜光、喜温，生长发育需较高温度。比一般果树发芽晚，落叶早。春季日均温13℃以上时萌芽，18～19℃时抽梢和花芽分化，20℃以上开花，花期适温为23～25℃以上，秋季气温降至14℃以下时开始落叶。

（二）生物学特性

枣树有五大特性：一是有2种枝、4种芽，作用各不同；二是开花多坐果少，而且随果枝伸长随分化花芽；三是开花坐果要求较高的气温；四是发芽晚，落叶早，树冠枝叶稀疏；五是根系稀疏，水平根易生根蘖。

1. 枣树的芽和枝

1）枣树的芽 枣芽有正芽（主芽）、副芽、隐芽和不定芽。

（1）正芽（主芽）（图1-2-1、图1-2-2）：有芽的形态，外披褐色鳞片，每组鳞片3个，位于枣头一次枝顶端和侧生叶腋中以及枣股顶端和侧面，当年多不萌发，来年萌发后发育成新的发育枝或结果母枝。

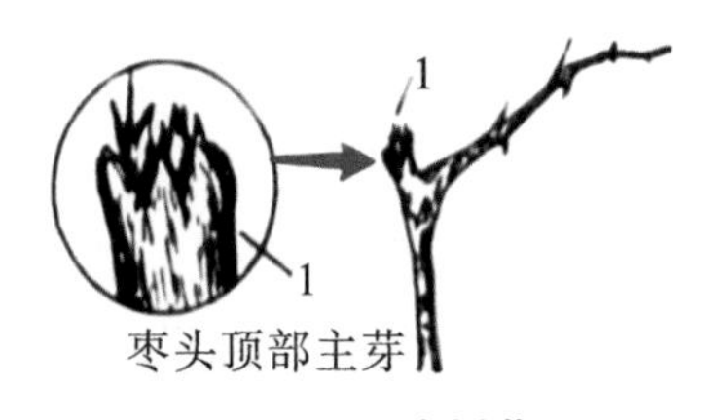

图1-2-1 枣树芽

图1-2-2 枣树主芽

（2）副芽：着生于主芽的侧上方，没有芽的形态，在生长中随着枣头一次枝的延长在各个叶腋中形成，位于枣头的副芽，除基部数芽发育成脱落性二次枝外，中部以上的副芽发育成永久性二次枝。二次枝上的副芽随着枝条的生长而抽出脱落性结果枝，有些当年可开花结果，短缩枝上的副芽多数发育成脱落性结果枝。

（3）隐芽：主芽缺少荷尔蒙或生长抑制时暂不萌发的芽，称为隐芽，萌发后具有明显的徒长性。

（4）不定芽：萌发既无一定时间，又无一定部位，多出现在主干、主枝茎部或机械损伤处。

2）枣树的枝 分为生长性枝和结果性枝2类（图1-2-3）。

（1）生长性枝即发育枝、营养枝，是形成树冠骨架和结果枝系中轴的基础，所以又称“枣头”。由正芽萌生，具有旺盛的延伸能力，能构成树体的主干、主枝、侧枝等骨架。

图 1-2-3 枣树的枝

（2）结果性枝包括二次枝、枣股和枣吊。

a. 二次枝。是由枣头中上部副芽长成的永久性枝条，呈"之"字形向前延伸，是着生枣股的主要枝。通常枝长为 30～40 厘米，节数 4～10 节。

b. 枣股（结果母枝）（图 1-2-4）。是由枣头（一次枝）和二次枝上的正芽萌发形成的短缩枝，每年发芽抽生若干结果枝开花结果，生长量很小，仅 2 毫米左右，是枣树着生结果枝的重要器官。

c. 枣吊（结果枝）（图 1-2-5）。着生在枣股上，为脱落性枝，是枣树开花结果的枝条，又是进行光合作用的重要器官。枝形纤细柔软，浅绿色，一般长 10～20 厘米，长势旺盛的长达 30～40 厘米。

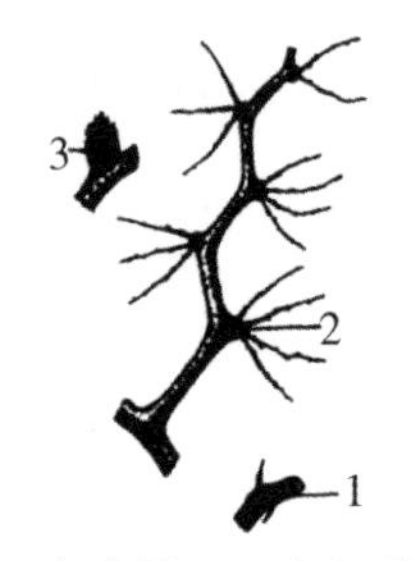

1.年枣股；2.中年枣股；3.老年枣股

图 1-2-4 枣股

图 1-2-5 枣吊

2. 枣树的根系

枣树根系既能固结土壤，支撑地上部分生长，又可吸收、转运水分、无机盐，合成、存储有机物、植物生长激素。

枣树的根系：有水平根、垂直根、侧根和吸收根4类。

1）**水平根**　枣树水平根很发达，向四周延伸力很强，一般超过树冠的3~6倍，与垂直根结合构成根系的主体骨架。水平根多为二叉分支，大多分布在15~30厘米的土层中，主要功能是增加吸收面积，发生根蘖进行繁殖。

2）**垂直根**　由水平根的分枝向下延伸形成，深达3~4米，主要分布于树冠下，其功能是固定树体，吸收土壤深层水分和养分。

3）**侧根**　主要由水平根的分枝形成，延伸力较弱，分枝力强，多沿水平生长，也可转为骨干根。其上着生许多吸收根，吸收矿质营养和水分。

4）**吸收根**　主要着生于侧根上，根粗1~2毫米，长30厘米左右，寿命短，有自疏现象，可周期性更新。

3. 枣树的花

枣花是枣树的生殖器官之一（图1-2-6）。从形态上划分，花芽的分化可分为苞片期、分化初期、萼片期、雄蕊期、雌蕊期5个时期。当结果枝幼芽长到0.2~0.3厘米时，花芽分化已开始；幼芽超过1厘米时，花的各部分已经形成，性器官进一步分化；当外观上已清楚观察到花蕾时，花部器官已完成分化。结果

图1-2-6　枣树的花

枝上的花芽是由下向上分化的，同一花序则是中心花最先分化，然后侧花分化。枣的花芽生长在当年生枝上，与其他果树相比，具有当年分化、当年开花，并能多次分化的特点。单花分化时间短、分化速度快，只需8天左右，1个花序需要7~20天。1根果枝上所有花完成分化需要30天左右，全株则需60~80天。枣树花量虽大，但落花严重，只有一小部分花能坐果。枣花开放时，受光照的影响较小，但受气温的影响颇大。枣的花期较长，一般为30~45天。枣花开放要求较高的温度，日平均温度达到18~20℃时开始开花，达到20℃以上进入盛花期。气温达到27~28℃时，发芽率最高；低于22℃时，发芽率低一半左右。

4. 枣果

枣果形状因品种不同而异，大小与品种、立地条件及经营管理等有关(图1-2-7)。果实有圆形、长椭圆形、圆柱形、圆锥形、卵圆形，幼果呈淡绿色，渐变为白绿色，成熟时变为红色。枣花授粉受精后，果实开始发育，胚珠形成种子，子房和花盘发育成果实。纵观授粉、受精到果实成熟的全过程，可分为5个阶段：

图1-2-7 枣果

1）**果实缓慢生长期** 从子房开始膨大后15天左右。此期生长量小，约在6月下旬。

2）**果实快速生长期** 即果实发育15天左右，枣果纵径生长进入快速期，发育期15~30天，是果实体积增长高峰期。延安约为7月上、中旬。

3）果核形成期 果实发育第30~45天，果实纵生长量下降，核层形成了土黄色果核，枣核细胞开始木质化，营养物质积累及细胞间隙速度加大，果实重量速度增加。

4）果肉快速发育期 即果实生长期第45天到成熟期，占整个生育期的55%。其特点是种子内胚的子叶迅速生长，果核细胞壁继续增厚，果肉迅速增长，特别是最后25天，果重增加45.7%，有机质积累转化达到高峰期。

5）枣果成熟期

按颜色和生理转化过程，可分为白熟期、脆熟期、完熟期。果皮褪绿变淡，呈绿白色或乳白色时，称为白熟期，此时果实已进入熟前增长期，体积不再增长，肉质比较松软，汁少，含糖量低，果皮薄而柔软，最适于加工蜜枣。白熟期过后，果皮自梗洼、果肩开始转红，逐渐全果转红。鲜食和鲜干兼用品种，此时果肉含水量、含糖量渐增，鲜食脆甜多汁，最为可口，称为脆熟期，是鲜食品种的最适采收时期。脆熟期过后，果肉含糖量继续增加，最后果柄连接果实的一端开始转黄，逐渐失水干枯，果肉颜色由绿白色转成白色，近核处转为黄褐色，含水量降低，质地开始变软，糖分不再增加，称为完熟期。此时采收加工的红枣含糖量最高，品质最优（图1-2-8）。

图1-2-8 枣果（鲜）

5. 枣叶

枣叶是枣树进行光合作用、气体交换作用和蒸腾作用的主要器官，多数为卵状披针形。其生长，不论纵、横生长均有3个生长时期。叶的纵生长，第1期自抽枝现叶开始，到花期来临为止，生长量最大，约占生长量的90%；第2期在花期结束时，到果实生长加速时止，其生长量为5%；第3期在采前落果出现后到采果之前，其生长量为5%。枣叶中的叶绿素进行光合作用，将根系吸收的水分和叶片从空气中吸引的二氧化碳合成有机物质，供给根、茎、叶、花、果实的生长需要。枣树秋季落叶是正常的生理现象，是长期以来适应自然环境的结果。秋季气温下降，水分供应减少，叶的光合作用、气体交换和蒸腾作用处于抑制地位，此时落叶，对枣树本身是十分有益的。10月平均气温达8~10℃时落叶（图1-2-9）。

图1-2-9 枣叶

二、枣树的物候期

由于品种、环境条件和栽培管理方式的差异，导致枣树品种间和不同地区间的物候期明显不同。枣树比一般果树生育周期短，生长发育要求有较高的温度，呈周期性的发芽、抽枝、展叶、开花、结果、落叶、落枝、休眠的规律，称为枣树的物候期。

1.根物候期

枣树根系活动明显早于地上部分。土壤的湿度、肥力、通气状况以及树体本身的强弱，都会影响根系的生长和发育。一般当3月中下旬、地下30厘米土壤平均地温达到8.8℃，吸收根开始活动；达到14.8℃，新根大量萌发；当夏季平均地温为22~25℃时，新根生长达到高峰。9月上中旬，地温低于20℃时，逐渐停止生长，11月停止活动。

2.萌芽展叶期

枣树萌芽，标志休眠期的结束，生长期的开始。我市枣区一般在4月中下旬气温达到11~12℃时，枣树树液开始流动；气温上升到12~14℃时，芽体开始膨大萌发；气温达到18~19℃时，结果枝和发育枝进入旺盛生长期；秋季平均气温低于15℃时，叶片开始变黄脱落，10月中下旬开始落叶，10月底落尽。

3.花果物候期

枣花芽分化从结果母枝和发育枝的正芽萌发展叶开始，随着结果枝、发育枝延长生长，由下向上不断进行，直至生长停止而结束，表现出多次分化、单花分化期短、分化速度快、分化持续

时间长的特点。我市枣区一般5月下旬到6月初气温达到18~20℃时枣树开始开花，气温达到20℃以上进入盛花期。在自然状况下，枣花需要授粉才能结果。枣花发芽授粉要求温度较高，一般要求22℃以上，当气温达到24~26℃时发芽率最高。空气湿度则以70%~100%相对湿度为宜。枣花授粉后细胞迅速分裂，授粉受精的枣花可坐果，形成星盘果，月中下旬枣果进入快速生长期，9月中下旬进入成熟期。6月中下旬旬均气温26℃，为枣果快速生长期；7月气温26~28℃，为枣核形成期；7月下旬至9月上旬，平均气温20.8℃，为子叶、果肉快速生长期；9月中下旬，气温达19℃为果实成熟期。

4.落叶和休眠物候期

枣树落叶、落枝是根系活动终止的信号，表明枣树进入休眠期。一般10月下旬或11月上旬，平均气温为11℃左右落枝。

第三章　枣树苗木繁育

枣树苗木是红枣产业发展的物质基础，只有高质量的苗木，才能建成高标准的枣园，达到优质、丰产和高效的目的。因此，苗木繁育对红枣产业的发展具有十分重要的意义。

枣树苗木繁育的方法主要有根蘖繁殖、归圃育苗、嫁接育苗、扦插育苗和组培育苗5种。鲜食枣生产上主要以嫁接育苗为主。

一、根蘖繁殖

根蘖繁殖是利用枣树容易形成不定芽长成新株的特性，采用一定的方法刺激根系产生不定芽，形成根蘖苗，从而形成新株的繁殖方法。其特点是保持了母树的各种性状，遗传变异很小，性状基本稳定，方法省工省钱，操作简便；缺点是根系发育不良，苗木不整齐，品种混杂，苗木质量差。它主要包括自然繁殖和开沟断根繁殖2种方法。

1）**自然繁殖**　是对枣园内自然萌发的根蘖苗，待其长到一定高度时直接进行栽植。

2）**开沟断根繁殖**　是在枣树萌芽前在树冠外围一侧或两侧挖宽30~40厘米、深40~50厘米，长度视树冠大小而定的沟，切断

沟沿内2厘米左右的根（伤口要用刀削平），然后用混拌有机肥的湿土填平条沟，当苗木长到10~20厘米时，要进行间苗。选留生长健壮的苗木进行培养，当苗木长到80~100厘米、地茎为0.8厘米以上时再移栽定植。

二、归圃育苗

归圃育苗（二级育苗）是将母树下1~3年生的根蘖苗挖起，集中栽到育苗地进行培育，促使形成完整发达根系的繁殖方法。归圃育苗的特点是根系发达，地上部分生长充实，苗木整齐，苗木质量较好，栽植成活率高，栽后生长快，结果早；缺点是良种苗木少，品种混杂，纯度不高。

1. 归圃地的选择

要选择地势平坦、土层深厚、土壤肥沃、水源比较近、交通方便等条件较好的沙壤土或壤土地块。

2. 归圃地的整地

对归圃地要深翻施肥，保证土壤肥力。亩施入农家肥4000千克、磷酸二氢钾100千克。肥料撒施后深翻土壤30厘米，并及时耙耱，整成宽2~4米、长8~12米的苗畦，以备栽植。

3. 根蘖苗的准备

1）**木收集**　挖母树下1~3年生根蘖苗，做到随起苗随蘸浆，当天运至归圃地点，用清水浸根12~24小时。

2）**截干**　在根茎以上5~10厘米处截干，促使新茎萌发。

3）**修枝去叶**　保留截干部分，剪去附属枝和所有叶片。

4）**修根**　适当剪去过长的根和机械损伤的根。

5）**激素处理**　用生根粉和磷肥混合液蘸浆或 NAA100×10^{-6}+0.2%高锰酸钾浸根。

4. 归圃程序

1）**整地挖沟**　在苗畦内开沟栽植，沟深 20～30 厘米，株距 15～20厘米，行距 20～30 厘米，亩植 20000～10000 株。

2）**选苗**　将无病虫害、无机械损伤、根系处理过的根蘖苗木按等级选好。

3）**摆苗**　将选好的根蘖苗稍倾斜栽于沟内摆好，封土踏实。

4）**浇水**　浇足水分，待水渗后，封土（覆膜）保墒。

5. 苗圃地的管理

苗木发芽后要及时抹芽，只选留 1 个壮芽进行培养。展叶后至 7 月雨季前，根据土壤干旱情况适时浇水。苗木长到 15 厘米左右时，结合浇水进行第 1 次追肥，亩施入碳酸氢钾 50 千克；苗木长到 30 厘米左右时，结合浇水进行第 2 次追肥。每次浇水或降雨后，及时进行中耕除草。苗高 60～80 厘米时，进行摘心，以促进苗木加粗生长。苗木发生病虫害时，及时进行防治。归圃育苗，一般 2 年可以达到出圃标准（图 1–3–1）。

图 1–3–1　归圃大田苗

三、嫁接育苗

嫁接育苗是切取植物一部分器官（枝或芽）作接穗，接在同种或另一种植物干或根上，使之愈合成为一个独立的植株。其特点是能保持母树的优良性状，防止品种混杂，提高品种纯度，方法比较简单，繁殖速度快，能在短期内繁育出优良品种。嫁接育苗的砧木种类主要有酸枣苗和枣苗 2 种。

（一）酸枣苗嫁接

1.种子的采集

一般在 10 月采集充分成熟的酸枣果实，堆积 5~7 天，等果肉软化后，用清水反复搓洗，去除果面上的果肉、浮核等杂物，捞出晾晒，干后贮于凉房内备用。

2.种子的处理

有种核沙藏层积处理法、种核沙层催芽法和种仁水浸法 3 种。

1）**种核沙藏层积处理法**　播种前 90 天左右选择背阴、干燥、通风和排水良好的地方，挖深、宽各 50 厘米，长度根据种核多少而定的坑，坑底铺 10 厘米厚的干净湿沙，再将种核和湿沙按 1 : 5 的比例混拌均匀后放到坑内，距地面 10 厘米时，再铺 5 厘米的湿沙，防止水分散发，并用草帘覆盖。为了使坑内通气良好，坑内每隔 2 米插 1 束秸秆或草把，坑内温度保持在 1~6℃之间，湿沙以手握成团而不散为宜。

2）**种核催芽法**　播种前，将种核放在清水中浸泡 50 小时左右，使种核充分吸水，捞出饱满的种核与 2 倍的湿沙混合均匀，铺

在光照充足的地上，厚为15厘米左右，在上面盖好塑料布，晚上再盖上草帘以保温进行催芽。有30%以上种核开裂时，用筛子挑出开裂的种核即可播种。未开裂的种核继续进行催芽处理。

3）**种仁催芽法** 播种前，将选好的种仁倒入30℃温水中，加0.2%的高锰酸钾浸泡5分钟，然后用清水冲洗，用30℃温水浸种2~4小时，不断搅拌，使种仁充分吸水，并装入容器覆盖催芽，等种仁吐白时即可播种。

3.整地

结合深翻亩施基肥4000~5000千克，耙平整畦。播前浇足底墒水，待地表不黏时，浅耕1次，耙平起垄，垄高15~20厘米、宽30厘米，垄间距20厘米，然后用地膜覆盖，以便提温保墒(图1-3-2)。

图1-3-2 苗圃覆膜

4.播种时期

一般在土壤解冻后，地温达15℃以上即可进行。

5.播种方法

将催好的种子在垄上打孔点入，每穴2~3粒，深度以4~5厘米为宜，用湿细土覆孔，覆土厚度不超过2厘米，株距15厘米，行距20厘米。

6.播后管理

幼苗出土后，出现3~4片真叶时进行间苗，亩留6000~8000株。要加强土、肥、水和病虫防治等管理，待苗高30厘米左右，

进行抹芽、摘心。

7.嫁接前的准备

1）接穗的采集、处理和贮存 在冬春两季，选择要嫁接的枣树品种，选用1年生的发育枝，保留1个主芽短截，截面要平而小，离主芽不得少于1厘米。将石蜡在容器中融化，温度加到100~130℃，用笊篱将接穗在锅中蘸一下，时间不超过1秒钟，迅速将接穗撒铺在地上的塑料布上降温，等冷却后定量装袋。如果温度过低，则浸蜡较厚易脱落；如温度过高，则会烧芽，失去生命力。将装好的接穗放入冷库（0~3℃）或埋入湿沙中置阴凉处保存。

图1-3-3 处理砧木

2）砧木的处理 在嫁接前5~7天，对砧木苗进行施肥、浇水、中耕除草、病虫害防治，同时剪掉砧木10厘米以上部分，并剪除剩余侧枝，便于嫁接（图1-3-3）。

8. 嫁接

1）嫁接的要求 鲜、平、准、紧、快、湿。

（1）鲜。保证接穗新鲜，无失水、无霉烂。

（2）平。接穗削面要平，砧木截面要平滑。

（3）准。接穗和砧木形成层要对准，紧密接触。

（4）紧。接好后将伤口用塑料布包严、扎紧，使接穗和砧木

紧密结合，防止失水和渗水，以利于伤口愈合。

（5）快。操作时动作要快，减少伤口水分蒸发，避免伤口污染。

（6）湿。接后要及时灌水，保证砧木的水分供应，提高嫁接成活率。

2）嫁接方法　有劈接、皮下接、腹接、舌接、根接、桥接、芽接等多种方法，生产中常用的是劈接和皮下接（图 1-3-4）。

图 1-3-4　嫁接

（1）劈接。也叫土接，在发芽前 15~20 天，树液开始流动时进行。

砧木地茎要求在 0.5 厘米以上，以 0.8~1 厘米为最好，嫁接部位以靠近地面为宜，一般以在地面以上 5 厘米左右为宜。嫁接时，先把接穗下端削成长 3 厘米左右的楔形，削面要平整，然后在砧木地上部 5 厘米左右处选平直部位截干，剪口要平，再用刀或剪子在剪口中部顺纹向下劈 1 个 3 厘米长的裂缝，把削好的接穗快速插入砧木裂缝中。要求砧木和接穗的形成层对齐（即皮对皮、骨对骨），接穗的削面露白 0.2~0 厘米，最后用塑料包紧扎严。其主要优点是嫁接时间早、嫁接成活率高、嫁接速度快、嫁接苗生育期长、接口愈合好，苗木生长壮、质量好、结果早。

（2）皮下接。也称袋接、插皮接，4 月下旬到 8 月上旬均可进行。砧木地茎要求在 0.7 厘米以上，嫁接时，在接穗下端主芽的背

面，用刀削成长3厘米左右的马耳形平直切面，切面背面削0.5厘米长的小切面，然后在砧木平直光滑部位截干，削平截口，在迎风面从切口向下切3厘米长的裂缝，深达木质部，再用刀尖挑开切缝两面的皮层，把接穗从切面插入砧木裂缝中，接穗0.2~0.3厘米，最后用塑料包紧扎严。的削面露白其主要优点是嫁接时间长，嫁接数量大，方法简单，技术易掌握，嫁接速度快，形成层接触面大，嫁接成活率高，嫁接苗生长快，结果较早；主要缺点是接口当年不能完全愈合，根系不发达，抗风害能力不如劈接苗强。

图1-3-5 检查芽接成活

9. 接后管理

1）检查成活 在接后15天左右检查接穗，发现枝条皮色鲜亮、芽体饱满，即成活；皮色发暗、芽体变枯，未成活。对未成活的要及时补接（图1-3-5）。

2）除萌解带 对砧木上的萌芽要及时清除。一般1周清除1次，连续清除2~3次。要勤抹芽，当接穗芽长到15~20厘米时松绑带，苗木生长达到70~80厘米时摘心，促进苗木加粗生长、芽饱满，使苗木生长充实。

3）施肥浇水 结合灌水施肥1~2次，亩施化肥10~20千克（图1-3-6）。

4）中耕除草 每次浇水和下雨后，及时进行中耕除草，使土

壤经常保持疏松和无杂草。

5）**病虫害防治**．主要是防治红蜘蛛、枣瘿蚊等害虫。

图 1-3-6　苗木保湿

（二）归圃嫁接

就是将归圃好的枣苗进行嫁接（方法同酸枣苗嫁接）。

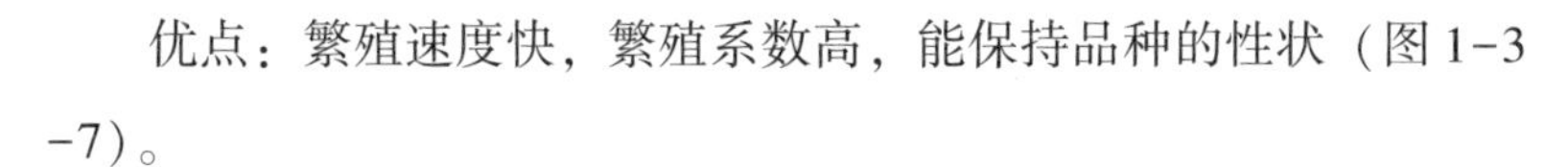

四、扦插育苗

优点：繁殖速度快，繁殖系数高，能保持品种的性状（图 1-3-7）。

缺点：需要一定的设备，投资较大，技术要求较高。

图 1-3-7 大苗扦插苗

五、组培育苗

用枣树的枝、芽、叶为母体，通过脱毒、水培，在营养基中培养成为新植株的方法。优点是能保持品种的性状，可快速繁殖优良无性系；缺点是需要一定的设备，投资较大，程序多，技术要求较高。

六、苗木出圃

1. 起苗

起苗前要进行浇水，挖苗时尽量避免损伤根系。要做到主侧根完整，主侧根长度不低于 20 厘米，按要求截干，并打掉侧枝，一般高度为 25 ~ 80 厘米之间，用漆或蜡封顶，要求做到随起苗、随覆土，使根系不露晒。

2. 分级

出圃的苗木标准为品种优良，品种纯正，不能混杂其他品种；无枣疯病和介壳虫等病虫害；苗木生长充实，枝干和根无机械损伤；嫁接苗接口愈合良好，根系发达，根蘖苗要有一段长 20 厘米以上的母根。衡量苗木质量的指标有外部形态指标（高度、地茎、根系）和生理指标（干、叶、根系的水势及其生理活动）。

3. 包装和运输

对起好的苗子按数量捆成捆，一般 25 株或 50 株为 1 捆，并使根部对齐，蘸上泥浆，放入编织袋包装好，挂上标签。采用双层包装运输，长途运输时要放冰块，装车要选择在上午或下午，尽量避免中午装车。

4. 假植

对运回来的枣苗要及时假植：去掉塑料袋，使根部与土壤充分接触，保证苗木不失水、不脱浆。

第四章 建园技术

一、园址选择

（一）园地选择

枣树在长期生长发育过程中，与自然环境形成了互相依赖，相互制约的统一体。建园时需考虑土壤、光照、温度、水分、湿度、空气等自然条件要求具有不可取代性，通常称为生存因子。如风力、地势、坡度、坡向等对枣树生长发育起着间接影响，称为生长因子。枣树建园选择光照充足（晴天日照时间不少于 10 小时）、背风、向阳、地势平缓，土层深厚、土壤肥沃、排水良好的壤土地块为宜。

（二）选用优良苗木

苗木的优良化是保证枣园实现丰产、优质、高效的重要环节，不同品种之间产量、品质、效益差异很大，因此选用良种苗木十分重要（图 1-4-1）。

枣树良种需具备以下优良性状：

1.早实性

幼树在管理水平较高的条件下生长旺盛，栽植 2 年后 90%的

植株开始结果，3 年生树单株产鲜枣 3~5 千克。1~2 年生的枝坐果能力强，结实率高。

图 1-4-1 良种枣

2.丰产性

进入盛果时期（6 年生以上）的树，枣股（3 年生以上）连续结果能力强，单株年产鲜枣 20~40 千克，亩产鲜枣 1000~1500 千克。果吊比例，大果型（20 克以上）3 个枣吊平均 1 个枣，中果型（10 克以上）2 个枣吊平均 1 个枣，小果型（10 克以下）1 个枣吊平均 1 个枣。

3.鲜食品种

果型美观，果面细腻、光滑，色泽艳丽，成熟度一致，大小均匀，平均果重 15 克以上，果皮薄，肉质松脆，汁多味甜，略具酸味，清脆适口，可食率占 95%以上，不裂果，全红。成熟期含糖量 22.5%以上、含酸 0.43%左右，耐贮耐运。

4.适应性

在不同类型的立地条件下，能保持本品种固有的优良性状，对旱、涝、风等不良因素具有较强的抵抗能力。

5.抗病性

对枣锈病、枣疯病、枣缩果病、枣褐斑病、枣炭疽病具有较强的抵抗性。

（三）枣园的规划

1.栽植密度

1）**平地、大田枣园**　这些地块土壤比较肥沃，栽植密度株行距为1.5米×2米，即亩植222株；或采用2米×3米，即每亩111株（图1-4-2、图1-4-3）。

图1-4-2　平地枣园

图1-4-3　大田枣园

2）**山地枣园**　这些地块土壤贫瘠，水分较少，要求水土保持工程完善。一般以3米×4米为宜，即亩植56株（图1-4-4）。

图 1-4-4　山地枣园

3）合理栽植密度的优越性　可改善光照条件，提高光能利用率；可提高单位面积叶片数量，增加产量；可促进根系深层发展；可改善田间气候，充分利用自然条件。

2.枣园整地

1）作用　改善了土壤结构、水分和养分状况，保持水土、减少土壤侵蚀，保持生态平衡。

2）整地方式

（1）全园整地。对栽植地块全面深翻，改变土壤结构，增加肥力。

（2）局部整地。包括带状整地和块状整地，带状整地包括水平阶、反坡梯田、通壕整地等，块状整地包括大坑、鱼鳞坑等。

3）整地方法

（1）水平阶。一般沿等高线将坡修成宽 1～1.5 米的水平阶，外侧修一小沿，高、宽各 10 厘米，水平阶内每隔 2 米打一塄，依

次从上而下逐阶整地。一般坡度较陡地块采用。

（2）反坡梯田。沿等高线将坡修成宽1.5~2米的里低外高、反坡度为5°左右的梯田，外沿踏实、拍光。一般缓坡地采用。

（3）通壕整地。沿等高线挖一定宽、深的通壕，然后将表土回填，踏实再栽植。一般适用于缓坡地、平地。

（4）鱼鳞坑整地。沿等高线修长2米、宽1.2米的大鱼鳞坑，品字形分布。一般适用于陡坡地、零碎块状地。

（5）大坑整地。按规划株行距挖长、宽、深各60~80厘米的大坑，将表土回填，踏实后再栽植。一般适用于平地(图1-4-5)。

图1-4-5 平地栽植坑

二、栽植技术

（一）栽植时间

枣树春秋两季都可以栽植，具体栽植季节以当地气候条件作为主要依据。延安冬季干旱多风而寒冷，秋季栽植不仅时间短，

而且干燥多风，加之土壤温度低，地面蒸发量大，容易引起苗木抽干失水，造成来年枣苗发芽期推迟甚至死亡。因此，延安的主要栽植季节以春季栽植为宜。春季栽植可适当晚栽，在树液开始流动树芽开始萌动时进行。一般在4月上中旬进行栽植，栽后萌芽快、缓苗期短，成活保存率可达95%以上。

（二）栽植技术

1.苗木选择

建园时一定要选择品种优良，生长健壮，根系发达，无病虫危害、机械损伤的一、二级壮苗。其主要特点是：根系发达，成活率高，生长快。

2.苗木处理

1）**起苗运输** 起苗前进行截干，高度为25~80厘米，用漆或石蜡封顶，剪侧枝。起苗要求主侧根在3条以上，长度20厘米以上，25株扎捆，蘸饱泥浆，用塑料袋包装，100株打包，整车用塑料布、篷布包严包实。

2）**假植** 为了减少苗木水分蒸发，运回苗木必须进行假植浇水，随栽随取。

3）**修根** 剪去过长和受损根系，有利于根系伤口愈合和新根系形成。

3.栽植时间

以春季栽植为主，栽植必须在土壤解冻后到发芽前进行。一般在4月中上旬。

4.栽植要求

严格按照“三埋、两踩、一提苗，一浇水，一覆膜，一套袋”

图 1-4-6 栽植填土

的技术要求进行栽植，栽植深度以不超过原枣苗地径土印 3 厘米为宜。

浇水在第 2 次埋土后进行，每株浇 3 升左右，栽后先套袋后覆膜，覆膜呈漏斗状，面积不小于 60 厘米×60 厘米。最后在树干套袋（图 1-4-6、图 1-4-7）。

图 1-4-7 大田整地、覆膜

5.栽后管理

要按时进行锄草、防虫、放芽、除萌，间套枣园要套种低秆作物，并要留足 1 米宽的营养带。

第五章　土、肥、水管理

枣树虽然耐旱、耐瘠薄、适应性强，但要使枣树达到优质、丰产、稳产的目的，必须对枣园的土、肥、水进行科学规范化的管理，其主要内容包括深翻改土、松土除草、科学施肥、适时灌溉。

一、土壤管理

枣园的深翻改土、中耕除草，可使深层土壤的物理性状得到明显改善，土壤容量减轻、空隙度增大，增强土壤透气、蓄肥保墒能力；铲除浮根，促进根系下扎，提高枣树的抗旱、抗寒力；积累土壤有机质，消灭越冬害虫，有利于枣树根系扩展，增大吸收范围，健壮生长。

图 1-5-1　枣园深翻

（一）深翻改土

1.深翻扩穴

适宜于山坡旱地和稀植间作枣园（图 1-5-1）。一般春秋两季

均可进行，以秋季深翻效果最好。方法是在原定植穴向外挖深30~50厘米、宽60厘米以上的环行沟，促进根系向外扩展。随树冠的扩大，逐年向外扩展。深翻需将表土和底土分开，勿损伤1厘米以上的根系，掘好后将表土与绿肥、厩肥等有机肥混合填入沟底，底土填于表层，有灌溉条件的可立即灌水。

枣粮间作枣园，间作时要留足枣树营养盘，大小为略小于树冠垂直投影。间作物以低秆为宜，最佳作物为豆类、花生、薯类等。

2. 全园深翻

此法适宜于土层深厚，质地疏松，肥力基础较好的枣园，深度以20~30厘米为宜，翻后及时耙耱平整，蓄水保墒。深翻时尽量避免过多伤害根系，以免削弱树势，影响结果（图1-5-2）。

图1-5-2 全园深翻

（二）松土除草

枣树在生长季节要及时松土除草，破除土壤板结，切断毛细

管，减少水分蒸发，促进土壤空气交换和肥料分解；清除园内杂草、根蘖，节省养分消耗，减少病虫害。尤其在降雨、灌溉之后和干旱季节效果特别明显。每年要进行4~5次松土除草，保证枣园土壤熟化，无杂草、无根蘖（图1-5-3）。

图1-5-3　枣园除草

二、施肥

（一）肥料的种类及施肥量

施肥以农家肥为主，各种肥料效果顺序为鸡粪>羊粪>牛粪>人粪尿。化肥注重施有机、无机复合肥。盐碱地中勿施含氯元素的肥料。

施肥时间：基肥在果实采收后施，越早越好。

施肥深度：一般应在枣树根系集中分布的40~50厘米处。

施肥量：500克果需加1千克肥，控制氮素肥料，防止生长快、抗性差、果实品种差、不耐储藏等缺点。

施肥方法：一般采用沟施的方法。

1.基肥

枣树基肥以厩肥、堆肥、人粪尿等农家肥为主，也可施碳酸氢氨。农家肥在秋季枣果采收后至落叶前施入效果最好，碳酸氢

图 1-5-4　枣园施基肥

氨在早春树液开始流动时施入效果最好，施肥数量根据土壤肥力、树冠大小、树势强弱而定。一般盛果期每亩施农家肥 1000 千克或碳氨 100 千克(图 1-5-4)。

2.追肥

根据枣树发芽晚、生长快、生理生长和生殖生长同步进行及肥料吸收利用迅速的特点，追肥分为 3 个时期：萌芽抽枝期，4 月中下旬枣树萌芽时每株追大粪 20 千克或过磷酸铵 1~2 千克，促进抽枝展叶和花蕾的形成；盛花期，5 月下旬到 6 月上旬枣树花开至一半时，每株追尿素 0.5 ~ 1.5千克；果实膨大期，7 月上旬到中旬，每株施入厩肥 70 千克，促进枣果迅速生长(图 1-5-5)。

图 1-5-5　人工枣园追肥

(二)施肥方法

1.撒施

农家肥可结合枣园深翻进行（图 1-5-6）。

图 1-5-6　大棚枣园撒肥

2.环状沟施

沿树冠外围挖深、宽各 30 厘米的环状沟，将肥均匀撒入后覆土（图 1-5-7）。

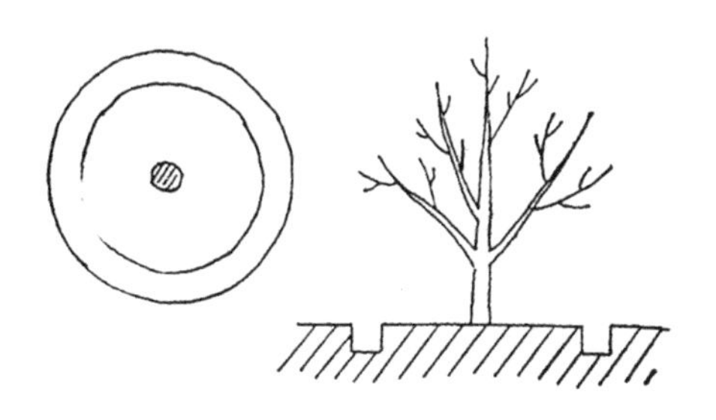

图 1-5-7　环状沟施

3.放射沟施

以主干为中心，从距主干 40~50 厘米处向外挖 6~8 条深 20~40 厘米、宽 30 厘米的放射状沟（内端线），将肥均匀撒入后覆土

（图 1–5–8）。

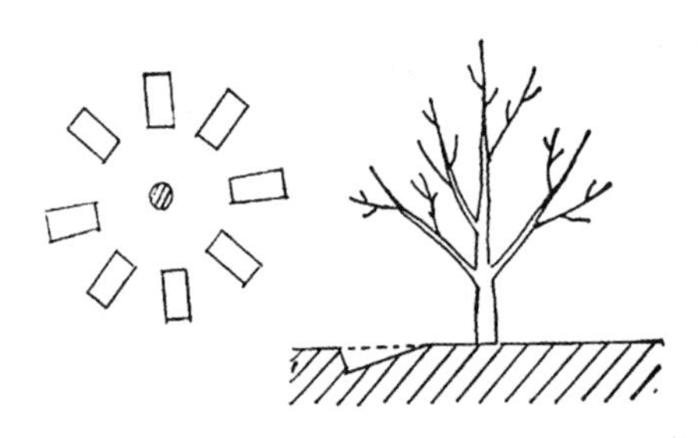

图 1–5–8 放射沟施

4.平行沟施

适宜于新建规范园。方法是在枣树行两侧挖深、宽各 40 厘米的平行沟，将肥均匀撒入，覆土填平（图 1–5–9）。

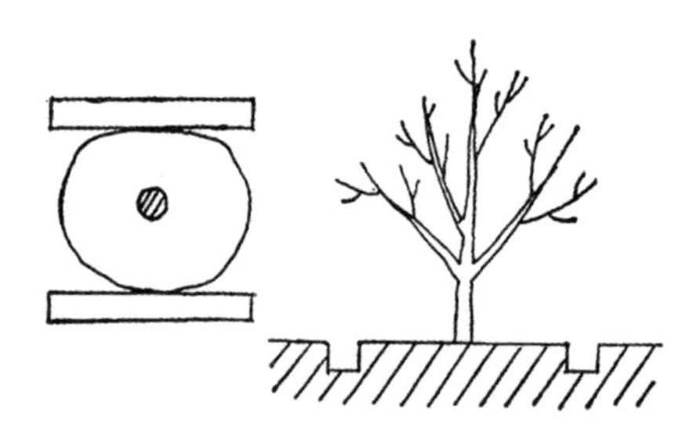

图 1–5–9 平行沟施

5.根外施肥

也叫叶面施肥，在早 10 时前，下午 5 时后进行。一般使用尿素、磷酸二氢钾等速效肥料，浓度不宜过大，花期为 0.3%，幼果期为 0.5%；也可喷施钙、硼、锰、锌、铜等微量元素肥料。

（三）施肥量

1.幼树需肥量（1~3 年）

每株施有机肥 25 千克，尿素 0.6 千克。

2.结果树需肥量

每株施有机肥 60~100 千克，尿素 0.4~1.0 千克，过磷酸钙 1.0~2.0千克，硫酸钾 0.6~1.2 千克。

三、水分管理

图 1-5-10 大棚枣园浇水

枣树虽耐旱，但缺水直接影响树体的生长和发育，使落花落果加重，果实发育不良。枣园土、肥、水三者关系十分密切，缺一不可，有良好的土壤条件，只有在充足的水分作用下，枣树才能吸收深层的肥料，因此施肥必须与灌溉相结合，才能收到良好的效果。具备水利条件的枣园应结合施肥及时灌水，不具备条件的枣园要通过土壤管理、节水措施的应用尽可能多蓄水，减少土壤水分蒸发（图 1-5-10）。

延安枣区降水主要在 8、9、10 这 3 个月，因此提高土壤蓄水能力是确保枣园丰产的关键。其途径主要有挖鱼鳞坑、修反坡梯田、建蓄水窖。

主要保证以下 5 次灌水：

（1）催芽水：4 月上中旬萌芽前灌水，有利于萌芽。必须浇灌。

（2）助花水：5 月下旬至 6 月上旬。

（3）促果水：7月上中旬，幼果在迅速生长阶段，结合追肥灌水。若水分不足，果实生长受到抑制，易致幼果果肉变软，落果。

（4）膨果水：8月中下旬灌水，正是果实的快速膨大期，结合追肥灌溉对提高果实品质和产量具重要作用。

（5）封冻水：枣树落叶后至土壤上冻前浇水，可提高土壤含水量，有利于间作物小麦越冬、防病虫和来年枣树根系生长。

四、低效老园改造

1. 改造对象

主要为枣果小、品质口感差、产量低、裂果重、树形过大、管理难度大、水肥力下降及土壤不良、品种不优的枣园，如小团枣、牙枣等（图1-5-11）。

图1-5-11 低效老园改造前后对比

2. 改良更换的品种

低效枣园改良更换的品种应以不同的地形、地势和管理条件确定选择品种类型。陕北枣区是最大的制干枣基地，以制干品种为主，可适当发展一些干鲜兼用品种和鲜食品种。制干品种如木条枣、大木枣、条枣、灵宝大枣等，干鲜兼用品种如骏枣、狗头枣、赞皇大枣、金丝枣等；鲜食品种如梨枣、七月鲜、吊芽枣等，青加工品种如木团枣、灰团枣等品种。

3. 改造方法

1）**品种改良**　对品种劣、质量差、经济效益低的中、老、幼园，通过嫁接优良品种的枝芽等方式进行改良，实现优质丰产、高效目的。可采用萌芽前平茬、劈接或生长期带木质芽接等方法。延安市一般在4月中旬到5月上旬进行（图1-5-12）。

图1-5-12　幼园改造效果

2）**老园更新复壮**　对劣质、低效老枣园，通过截取主枝、更新结果枝组，复壮树势，提高枣果品质和产量，实现高效目标（图1-5-13）。

图 1-5-13　老园更新复壮效果

3）**低产老园改造**　对低产老园，在枣树萌芽前采用高接换头的方法进行枝接，改造淘汰劣质品种。一株树可分 2～3 年完成（图 1-5-14、图 1-5-15）。

图 1-5-14　大树枝接改造效果

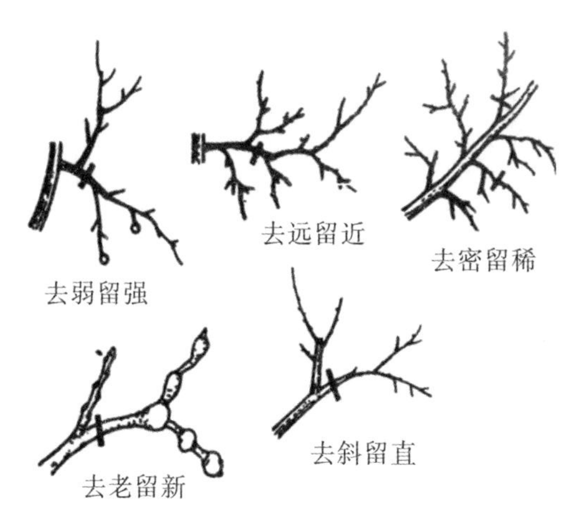

图 1-5-15　低产园改造修剪示意图

4）嫁接后的管理

4. 改造园的土肥水管理

加强枣园水肥管理、科学修剪防治病虫害等综合管理，参照本章中一、二、三部分的水肥管理措施。

第六章　枣树整形修剪

枣树整形修剪是枣树丰产栽培中的一项重要技术措施，是否进行整形修剪和整形修剪是否合理，对枣树的生长、结果、产量、质量、效益和植株寿命都有很大影响。整形是指把枣树修剪成一定的形状；修剪是在整形基础上，对枝条进行短截、回缩、疏枝等园艺措施，调节枣树生长与结果、衰老与更新、树体各器官之间的关系。整形在树体结构形成之前进行，修剪则贯穿于枣树生长始终，两者互相联系，整形是通过修剪完成的。

一、整形的作用与特点

（一）整形修剪的作用

1.调节生长与结果、衰老与更新的矛盾

要使枣树花多果多，合理修剪不仅会形成牢固的骨架，培养良好的丰产树形，使结果枝组合理，树体健壮，而且能使其结果早，优质丰产。枣树隐芽寿命长，通过修剪，可使树体更新复壮，推迟衰老过程。

2.调节枣树生长发育过程中同化与异化、营养物质的消耗与积累、集中与分配的矛盾

枣树生育期，物候重叠，各器官对营养的争夺异常激烈，通过修剪与其他丰产措施相结合，不但可调节局部、整体生理活性，又可加强根系对养分的吸收，增加输导能力，减少养分消耗，提高营养物利用率，促进结果。

3.改善通透性，增强光合效益

枣树为喜光树种，对光照反应敏感。树冠各部以南、西部吸收光最多，枣头生长充实，节间短，结果枝发育多，结果量大，单果重、大，且着色好。通过修剪，改善树体结构，使树冠内充分通风、透光，增强光合效益。

4.达到树冠矮化，优质丰产的目的

通过整形修剪，使树冠矮化，结果早，优质丰产，便于进行集约化经营管理和采收。

（二）整形修剪的特点

1.枣树结果稳定

枣树生长、结果转化快，结果枝花芽易形成。单枝上的结果枝分布均匀，每个结果母枝均可抽出结果枝。枣花系当年花，可多次分化，因而有枝必有花，没有明显大小年现象。

2.不定芽易萌发

处于顶端优势地位的芽，极易萌发成为单枝和徒长枝，引起枝体骨干生长紊乱。徒长枝不但使树形混乱，也易导致冠内通风、透光差，光合作用不良，影响产量。但不定芽极易萌发，又有利于衰老枝的更新。

3.自然分枝差，营养枝反应不敏感

发育枝短截后一般不发枝，必须把剪口下二次枝剪掉，才能使主芽抽生枣头。因此可根据枝条部位，因势利导地培养延长枝、侧枝及枝组。

4.生长与结果的矛盾较为缓和

进入盛果期的枣树，发育枝萌发数量较少，生长量亦小，生长与结果的矛盾较为缓和；枣树基本结果枝不延长生长，结果母枝年生长量很小，几乎不延长生长。结果枝每年脱落，因而修剪量比较小，修剪中只需注意骨干枝培养、结果枝组的密度、枝龄的控制和按从属关系平衡各级枝系的生长势。

二、整形修剪的依据、原则及树形

（一）整形修剪的依据

1.品种特性

不同品种的枣树，其生长发育和结果习性不同。这是修剪的主要依据之一。主栽品种如中阳木枣、骏枣、狗头枣、团圆枣、梨枣、灰枣等，其结果习性不同，修剪的侧重点也不同。

2.树龄

枣树年龄不同，生长势、生长与结果矛盾不同，特别是结果母枝年龄不同，结果量不同，所采用的修剪方法也不同。处于生长期的枣树，以培养树冠为主，修剪方法与结果期枣树维持高产稳产的方法显著不同；衰老期枣树则考虑更新，往往采用重截的方法。

3.立地条件

不同的环境条件，对枣树生长发育的影响也会有差异，因此修剪时应根据不同的立地条件，采用不同的修剪方法。土壤肥沃，具备灌溉条件枣园的枣树采用重截等方法；土壤瘠薄、干旱枣园不宜采用重截法，且不宜培养高冠树形。

4.栽植方式和密度

是决定枣树高矮和冠形大小的主要制约因素，必须依据栽植方式和密度选择适宜的树形和修剪方法。

综上所述，枣树整形修剪要因品种特性，因地制宜，随树做形。同时还要不断观察、总结和修正，使修剪技术更适合当时当地的情况，达到早结果、优质高产稳产的目的。

（二）整形修剪的原则

1.因树修剪，随枝做形

根据枣树原有基础和生长状况，既要充分重视树体结构，又要做到“有形不死，无形不乱”，不要“死搬硬套，强求树形”。

2.均衡树势，从属分明

即使各种枝条有其生长空间，也要充分利用光能做到密而不挤，互不遮阳，通风透光。无论树形如何，相邻枣枝头间不得少于80厘米。

3.以整形为主，整形结果两不误

整形必须适时控制发育枝生长，及时配置侧枝和结果枝组，促使早成型，早结果，早丰产。结果树以疏剪为主，疏剪与回缩相结合，剪要轻，更新要及时。通过修剪维持生长与结果平衡，延长枣树寿命。对放任枣树的修剪，要调查研究，进行树体判断，

分析发展局势，抓住主要矛盾，因树处理。

4.管理措施是前提

整形修剪必须在枣园土、肥、水等管理措施综合运用的基础上进行，效果才能显著。

（三）主要树形

主要介绍以下3种丰产性好的树形。

1.疏散分层形

特点是树冠半圆形，骨架结构牢固，立体结果，载量大；主枝分层，通透性好，枝多，成型快，产量高。疏散分层形一般有6~9个主枝，分2~3层。第1层3~4个主枝，第2层2~3个主枝，第3层1~2个主枝。第1层主枝基角70°~80°，第2层主枝基角60°~70°，第3层主枝基角50°~60°。每主枝配备1~3个侧枝，每侧枝配备2~3个单枝。第1、第2层间距100~120厘米，第2、第3层间距60~100厘米为宜（图1-6-1）。

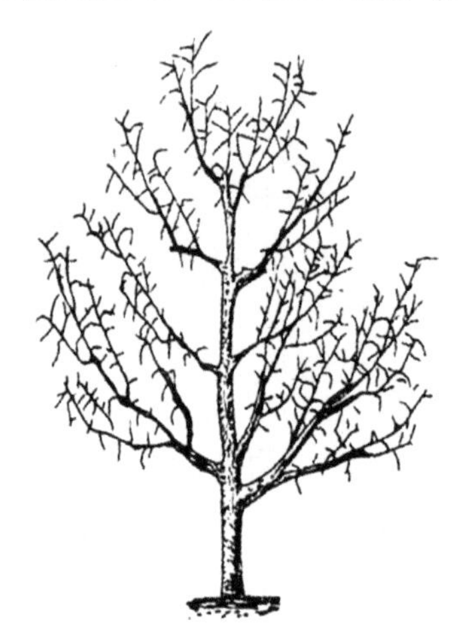

图1-6-1 疏散分层形

2.多主枝圆头形

又称多主枝自然半圆形。特点是成形快，通风透光良好，产量高，果实品质好，树形高大，没有一定层次。主枝6~8个在主干上错落排开，主枝基角，冠下部70°~80°、冠上部50°~60°，每主枝配备2~3个侧枝，每侧枝配备2~3个单枝。

3.开心形

特点是树形较矮小，冠幅小，结果枝组配备较多，结果枝和叶面积指数较高，前期产量高。树干上部或顶部着生3~4个主枝，以40°~50°角向四周伸展，每主枝配备3~4个侧枝。结果枝组均匀分布于主枝前后左右，形成开心形树冠(图1-6-2、图1-6-3)。

图1-6-2　开心形

图1-6-3　开心形效果

三、修剪的时期和方法

（一）修剪时期

枣树修剪按修剪时间划分为生长期和休眠期修剪，以休眠期修剪为主、生长期修剪为辅，两者有机结合。

1.生长期修剪

即夏季修剪，是指生长期间的修剪，一般在枣头长出 5 厘米左右时进行。北方一般在 4 月下旬开始，7 月结束。

2.休眠期修剪

即冬季修剪，一般在枣树落叶后到萌芽前均可进行。延安枣区冬季寒冷多风，气候干燥，剪口易干裂失水而影响伤口愈合和剪口芽萌发，故宜在 3~4 月枣树萌芽前进行，不宜过晚。

（二）修剪方法

各种果树的修剪方法大致相同，但在枣树修剪中，又具有其特殊性。按修剪所产生的效果，概括起来可分为截、缩、疏、变向调整角度、刻伤、抹芽、摘心。其中，前 5 种为休眠期修剪方法，后 2 种为生长期修剪方法。

1.短截

短截是指对 1 年生枝剪去一部分，保留一部分的修剪方法。根据对枝条短截的程序，又分为轻短截、中短截、重短截。短截时，剪口下第 1 个二次枝应同时剪除，以促进二次枝基部隐芽萌发。所谓“一剪子堵，两剪子出”，就是这个道理。轻短截：只剪去枝条总长度的 1/3 左右，主要用于培养骨干枝、大型结果枝组的延长

枝；中短截：只剪去枝条总长度的1/2左右，主要用于培养斜生的中型结果枝组；重短截：只剪去枝条总长度的3/4左右，主要用于控制利用徒长枝，培养结果枝组。重短截在枣树整形修剪中一般应用较少（图1-6-4）。

图1-6-4　大树截枝修剪

2.回缩

是指对多年生枝的短截，是枣树修剪中常用的方法之一。枝条下垂，单轴延伸过长或老化，枝组体积过大，主枝延长枝角度不当，中心领导干落头，衰老树大枝复壮，辅养枝与结果枝发生矛盾的处理，均采用回缩方法解决。回缩可分为下垂枝、单轴延伸枝、枝组衰老更新、辅养枝及背上直立枝、并生枝回缩5种类型，主要是为了抬高枝头、复壮树势、控制树冠。

3.疏剪

即疏除多余的枝条，把枝条从基部剪除。当树冠内部枝条密集、重叠、交叉时，多采用疏剪的办法解决。对纤细枝、下垂枝、衰老枯死枝、病虫枝，角度位置不当的徒长枝、竞争枝，都要用疏剪的方法疏除。疏剪后，使留下的枝条有充分的空间延伸，充分采光，把低产树改造成优质高产树。疏剪时，剪口、锯口都要紧贴母枝，做到宁留伤不留桩。枣树疏剪可分为密集枝、竞争枝、下垂枝、并生交叉枝、直立徒长枝、枯死枝、病虫枝、多主枝、多主干等类型。伤口较大时要涂抹油漆，防止伤口龟裂失水而影响愈合。

4.变向调整角度

人工改变枝条生长的方向和角度称为变向。变向可以改变枝条极性位置，对调节生长和结果有明显的作用，因此在枣幼树整形修剪中应用广泛。变向的手段很多，如幼树骨干枝角度小，采用撑、拉、扭等办法；主、侧枝延长枝利用里芽外露和背后枝换头的办法；直立枝采取拉斜等开张角度，缓和生长势，促进结果；里芽外露，为改变骨干枝延长生长的方向，使其角度开张，在休眠期修剪时，剪口下第 1 芽留内向芽，同时剪除剪口后的 3 个二次枝。萌芽成枝后，第 1 个芽一般向上生长，下边的芽子则朝外生长，以后修剪时，剪除向上的第 1 枝，保留培养向外生长的第 2 个发育枝为延长枝（图 1-6-5、图 1-6-6）。

图 1-6-5　拉枝

图 1-6-6　拉枝效果

5.刻伤

是萌芽期修剪的主要措施之一。具体方法是：对发育枝进行短截后，在疏去二次枝的叶腋隐芽上方1厘米处，用小刀进行横向刻伤，深达木质部，横向宽度必须3倍于芽体宽度，上下宽度以枝粗细而定，一般1为~3毫米。在同一枝段上，如果对多个芽子进行刻伤处理，应按芽子位置，由上至下，逐渐加宽刻伤口，第1芽为1毫米，第2芽为2毫米，第3芽为3毫米。如此处理，可使下部萌芽的长势赶上和超过上部萌芽（图1-6-7）。

图1-6-7　刻伤

6.抹芽

进入盛果期枣树，在生长期内树体会自然更新，同时由于休眠期进行了短截、回缩修剪，树冠内会形成大量萌芽和枝条。对这些枝芽除按要求保留外，其余都要进行抹芽疏枝处理。另外，枝干基部常发生萌蘖，须及时疏除。无论是抹芽或是疏枝，都要把基部清除干净，不留残桩。

7.摘心

摘心一般在成长期进行，是剪除当年新梢的先端部分的方法。

摘心的部位主要有发育枝一次枝和二次枝。枣树当年生发育枝一次枝和二次枝，在生长季节无限延伸生长，若任其自然生长，养分供给比较分散；如适时对其摘心，控制延伸生长，养分集中于枝条后部的生长发育，使芽体饱满，枝条发育健壮，有利于优质早产、高产、稳产。空间较大，生长较强的枣头，一般留 5~6 个二次枝；空间较小，生长势中庸的枣头，留 3~4 个二次枝；生长较弱的枣头留 2 个二次枝。

四、幼树的整形修剪

（一）培养树干

树干是整形的基础。只有健壮的树干，才能培养出理想的树形（图 1-6-8）。因此整形的第 1 步是培养树干，通常采用平茬截干的方法培养主干。即在土肥水管理的基础上，对已成活主干不明显的枣苗，翌春萌芽前在距地面 10~15 厘米处平茬，用土堆埋主干，促进萌发主芽。芽萌后选留一壮芽，抹去其余芽，这样培养出的树干通直，负载量大。用此方法培养的树干，当年株高生长量为1.5~2.0米，径生长量(地径)为1.5

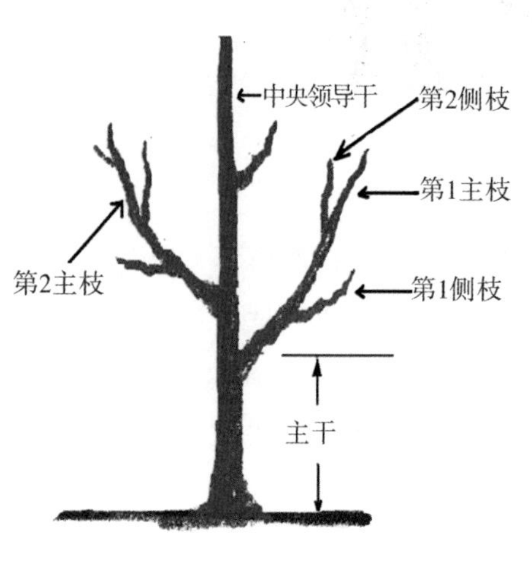

图 1-6-8 标准树干

~2.0 厘米。平茬法不仅适合根蘖苗，也适用于生长弱的扦插苗、组培苗和嫁接苗。

（二）定干

定干的目的在于控制第 1 层主枝的高度，生产上多用截干法。北方枣粮间作枣园定干高度为1~1.2米，矮密园定干高度为 0.5~0.8 米。开心形树冠的定干高度略低于疏散分层型。

定主干是在定干高度以上，留 4~5 个节间，作为培养第 1 层主枝的整形带，春季萌动前剪除上部。整形带以内的二次枝，有 2 种剪法，一是从基部剪除，其特点为树冠成型快，但分枝角度小，抱头生长，适宜于建立密植枣园；二是整形带内的二次枝，留 1~2 节，让结果母枝（枣股）顶部的主芽萌发为主枝。此方法树冠成型慢，但分枝角度大，枝条开张生长，牢固性差，适宜建大冠形稀植园和枣粮间作园。

（三）骨干枝配置

1.疏散分层形

定干后，在截干的上端，先将紧邻定干剪口的一个二次枝剪除，后于整形带内选择 3 个相互成 120°的夹角，且彼此间有适当高差的二次枝从基部剪除，促使主芽萌发成发育枝。萌发后顶端发育枝作为中央领导枝培养，其他 3 个发育枝在 6~7 月通过扭、拉、撑等方法使之与主干角度开张 60°~80°而形成第 1 层主枝，其余部位萌发的发育枝全部剪除。以后用同样方法培养第 2、第 3 层主枝和各主枝上的侧枝及其单枝，其枝位置按标准树形要求确定。密植园 6 年、稀植园 10~12 年可形成完整树冠。密植园树高 3 米左右，稀植园树高 5~7 米（图 1-6-9）。

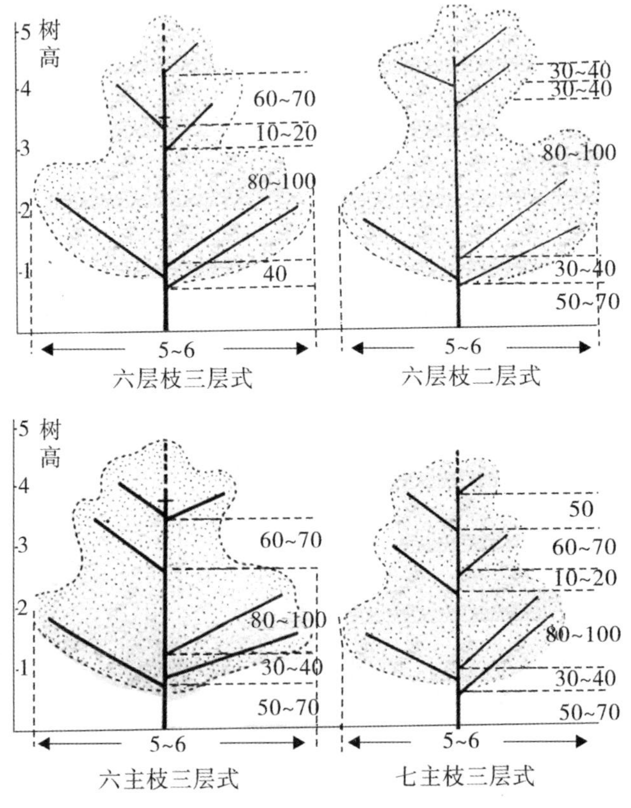

图 1-6-9 疏散分层形培养示意图（单位：厘米）

2.开心形

定干后在整形带内，选 3 个相互成 120°或 4 个相互成 90°夹角的二次枝从基部剪除。到夏季末，对新萌发的发育枝拉枝，使其与原主干夹角为 40°~50°，培养好主枝。翌春萌芽前，对各个主枝截头，并于两侧各选 1 个侧向二次枝，使 2 个二次枝间距不小于 80 厘米，从基部剪除，促使主芽萌发形成侧枝。用同样的方法可培养侧枝及其单枝。密植枣园经过 4~5 年，稀植园 8 年左右可形

成完整树冠（图 1-6-10）。

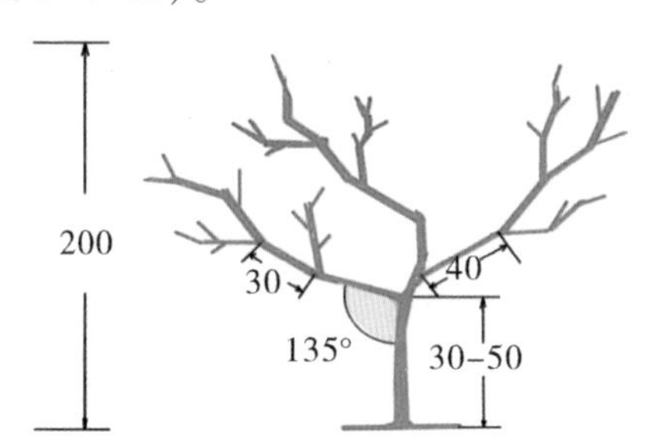

图 1-6-10　开心形树形标准（单位：厘米）

3. 多主枝圆头形（纺锤形）

主干生长达到 2.5 米左右，于春季剪除主干顶芽，自下而上选择 5~6 个具有适当高差、合适方位的二次枝，从基部剪除，促进其主芽萌发，培养主枝。待新萌发主枝延长生长超过 80 厘米后，采取扭、拉、撑等方法，使主枝各占其位。侧枝及其单枝采用与疏散分层形培育侧枝相同的方法培育。在培育侧枝的同时，可剪除顶端的二次枝，延长主干，翌年再培育 3~4 个发育枝，最后培育树冠上部的侧枝和单枝。密植枣园经过 5 年，稀植园 10 年左右可形成完整树冠（图 1-6-11）。

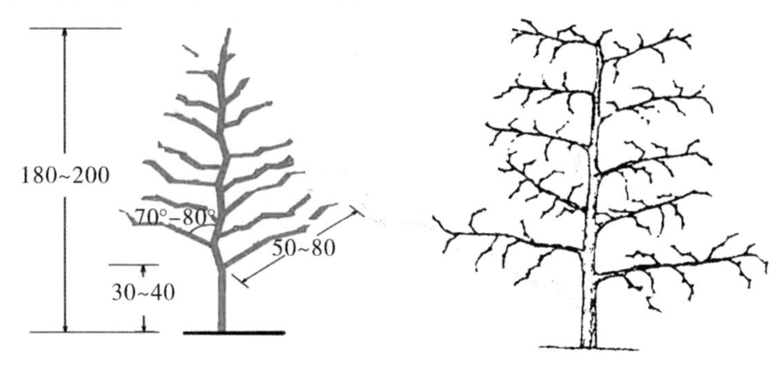

图 1-6-11　纺锤形树形标准（单位：厘米）

五、 结果树修剪

枣树基本成形后，生长势逐渐减弱，开始进入结果龄期，即从营养生长为主转为生殖生长为主。结果期修剪的目的是保持树冠通风、透光良好，使枝条分布均匀，并有计划地进行结果枝组的更新复壮，使每个枝组维持较长的结果年限，做到树老枝不老，长期维持较强的结果能力。

（一）休眠期修剪

休眠期修剪主要是疏、缩、截，以疏为主，疏、缩、截有机结合。

1. 疏枝

枣树在生长期内会萌发大量膛内交叉枝、重叠枝、细弱枝，如果不及时剪除，会导致树冠内通风不良、采光不足，使光合效率下降，生理落果加重。因此，疏除这些枝条和病虫严重危害枝，可增加树冠内通透性，提高光合效率，减少养分消耗，提高枣树产量（图 1–6–12）。

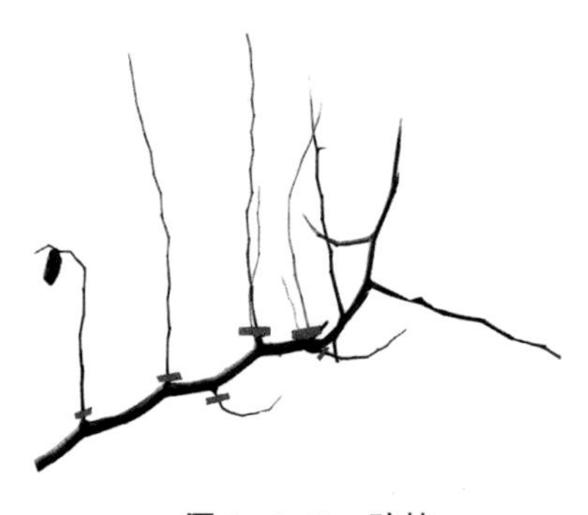

图 1–6–12 疏枝

2.回缩

回缩衰老枝，进行换头更新，抬高枝头，增强树势，扩大树冠；回缩树冠下部延长枝，培养成结果枝组，占领一定空间；回缩直立高枝，平衡树势，促进剪口下萌发枣头，选留结果枝组；回缩过长光腿枝，配养结果枝组，扩大结果面积。回缩程序应视树势、枝势制宜，灵活应用（图 1-6-13）。

图 1-6-13　回缩

3.短截

短截延长枝的 1 年生枣头，包括新培养的侧枝、结果枝组、外围延长枝和临时性结果枝组；控制枣头延长生长，促进径生长，提高结实能力。

（二）生长期修剪

生长期修剪在枣头长到 5～10 厘米长时进行，包括疏枝、抹芽、摘心、调整枝位、缓放和刨除根蘖。

1.疏枝与抹芽

在枣树生长期，从 5 月中旬至 7 月，主要疏除当年萌发的无

利用价值的发育枝；结果枝组基部萌生的徒长枝以及树冠内交叉、重叠枝等及时疏除，减少养分的无益消耗，以利树体发育与结果；结果母枝萌生的弱发育枝（足芽）从基部3厘米以上剪除，可防止枣头再次萌发，又可当年结果，提高单产（冬剪时从基部取掉）（图1-6-14）。

2.摘心

枣头萌发后，生长很快，摘心可加速枝条木质化，促进早结实。摘心强度可依生长势强弱及所处的空间大小而定。一般是弱枝摘心，强枝重摘心。空间大时可轻摘心，留5~7个二次枝；空间小时重摘心，留3~4个二次枝。为了提高枣头结果能力，也可对枣头上的二次枝进行轻摘心，促进结果（图1-6-15）。

图1-6-14 抹芽

图1-6-15 摘心

3. 整枝位与缓放

6~7月将树冠内可利用的徒长枝、内膛枝通过拉、扭等方法，拉向树冠缺枝部位，培养结果枝组，以充分利用空间，增加结果面积。留作主枝及侧枝的延长枝和大型结果枝用的当年生枣头不做处理，使之继续延长生长，扩大树冠（图1-6-16）。

图 1-6-16　现场示范整枝

4.除根蘖

枣树萌蘖力强，根部萌蘖多发生于枣树开花期，不及时除根蘖，会消耗母树大量的营养，不利于开花坐果和维持强壮的树势。因此，不留做育苗的根蘖，必须及时刨除。

六、枣树花期和果实发育期管理

（一）花期管理

1.叶面喷水

如果天气干旱，枣树盛花初期，于上午 10 时前和下午 5 时后给树冠喷洒清水，或喷施 0.3%尿素或 0.3%磷酸二氢钾溶液，提高坐果率。

枣树的花粉发芽需较高的空气湿度。枣树花期树上喷水，

可改善枣园空气湿度，有利于花芽分化，明显提高坐果率。喷水时间为下午 6 时后，喷水次数因花期干旱程度而异，一般年份隔 1 天喷 1 次，共喷 3 ~ 4 次。喷水可与喷肥、喷生长调节剂结合。

2.保护蜜蜂

枣树为虫媒花，枣园放蜂能够提高授粉率。一般情况下，将蜂箱放在枣树行中间，间距不宜超过 500 米。在花期，少喷农药，保护蜜蜂，促进传粉。

3.保花保果

1）环剥（开甲）　选择枣树干平整光滑处环剥。先刮除 1 圈老树皮露出活树皮，宽 2 厘米，然后环切 2 圈，宽度 0.5 ~ 0.7 厘米，深达木质部，但不伤及木质部，剔除韧皮组织。环剥刀口不留残皮和毛茬（图 1-6-17）。

图 1-6-17　环剥

2）环切　用刀在枝、干或枣头下部切断形成层，深割 1 ~ 2 圈，但不伤及木质部。环切 2 圈时，2 圈中间一定要有活的枝条。环切适用于幼树或弱树（图 1-6-18）。

图 1-6-18　环切

3）**绞缢**　适用于幼树或弱树。用铁丝在树干、主枝或枣头枝下部拧紧勒伤韧皮部 1 圈，20 天后解除。

4）**叶面喷清水**　在及时追肥、浇水的基础上，盛花期如遇干旱天气，每 2~3 天喷 1 次清水，连喷 3~5 次。也可结合叶面喷肥或喷药进行。

5）**叶面喷肥**　开花前喷一次 0.3%~0.5%的尿素溶液或天达 2116 植物细胞膜稳态剂 1 次，花期喷 1~2 次硼肥（如速溶硼、满素可硼、钙硼双补等）（图 1-6-19）。

图 1-6-19　叶面喷肥

（二）果实发育期管理

1）**幼果期** 7月中上旬，叶面喷1000～1500倍叶面宝，或0.5%尿素与磷酸二氢钾溶液，或10×10^{-6}的硼砂和15×10^{-6}的赤霉素（亦称920），2～3次，每次间隔7～10天。

2）**白熟期** 8月中旬，叶面喷施一次0.3%磷酸二氢钾或氯化钙溶液，可增强枣果硬度和抗裂能力，减少裂果。

3）**完熟期** 9月初，对成熟枣果及时采收并销售。

第七章　红枣设施化栽培

一、红枣设施栽培类型及棚体结构

红枣的设施栽培属于高投入高产出，资金、技术、劳动力密集型产业，是采用人工创造的气候环境适应和满足枣树生长发育所需要的条件，克服了传统栽培靠天吃饭的行业性弱点。红枣设施栽培技术应用的优点，一是有效控制了红枣裂果的发生；二是通过枣的促成栽培或延迟栽培技术，使红枣早熟或晚熟，实现红枣品种的反季节上市，达到优质、高效的生产目的。根据栽培目的不同，红枣设施栽培分为避雨栽培、促成栽培和延迟栽培 3 种类型(图 1-7-1)。

图 1-7-1　设施红枣园

1.红枣避雨栽培

陕北枣区一般每年都有裂果情况发生，只是每年裂果程度、损失大小有差异。枣农中流传着这种说法：三年两头裂，十年九不收。

裂果是果实发育过程中发生的现象，在苹果、梨、桃、李、樱桃、大枣、芒果上都有发生，严重影响了果实的商品价值，是果树生产上存在的重要问题之一。

近年来，随着退耕还林、林业生态美工程的实施，枣区降雨量增多，枣果裂果越来越重。2005—2008 年，4 年中有 3 年发生裂果。

红枣的避雨栽培主要是在雨季成熟防裂果和花期授粉怕淋雨 2 个关键时期搭建防雨棚的培育方式，通常主要在以下 2 个时段：

1）花期 花期遇到干旱情况时，在早晨或傍晚，即上午 10 时前，下午 5 时以后，可以覆盖薄膜，并给枣园浇 1 次水（或给枣园喷水），增加枣园湿度，提高坐果率。

2）枣果脆熟期 红枣晚熟期若遇到阴雨天气，需加盖塑料膜，防止裂果发生。覆盖时只是进行顶部覆盖，枣园四周仍是通风透气的，与露地栽培差异不大。若搭建的防雨棚较低，通风效果差，要注意下雨时及时覆盖，雨后及时揭膜通风。在枣树的萌芽期、展叶期、花蕾期、幼果期、果实膨大期均不进行覆盖，使枣树在全光照下生长，有利于营养积累和花芽分化，并能减轻高温影响。

2. 搭建防雨棚

在枣园搭建防雨棚，适时加盖塑料，有 3 方面的意义：一是可

以稳定枣园的花期湿度，提高坐果率；二是秋季加盖防雨棚，可以有效降低裂果损失，提高商品果率；三是避雨栽培可减少靠风雨传播的病害类型发生，红枣经避雨栽培后，枣锈病、炭疽病、枣缩果病明显减轻。同时，通过避雨栽培，果面污染减轻，清洁美观，优质果率提高。

1）**单行式钢架结构防雨棚** 单行防雨棚造价低，经济实用，简便易操作，不受立地条件限制，是最常见的一种防雨棚，可根据地块大小搭建。一般 1 行搭建 1 个棚，棚体跨度 3~5 米，棚长 30~50 米（也可根据地形而定），棚体高度 3 米，肩高 2 米。棚体为钢架结构，也可为水泥柱和竹木结构（图 1-7-2）。

图 1-7-2 单行式钢架结构防雨棚

2）**多行式单体防雨棚** 多行式单体避雨棚造价低，经济实用，是最常见的一种防雨棚，可根据地块大小搭建。一般 3~5 行搭建 1 个棚，棚体跨度 8~12 米，棚长 50~100 米（也可根据地形而定），棚体高度 2.3~2.5 米，肩高 1.5~2.0 米。棚体为钢架结构，也可为水泥柱和竹木结构（图 1-7-3）。

图 1-7-3 多行式防雨棚

3）联体式防雨棚 联体式防雨棚是由若干个单体棚连在一起，这些单体棚内部相通，棚体较大，耕作方便。陕北枣区搭建的联体式防雨棚，棚体为钢架结构，造价高，防雨效果好（图 1-7-4）。

图 1-7-4 联体式防雨棚

3. 促成栽培设施

促成栽培是以提早成熟上市为主要目的的设施栽培。枣树促成栽培主要有 2 种类型，即冷棚栽培和温棚栽培。

1）冷棚 采用单栋或连栋屋脊式塑料大棚进行栽培。适于我

国北方枣区冬季气温不太低的地区采用，主要靠日光加温，棚内面积较大，管理较为方便。但由于只用塑料覆盖，棚内增温和保湿效果比温棚差，一般比露地早成熟20天至1个月左右（图1-7-5、图1-7-6）。

图1-7-5 冷棚枣

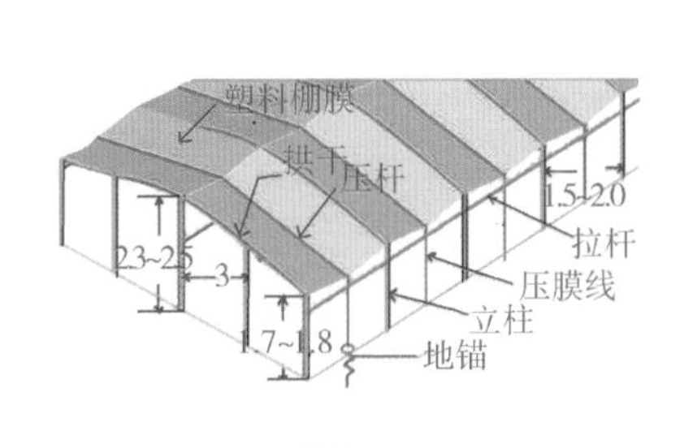

单栋

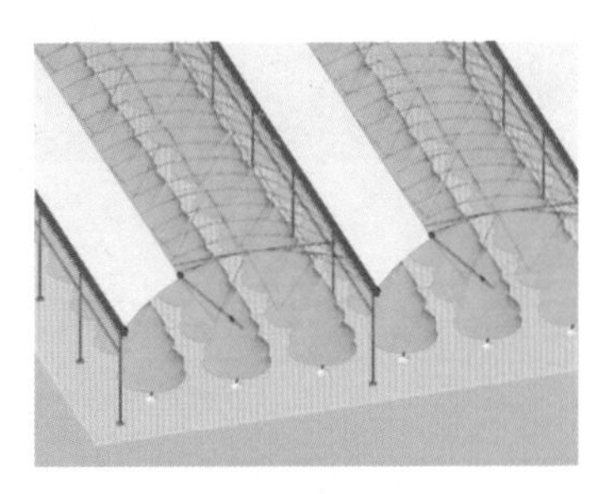

连栋

图1-7-6 冷棚示意图（单位：米）

2）**温棚** 有2种类型，一种是塑料棚温室，另一种是玻璃温室和阳光板温室。由于玻璃温室和阳光板温室造价高，生产上应用很少，目前枣树温棚栽培主要以塑料大棚温室为主(图1-7-7、图1-7-8)。

图 1-7-7 温棚枣

塑料棚

阳光板

图 1-7-8 温室

二、红枣设施栽培主栽品种简介

红枣设施化栽培目前主要栽培鲜实类或鲜干兼用品种。

1. 狗头枣

也叫狗脑枣，果实呈卵圆形或圆锥形，形如狗头，故称狗头枣，主要分布在延川县延水关镇庄头一带。树体高大，树冠卵头

形，树姿较开张，树皮裂纹浅，多呈“X”形，裂片大小不等，极易剥落。树主枝干常呈紫红色，发枝力中等。叶卵状披针形，先端渐尖，叶片中大，深绿色有光泽。该品种适应性较强，花少，但坐果力较强，产量较为稳定。平均单果重22克，最大果重45克。果皮中厚，果肉绿白色，质脆汁多，味美可口，品质极上，可溶性固形物（折光法）60.4%、V_C 68毫克/100克、总糖（以转化糖计）61%、蛋白质2%、脂肪（以干基计）1.3%，为鲜、干兼食品种（图1-7-9、图1-7-10）。

图1-7-9　狗头枣

图1-7-10　狗头枣

2. 冬枣

果实近圆形，平均单果重 17.5 克左右，最大单果重 35 克，可食率 93.8%，含糖量 32.3%，含酸量 0.37%，含水量 65.4%。色泽鲜艳、浓重，皮薄，果肉细嫩多汁，酥脆甘甜，清香适口，风味佳，品质极上。树势中庸，发枝力强，叶大而密集，挂果性强，丰产稳产（图 1-7-11）。

图 1-7-11 冬枣

3. 七月鲜

是陕西省果树研究所枣杏课题组近年选育的极早熟大果型鲜食枣品种，树势强健，树姿开张，树干灰褐色。1 年生枣枝为红褐色，其上着生 5 个以上二次枝；2 年生枣枝灰褐色；多年生枣枝深褐色。一般抽生枣吊 2~5 个，枣吊长 10~26 厘米。叶片长卵圆形，叶尖较锐，叶缘锯齿形，叶色绿，有光泽。果实卵圆形，果面平整，平均果重 29.8 克，最大果重 74.1 克。果个均匀，果皮薄，深红色，表面蜡质较少，可溶性固形物含量 28.9%，可食率 97.8%，

味甜，肉质细，宜鲜食，无采前落果现象。适应性强，抗寒，抗旱，早熟，极丰产（图 1-7-12）。

图 1-7-12 七月鲜

4. 蜜蜂罐

树体中等，干性较强，树冠圆锥形，树势半开张，皮裂中度深、条状，不易剥落。枣头红褐色，萌发力中等，生长势中等。抽生枣吊 3~5 个，平均长 21.5 厘米。叶片小而较厚，浓绿色，卵圆形，先端急尖。花量多，花较小，夜开型，年生长期 180 天左右，果实生长期 110 天左右，成熟期遇雨很少烂。果实近圆形，平均果重 9.2 克，最大果重 11 克，果肉较厚，绿白色，肉质致密，细脆，汁多，味甜，可溶性固形物含量 28.9%，可食率 94.02%，含糖量 25.97%，含酸量 0.51%，V_C 359.05 毫克/100 克（图 1-7-13）。

图 1-7-13 蜜蜂罐

5. 晋枣

原产于陕西渭北泾河流域的长武、彬县一带，属大果型晚熟品种，可以鲜食，也可制干。果实生育期110天左右，肉质细腻，鲜食或制干品质优良。该品种对温差反应敏感，温差小地区品质一般，温差较大地区品质极优，特别是在光照充足地区栽培，含糖量很高（图1-7-14）。

图1-7-14 晋枣

6. 蛤蟆枣

原产于山西省永济市，是大果型中熟品种，果实生育期95天。适应性较强，较耐盐碱，结果早，产量中等，稳定，裂果轻，在光热资源丰富，温差大地区栽植，果型大，色浓，商品性好，适宜促成栽培（图1-7-15）。

图1-7-15 蛤蟆枣

三、红枣设施栽培主要树形修剪

1.主干形

树高2米，中心干直立。在中心干上，从下到上均匀地分布10~18个结果枝（由二次枝转化而成）。结果枝长0.5~1米，水平伸展，或与中心干夹角70°~80°，冠径1米左右。

2.细长纺锤形

树高1.8~2米，主干直立，干高50~60厘米，主枝（或结果枝）10~18个，均匀排列在主干上（根据品种、密度、树体大小确定主枝多少）。主枝的基角为70°~80°，主枝上不再培养侧枝，而是直接着生中小型结果枝组。主枝长0.5~1米，水平伸展，冠径2米左右。

3.开心形

树高2米左右，树干顶部轮生或错落配备3~4个主枝，每个主枝以40°~50°向四周伸展，每个主枝上分布2~4个侧枝或结果枝。同一主枝上相邻两侧枝之间距离为40~50厘米，侧枝在主枝上按一定的方向和次序分布，不相互重叠。

结构简单，树体矮小，光照良好，产量上升快，便于管理。缺点是栽植后前期修剪量稍重。

四、促成栽培

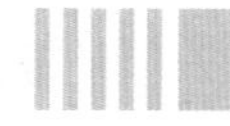

（一）枣树的休眠与破眠

秋季落叶后，枣树进入自然休眠期，要打破休眠，必须给予

一定的低温。枣树不同品种，休眠期需冷量差异较大。在0～7.2℃模型下，七月鲜的需冷量为612小时，冬枣的需冷量为431小时，大白玉为112小时。

（二）扣棚时间

1.冷棚的扣棚时间

冷棚扣棚时间比温棚晚，扣棚时已经安全度过了休眠期，所以不再考虑或采取降温破眠措施。保温措施较差，扣棚时间应该晚一点。若扣棚时间过早，容易受到倒春寒的影响，枣芽萌发后，遇寒流袭击，棚内夜间温度降至-1℃以下时，枣芽容易冻死，造成二次发芽，推迟成熟时间。冷棚的扣棚时间应根据当地的气候条件确定，以当地最低气温稳定在-4～-3℃时为最佳扣棚时间。陕北枣区及山西吕梁地区、新疆枣区，在2月下旬至3月上旬扣棚。

2.温棚的扣棚时间

1）扣棚降温时间　当秋冬季夜间气温持续在7.2℃以下时，可以扣棚降温。扣棚后白天盖草毡，防止棚内增温；夜间揭开草毡并打开通风口，使棚内温度控制在7.2℃以下，创造适合枣树休眠的低温条件。陕西北部扣棚时间为10月中旬至11月上旬。

2）升温时间　升温不宜太早，若升温过早，枣树没有完全破眠，开花不整齐，坐果率低。北方枣产区温棚栽培开始升温时间是12月下旬至1月上旬。开始升温不宜太快，宜先覆膜升地温，当地温达到10℃以上时，棚内温度达到作物所需温度。

（三）温湿度调控

升温后，严格按照枣树不同生育时期的要求调控温度。升温

与降温的方法正好相反，白天揭开草帘增温，夜间覆盖草毡保温，通过揭盖草帘和塑料膜，通风换气调节棚内温度、湿度。具体温、湿度如表 1-7-1 所示。

表 1-7-1 温棚冬枣温、湿度调控参数表

物候期	温度控制/℃		湿度控制
	白天	夜间	
萌芽期	15~20	5~12	70%~80%
抽枝展叶期	18~25	10~5	70%~80%
初花期	20~28	15~20	70%~80%
盛花期	24~30	15~20	80%~90%
果实发育期	25~30	15~20	30%~40%
脆熟期	28~33	15~20	30%~40%

当棚外温度接近或高出棚内枣树生育期所需温度时，可逐渐揭开薄膜，适应外界环境。果实成熟期管理接近大田管理，但在高温烈日天气，正午应注意遮阳降温。

（四）枣园通风

设施大棚枣通常采用棚体通风调节棚内温度和湿度。前期通风：以顶部通风为主，一般不通边风。边风通后，影响边行温度，导致边行地温回升太慢，从而使边行枣树生长发育滞后。当外界气温上升到 4~5℃时，可通边风。花期通风：通风要早、要及时，切忌通风过猛。随时注意外界气温变化，在天气晴好的条件下，要提早通风，不要等到棚内温度上升到所需温度才开始通风。当外界气温仅 3~5℃，棚内温度已达 30℃以上，通风过猛，温差太大，易造成落花，特别对于边行来说落花现象比较严重。棚内温度过高，应先通小风，逐渐拉大通风口，切不可操之过急。

第八章　枣树病虫害防治及裂果防控

红枣病虫害防治遵循“预防为主，综合防治”的原则，同时，要实施无公害防治措施，以人工防治和生物防治为主。一般不使用化学农药，必要时可选用高效、低毒、低残留农药。通过土壤处理，刮皮涂白，药剂、生物防治等措施，达到消灭病虫危害的目的。

一、农业防治

1. 清园

清除田间杂草、枯枝、落果、树上残留枣吊和僵果，刮除主干及主枝基部的老树皮及木栓层，露红不露白。

2. 修剪

结合修剪，去除病枝、虫枝、死枝和衰弱枝，堵树洞，破虫茧，摘囊，刨除病死枝；生长期及时去除病残体，集中烧毁或深埋。

3. 冬耕冬灌

深翻树盘 20 厘米以下，捡拾越冬虫、蛹。封冻前浇足越冬水。

4. 中耕除草

降雨或灌水后及时中耕除草，中耕深度 5~10 厘米。

5. 植草或覆草

在枣树行间种植紫花苜蓿、三叶草等豆科植物，适时深埋于土壤中作绿肥，或于枣树株行间覆盖杂草、秸秆，厚度 15~20 厘米，上面盖一层土。树干周围 20 厘米内不覆草。

二、物理防治

大力推广性诱剂、粘虫胶、杀虫灯等物理生物杀虫新技术。

1. 覆盖地膜

春季干旱的盐碱地，在解冻后或发芽前灌水造墒后覆盖地膜，膜上再加盖一层 2~3 厘米厚的细土，防止越冬害虫出土危害。

2. 涂抹粘虫胶

树干涂抹粘胶，防止红蜘蛛、绿盲蝽、枣瘿蚊、食心虫等害虫上树危害。使用时，将枣树距地面 30 厘米处树干老皮刮掉，在光滑的树干上用 5~10 厘米宽的胶带缠裹 1 圈，之后在胶带上用毛刷均匀地涂 1 层粘虫胶。一般情况下，1 年涂刷 1~2 次。或直接将粘虫胶涂抹到光滑的树干上。粘虫胶应对接严密，不留空隙，并撤掉树体的支架、拉绳等与地面连接的物体。风尘天气应及时刷除胶带上的尘土、飞絮和虫体。3 个月左右，再涂抹 1 次粘虫胶（图 1-8-1、图 1-8-2）。

图 1-8-1 粘虫带

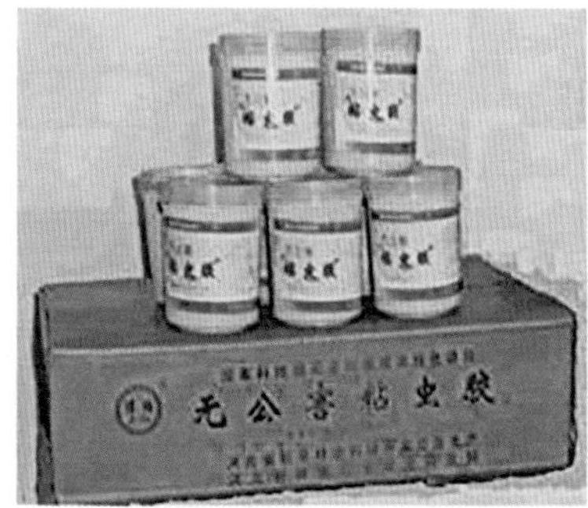

图 1-8-2 粘虫胶

3. 杀虫灯

诱杀金龟子、桃小食心虫等害虫，每 30 亩左右悬挂 1 盏杀虫灯(220 伏,15 伏)，高度在树冠上方 20 厘米左右(图 1-8-3、图 1-8-4)。

图 1-8-3 太阳能杀虫灯

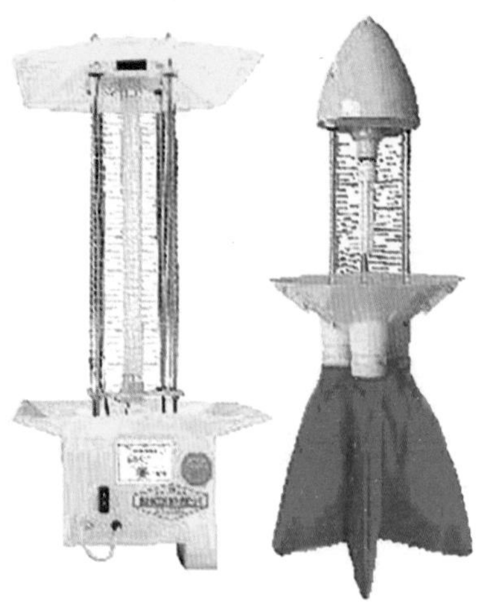

图 1-8-4 频振式杀虫灯

三、生物防治

（1）盛花初期，雨后树盘内撒白僵菌，杀死出土的桃小食心虫等。

（2）盛花初期，释放赤眼蜂（4~5 天释放 1 次，共 3~4 次，每次放 8 万~10 万头/亩），防虫并促进授粉。

（3）盛花初期开始，释放扑食螨、异色瓢虫、七星瓢虫等，防治蚜虫、红蜘蛛等害虫。

四、化学防治

（一）防治原则

针对不同时期的防治对象，选择适宜的农药品种，适时用药，交替轮换使用农药。每种农药连续使用次数不超过 3 次。多种昆虫或病菌混发时，宜适当混合用药，但不宜混配品种过多，原则上不超过 3 种。施药过程中，应最大限度减少对有益生物的杀伤，避免对近邻作物产生药害（图 1-8-5）。

图 1-8-5　病虫害防治培训

（二）红枣标准化生产农药使用准则

按农药毒性，严禁使用高毒、高残留农药和三致（致癌、致

畸、致突变）农药。

1. 提倡使用的农药

1）植物源杀虫剂、杀菌剂、拒避剂和增效剂 有苦参碱、杀蚜素、茴蒿素、除虫菊素、印楝素、烟碱、植物油、鱼藤效剂、芝麻素等。

2）动物源农药 主要有性信息素和寄生性、捕食性天敌等。

3）矿物源农药 杀螨杀菌类硫制剂有硫悬浮剂、可湿性石硫合剂，铜制剂有硫酸铜、氢氧化铜、波尔多液，矿物油乳类有柴油乳油、机油乳剂。

2. 允许限量使用的微生物农药

防治真菌病害的有农用抗生素类春雷霉素、多抗霉素、井岗霉素、农抗120、中生菌素、梧宁霉素、阿司米星素等，防治螨类的有浏阳霉素、华光霉素等，活体微生物农药真菌剂有白僵菌、绿僵菌等，细菌剂有苏云金杆菌（BT）、蜡质芽孢杆菌等。

3. 低毒、低残留化学农药

如吡虫啉、啶虫脒、马拉硫磷、辛硫磷、敌百虫、尼索郎、克螨物、螨死净、菌毒清、代森锰锌（猛杀生、大生M-45）、福星、甲基托布津、多菌灵、扑海因、三唑酮、甲霜灵、百菌清等。

4. 限制使用的中等毒性农药

毒死蜱（乐斯本）、敌敌畏、乐果、杀螟硫磷、灭扫利、功夫、杀灭菊酯、氰戊菊酯、高效氯氰菊酯等。

5. 禁止使用的农药

1）杀虫剂

（1）有机氯类：DDT、六六六、林丹、硫丹等。

（2）有机磷类：乙拌磷、甲基异柳磷、氧化乐果、磷胺、水胺硫磷、杀扑磷、倍硫磷、克百威等。

（3）氨基甲酸酯类：涕灭威、呋喃丹等。

2）杀螨剂 三氯杀螨醇、杀虫脒等。

3）杀菌剂 福美胂、氟化乙基汞（西力康）、醋酸苯汞等。

4）植物生长调节剂 有机合成的植物生长调节剂。

6. 国家明令禁止的农药

六六六、滴滴涕、久效磷、对硫磷、甲基对硫磷、甲胺磷、甲拌磷、毒杀芬、二溴氯丙烷、杀虫脒、二溴乙烷、除草醚、艾氏剂、狄氏剂、汞制剂、甘氟、毒鼠强、氟乙酸钠、毒鼠硅等。

（三）搞好病虫测报

根据气候变化和往年盲蝽象等病虫害的发生情况，准确预测其发生数量、速度及天敌情况。

在发生期，能用其他手段控制的，尽量不采用化学农药进行防治；在危害盛期，有选择地使用农药，通过综合防治减少用药量。

1. 选好药剂，科学配方

选择有效药剂及配方是确保防治效果的关键。防治盲蝽象时，所选药剂配方应具备触杀、熏蒸、内吸等作用，至少应具备以上2种作用。如果1种药剂不同时具备这几种作用，可用2种或2种以上药剂混用。为兼治其他害虫和病害，可在配方中加入相应的特效药剂，但一定要严格控制用药品种和浓度，防止因混用后药液浓度过大造成药害。

2. 确保喷药质量

农药的喷施质量是确保防治效果的关键，要掌握好喷药时间、喷药浓度和喷药方法。在喷药时间上，最好在清晨无露水至上午

10 时前或下午 4 时后至傍晚用药，这样农药可在树体上保留较长的作用时间，对人和作物较为安全。在气温较高的中午用药则易产生药害和人员中毒现象，且农药挥发速度快，杀虫时间短。另外，还要做到树体各部位均匀用药，特别是叶片背面、果面等易受病虫侵害的部位。

3. 注意兑药质量

兑药时，一定要进行二次稀释，便于药液充分溶解，分布均匀，提高防治效果。另外，兑药用水必须是酸性或微酸性，防止降低药效。兑药用水可以是自来水，也可以是河湾水，但必须经过充分氧化或用柔水通等酸性药剂中和，使兑药用水呈酸性或微酸性，才能提高防治效果。

4. 提倡交替用药

一年中，单纯或多次使用同种或同类农药时，病虫的抗性明显提高，既降低防治效果，又增加损失程度，必须交替使用农药，以延长农药使用寿命，提高防治效果，减轻污染程度。

5. 提高药剂性能

配制药液时，适量加入黏着剂或高效渗透剂（如助杀灵等高效渗透剂），可明显提高药效。

（1）选用高压喷雾器械，喷片要经常更换，保证喷出的药液雾化度高、药液均匀。

（2）药物防治必须和人工防治、农业防治、生物防治、物理防治等方法相结合，才能取得良好的防治效果。

（3）要认真贯彻“预防为主，综合防治”的植保工作方针，以健康栽培为基础，加强前期预防，以彻底封锁病虫中心为重点。要选准药物，统一行动，实行群防群治。

五、主要虫害防治技术

(一) 绿盲蝽

又称牧草盲蝽、小臭虫、破头疯。

1. 形态特征(图1-8-6)

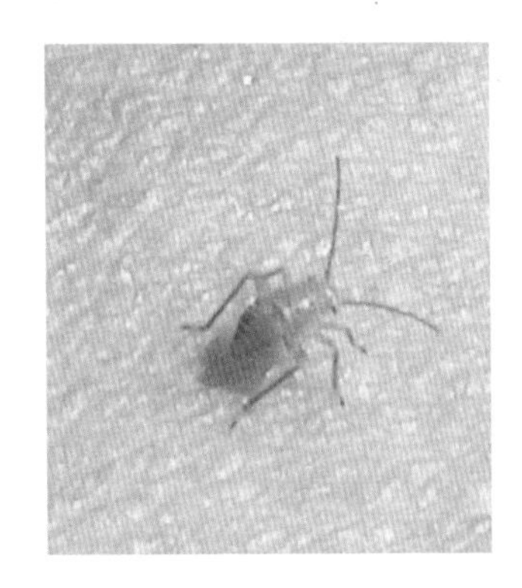

图1-8-6 绿盲蝽成虫

2. 危害症状

春季危害，使叶片穿孔形成“破天窗”，严重时造成“蒜薹枝”，影响产量和质量（图1-8-7）。

图1-8-7 绿盲蝽危害症状

3. 发生规律

3、4、5代发生时期分别为7月中旬、8月中旬、9月中旬，此时是防治的关键时期。该虫世代重叠，成虫飞翔力较强，白天潜伏，夜间活动取食，受惊速迁，故而不易被发现。

4. 防治办法

1）**人工措施** 春季细致刮树皮集中烧毁，清除田间及周围杂草，剪除卵块，减少虫卵基数。枣园冬前深耕冬灌。

2）**物理防治** 树干涂抹粘虫胶，设置诱虫灯、防虫网灯。

3）**化学防治** 3月中下旬结合刮树皮，喷3~5波美度的石硫合剂，可杀死部分越冬卵。早春卵孵化盛期，在越冬虫源集中地块喷洒2.5%高效氯氟氰菊酯或4.5%高效氯氰菊酯2000倍液加高度吡虫啉（金刹、50%吡虫啉粉剂、艾美乐）15000倍液，或48%毒死蜱乳油1500倍液消灭初孵化若虫；自发芽期开始，于虫发生期喷洒48%毒死蜱（瑞蛙、乐斯本）1500倍液或5%甲维盐（绿荫）8000倍液、2%阿维菌素3000倍液加吡虫啉或啶虫脒，既不伤害天敌，又可兼治蚜虫和红蜘蛛等。

（二）红蜘蛛（图1-8-8、图1-8-9）

图1-8-8 红蜘蛛

图1-8-9 红蜘蛛危害症状

1）**人工防治**　冬春季刮树皮、铲除杂草、清除落叶，结合施肥一并深埋；仔细进行树干培土拍实，消灭越冬雌虫和若虫。

2）**化学防治**　发芽前树体细致喷洒 3~5 波美度石硫合剂，或 200 倍液阿维柴油乳剂，最大限度消灭越冬虫源；5 月下旬若螨发生盛期，树冠细致喷洒 2%阿维菌素 8000 倍液或 20%哒螨灵乳油 1500 倍液、螨威 3000 倍液、10%浏阳霉素乳油 1000 倍液。喷洒以上药剂时，注意掺加 1000 倍果树专用型“天达 2116”，每 15 天 1 次，可显著提高防治效果，并能增强植株抗病、抗干旱等抗逆性能，增加产量，改善品质。

（三）黄刺蛾、扁刺蛾、枣刺蛾

1. 保护利用天敌

刺蛾茧内的老熟幼虫，可被上海青蜂寄生，其寄生率很高，控制效果显著。被寄生的虫茧，上端有一寄生蜂产卵时留下的小孔，容易识别。在冬季或早春，剪下树上的越冬茧，挑出被寄生茧保存，让天敌羽化后重新飞回自然界。

2. 药剂防治

发生严重的年份，在卵孵化盛期和幼虫低龄期喷洒 1500 倍 25%灭幼脲 3 号液，或 20%虫酰肼 2000 倍液，或 2.5%高效氯氟氰菊酯（功夫）乳油 2000 倍液、敌杀死 3000 倍液及瑞蛙、安民乐 500 倍液，或 0. 5 亿/毫升芽孢的青虫菌液。

（四）枣飞象

也叫枣芽象甲又名食芽象甲，陕北叫灰牛牛。危害枣、苹果、桃、杏、山楂、石榴等果树和一些用材树种。该虫体壁较硬，抗药性强。

1. 形态特征（图 1-8-10）

图 1-8-10 枣飞象成虫

2. 危害症状（图 1-8-11）

图 1-8-11 枣飞象危害症状

3. 发生规律

枣飞象成虫危害期集中在 4 月底至 5 月底，此时发生极易成灾。6 月也有危害，但很少成灾。半成品苗受害最重，其次是春季

栽植较晚，进入枣飞象盛发期才发芽的苗木。该虫可作短距离飞行，且在苗上和地面来回活动，又有蜡质硬壳，防治难度较大。

4. 防治技术

1）**化学防治**　用苦参碱和联苯菊酯防治，从4月下旬开始，每10天喷药1次，可以2种药剂间隔使用，也可2种药剂混合使用。成虫出土前，在树干周围1米范围内，喷洒50%辛硫磷乳剂300倍液，或喷洒48%毒死蜱（乐斯本）1500倍液，或撒施辛硫磷缓释剂，每株成树用药15~20克。施药后耙匀土表或撒覆土，毒杀羽化出土的成虫。也可于成虫发生期在树上喷洒2%阿维菌素2000倍液或2.5%高效氯氟氰菊酯（功夫）1500倍液，杀灭成虫。

2）**综合防治**　由于枣飞象防治难度大，采用单一防治措施往往很难达到理想效果，需要采用综合防治措施。具体方法是：

图1-8-12　粘虫胶防治枣飞象

（1）4月底以前翻地，杀死部分土壤中的越冬虫。

（2）4月在树干涂杀虫胶或绑胶带，粘杀上树害虫（图1-8-12）。

（3）虫害发生期，在树冠喷药的同时，于地面撒毒土，进一步杀死昏迷落地的害虫（毒土用杀虫粉剂与细土混匀即可）。

（4）成虫发生期，利用其假死性，可在早晨或傍晚人工振落捕杀。

（五）枣黏虫

又名卷叶蛾、包叶虫、黏叶虫、贴叶虫、枣镰翅小卷蛾等。

1. 形态特征（图 1-8-13）

图 1-8-13 枣黏虫幼虫

2. 危害症状（图 1-8-14）

图 1-8-14 枣黏虫危害症状

3. 发生规律

北方枣区 1 年发生 3 代，以蛹在主干、主枝、侧枝、树皮缝和树洞中结茧越冬。3 月下旬开始羽化，4 月上中旬为羽化盛期。主

要为害枣芽和叶片，虫期 25 天左右。成虫多在白天羽化后潜伏，晚上活动，趋光性很强。卵散生在光滑的小枝或叶片上。第 1 代幼虫发生盛期在 5 月初，成虫发生盛期在 6 月中下旬；第 2 代幼虫发生盛期在 6 月下旬至 7 月上旬，成虫发生盛期在 7 月下旬枣树花期和幼果期；第 3 代幼虫发生盛期在 8 月上中旬至 9 月下旬果实白熟期至完熟期，有的到 10 月上旬发生，虫期 30~35 天。

图 1-8-15　太阳能杀虫灯

4. 防治措施

1）人工措施

（1）束草杀蛹。在9月上中旬末代幼虫化蛹前，在主干分杈处束草环，引诱末代幼虫入草化蛹，翌春成虫羽化前解下草环烧掉。刮皮堵洞：冬季和早春刮树皮，堵树洞。刮皮后涂白，将刮下的树皮深埋或烧毁。刮皮程度以刮黑皮，见红皮，不露白为宜。采取此项措施一般可消灭80%~90%的越冬蛹，基本上可控制第1代和第2代幼虫的危害。

（2）冬春灭蛹。冬季或早春刮除树干的粗皮，锯去残破枝头，集中烧毁。主干涂白，并用胶泥堵塞树洞，以消灭越冬蛹。

2）诱杀成虫　在成虫发生期用杀虫灯诱杀成虫（图1-8-15）。

3）用性诱剂诱杀　成虫性诱力强，可用枣镰翅小卷蛾性信息素诱杀成虫。方法是：从3月上中旬开始，每亩枣园挂1个性诱盒，在树冠距地面1.5米的外缘，用细铁丝穿1个诱芯，盒内放0.1%洗衣粉水溶液，诱芯横置盆中央的上面，距水面1厘米（图1-8-16）。

图1-8-16　性诱剂诱杀

4）**药剂防治**　根据预测预报，越冬代成虫产卵前3~4天，卵期13天，蛾峰后15天用药；第1代、第2代成虫产卵前2天，卵期6~7天，蛾峰后7天用药。可用药剂：30%的蛾螨灵可湿性粉剂1500~2000倍液，2.5%的敌杀死3000~4000倍液，25%的灭幼脲1500~2000倍液，进行喷药。选对不杀伤天敌，不污染环境，人、畜、禽安全的农药，如25%灭幼脲3号1500倍液掺加1000倍液果树专用型“天达2116”喷洒，每1代喷洒1~2次，可有效防治其危害。

（六）桃小食心虫

又名桃蛀果蛾，属鳞翅目蛀果蛾科，是我国枣树、苹果树、梨树、桃树的常发蛀果害虫。

1. 形态特征

雌虫体长9~10毫米，雄成虫7~8毫米。全体灰褐色，复眼红褐色，前翅中部近前缘处有近似三角形蓝灰色大斑，翅面上有蓝褐色斜立鳞片7簇。雌虫唇须较长，向前直伸；雄虫唇须较短并向上翘，易于识别雌雄。虫卵：近椭圆形或圆筒形，初产时浅红色，以后逐渐变深。

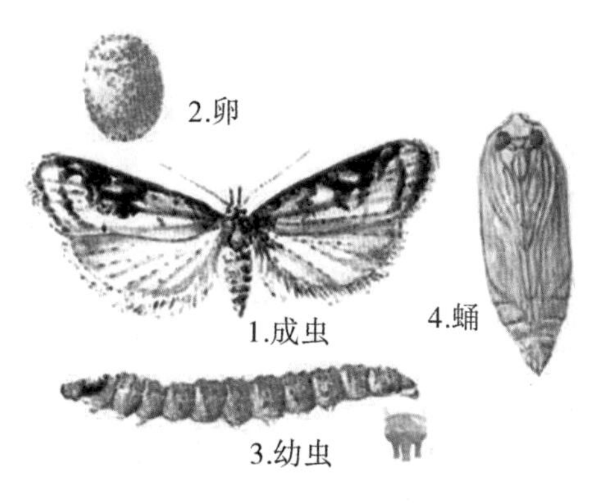

图1-8-17　**桃小食心虫发育过程**

幼虫：体长13~16毫米，全身桃红色。蛹：体长6.5~8.6毫米，初为黄白色，后变为褐色（图1-8-17）。

2. 危害症状

此虫主要以幼虫为害果实，被害果蛀孔针眼大小，蛀孔流出眼珠状果胶，俗称“流眼泪”，不久干枯呈白色蜡质粉末，蛀孔愈合后成小黑点略凹陷。幼虫入果后在果肉里窜食，将虫粪排于果内，被害果实不能食用，失去商品价值（图1-8-18）。

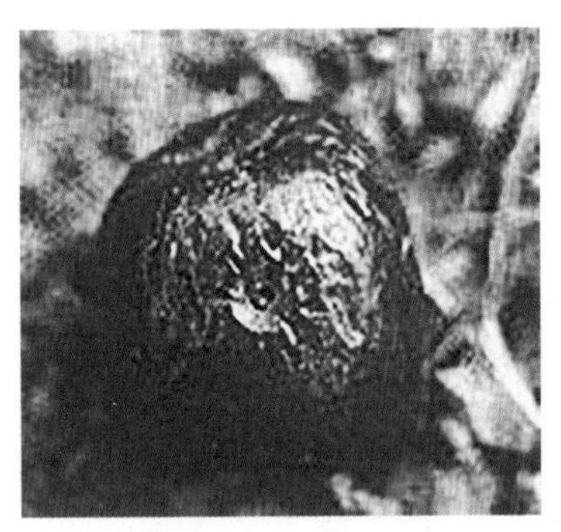

图1-8-18　桃小食心虫对枣果的危害症状

3. 发生规律

在我市1年发生1~2代，发生程度在不同年份之间有很大差异，特别是气候条件的影响很大。出土的早晚和短时间内是否出齐，与5月下旬和6月上中旬第1场透雨来的早晚有关：来得早出得早，来得晚出得晚；下得透出得齐，下得不透出得不齐。在陕北地区，一般6月下旬至7月初为出土高峰期。

以老熟幼虫在土中结成冬茧，在树冠投影下5~20厘米深的土壤中越冬，第2年6月上中旬，当5厘米深地温达到18℃，湿度

达到8%~10%以上时，幼虫破茧出土。幼虫出土到羽化成虫为13~16天，羽化当天便可交尾产卵，将卵产在果实洼处和梗洼处，每个雌性成虫可产卵40~50粒，成虫寿命6~7天。6月上中旬的第1次透雨后的1~2天，幼虫出土达到高峰期。幼虫出土1天即可在土块缝隙处结成纺锤形夏茧化蛹，蛹期2周，卵孵化期6~8天，幼虫孵化后爬行1~3小时便可蛀果危害。幼虫在果内危害25~30天，脱果入土结成冬茧越冬。

4. 防治办法

1）预测预报

（1）定树观测（出土期观测）。选上1年桃小食心虫发生较重的枣树或红枣晒场附近5~10株枣树，除净杂草耙平，而后在树干基部附近堆放几处砖石瓦块，于5月下旬至6月上旬开始观测是否有幼虫爬行，记好每天出土幼虫数量。当每天都有幼虫连续出土时抓紧在树下撒药，杀死出土的越冬幼虫。

（2）越冬代成虫羽化期预测。性诱剂诱集法：将人工合成的桃小食心虫性诱剂安放在水碗上，碗内加入洗衣粉水，水与性诱剂距离1厘米。将水碗悬挂在枣树距离地面高度1~1.5米处的外围枝上（每50平方米放1个性诱剂），每天定时观察记载诱捕到的雄性成虫数量，当诱捕成虫连续几天增多，随后又开始下降时，成虫出现最多为成虫盛发期，盛发期后即出现产卵高峰期，因此诱捕成虫高峰之后3~5天，是药剂防治的最佳时期，可预报防治。卵果率预测预报：田间查果500~1000个，查看果实着卵情况，当卵果率达到4%时，可预报防治（图1-8-19）。

卵果率计算公式：卵果率=（卵果数/调查果数）×100%。

图 1-8-19　土法虫情预测

2）人工和物理防治

（1）诱剂捕杀成虫。性诱剂迷向法，使雄成虫找不到雌成虫进行交尾产卵。每 30~50 平方米放 1 个诱芯，使果园空中全部散发雌性成虫的雌性刺激气味。

（2）粘虫胶法。粘虫胶无毒、投资少、使用简便，能有效防治桃小食心虫。其使用技术要点如下（图 1-8-20）：

a. 使用时间：5 月下旬至 6 月中旬。

b. 使用部位：在树干基部离地面 10~20 厘米处，或枣树主干分杈以下。

c. 使用方法：刮去树干的粗皮，在树干平滑处粘一闭合的胶带环，再往胶带上均匀涂抹粘虫胶。胶环的宽度一般为 2~3 厘米，枣树较大或虫口密度大时，可以适当涂宽些，不要太薄或间断。直径 13 厘米左右的树用量 1.5~2.5 克。

d. 注意事项：一要及时清除落叶、尘土及胶环上的害虫。二要防止“搭桥”，防止害虫通过下垂到地面的枝条或为树木所

搭的支架而上树危害。三要刮老皮裂缝。当涂胶环部位的老皮裂缝较深时，需要重新刮皮，以防害虫从裂缝处钻过，影响防治效果。

图 1-8-20　粘虫胶

（3）人工辅助防治：

a. 摘除虫果：对药剂防治不彻底的果园或桃小食心虫发生轻微的果园，在幼虫脱果前，于果园巡回检查，摘除虫果，杀灭果内幼虫。每 10 天摘 1 次虫果，可有效控制下一代或次年的发生量。

b. 清理晒场周围，消灭食心虫幼虫：晒场周围、储藏库周遍的杂物或土壤，是食心虫脱果后藏匿的场所，应及时有效处理，控制食心虫的危害。

3）生物防治

（1）苦参素防治桃小食心虫：使用 0.3%苦参素杀虫剂 3 号、4 号（3 号 1500 倍液+4 号 1500 倍液）进行防治的虫果率仅为 0.69%，而空白对照处理的虫果率为 38.47%，防治效果显著。

（2）保护天敌：化学防治尽量使用生物菌等。

4）化学防治

（1）地面喷药：根据幼虫出土观测结果，可在越冬幼虫出土

结茧前（5月下旬至6月上旬）地面爬行1~2小时，冠下地面喷洒联苯菊酯杀虫剂，杀死出土幼虫。要求湿润地表土1~1.5厘米。喷洒后用齿耙子浅搂，深达3~5厘米。也可采用地膜覆盖树盘，闷死出土幼虫。6~7月，进行出土期地面防治，采用毒沙法、地面喷药法、树干胶环法等。8~10月，进行脱果期地面防治，捡拾虫果并销毁。

（2）树上防治：7~9月，选用生物农药进行化学防治，如苦参碱、青虫菌6号、灭幼腺3号500~1000倍液等。

（七）枣尺蠖

又称枣步曲，枣树最为重要的虫害之一。

1. 形态特征

雌成虫体长12~17毫米，灰褐色，无翅，触角丝状；雄蛾体长10~15毫米，前翅灰褐色，后翅灰色。卵椭圆形，常数十粒或数百粒聚集成块，初产时淡绿色，逐渐变为黄褐色和暗黑色。老龄幼虫灰褐色或青灰色，有25条灰白色纵条纹。胸足3对，腹足1对，臀足1对。蛹枣红色，长约15毫米（图1-8-21）。

图1-8-21　枣尺蠖成虫

2. 危害症状

其幼虫暴食性强，为害枣树的嫩芽、叶片、花蕾、枣吊和新的枝梢等所有绿色组织。发生严重时，可将枣叶或枣芽全部吃光，造成严重减产或绝收（图 1-8-22）。

图 1-8-22　枣尺蠖危害症状

3. 发生规律

枣尺蠖 1 年发生 1 代，3~4 月羽化。卵于 4 月中旬前后孵化。初孵幼虫群集在树梢顶端为害嫩芽，受惊后有吐丝下垂的特性，可向四周扩散转移。

4. 防治措施

1）阻止雌成虫、幼虫上树　成虫羽化前在树干基部绑 10~15 厘米宽的塑料薄膜带，环绕树干 1 周，下缘用土压实，接口处钉牢，上缘涂上粘虫药带，既可阻止雌蛾上树产卵，又可防止树下幼虫孵化后爬行上树。粘虫药剂配制：黄油 10 份、油 5 份、菊酯类药剂 1 份，充分混合即成。

2）**杀卵** 春季（3月中旬前）翻刨枣园土层，使越冬蛹暴露后冻死或被天敌取食。由于雌蛾不会飞，可于3月中下旬在树干基部缠塑料薄膜或粘虫胶，阻止雌蛾上树交尾和产卵。或在环绕树干的塑料薄膜带下方绑1圈草环，引诱雌蛾产卵。自成虫羽化之日起每半个月换1次草环，换下后烧掉。如此更换草环3~4次即可。

3）**敲树振虫** 利用1~2龄幼虫的假死性，可振落幼虫及时消灭。

4）**药剂防治** 在3龄幼虫之前喷洒25%灭幼脲3号1500倍液1~2次，可有效消灭枣尺蠖幼虫。每年2次喷药防治：第1次用药在枣芽长到3厘米长时（时间为5月初），可喷施敌杀死等；第2次用药在枣芽长到5~8厘米长时（5月中旬），可喷施溴氰菊酯或速灭杀丁等。

5）**保护天敌** 注意保护肿跗姬蜂、家蚕追寄蝇和彩艳宽额寄蝇。上述天敌主要以枣尽蠖幼虫为寄主，老熟幼虫寄生率可达30%~50%。

六、主要病害防治

红枣病害按发生部位分为根部、干部、叶部和果实病害4种，按病原分为真菌、细菌、病毒和螨类4种，按症状分为斑点、畸形、花叶和失绿4种类型。

（一）枣锈病

1. 病原

担子菌亚门冬孢菌纲锈菌目扎锈菌科层锈菌属。生活史有冬孢子堆和夏孢子堆2个阶段。夏孢子球形或椭圆形，淡黄色至黄褐色，单孢，表面密生短刺；冬孢子长椭圆形或多角形，上部栗褐

色，基部色淡，单孢，平滑，顶端壁厚，无柄，常不整齐。

2. 症状（图 1-8-23）

图 1-8-23　枣锈病症状

3. 防治措施

1）加强栽培管理，合理密植　注意适当清理修剪稠密枝、重叠枝、交叉枝、细弱枝、病虫枝，做到树体枝条分布合理，以利通风透光，增强树势。雨季及时排除积水，降低枣园湿度；晚秋清扫树下落叶，结合施肥，深翻掩埋于施肥坑底部土中；冬季清除落叶，集中烧毁以减少越冬病菌来源。行间不宜种植高秆作物。

2）喷药保护　6~7 月在枣林间安装锈病孢子捕捉器，结合 7 月降雨预报，测报枣锈病发生期。7 月上中旬开始流行，在 7 月上旬喷施 1 次粉锈宁可湿性粉剂。流行年份可在 8 月上旬再喷 1 次。

结合防治冬枣斑点病，使用代森锰锌类（猛杀生、大生 M-45）、15%梧宁霉素、安泰生、凯润、过氧乙酸类杀菌剂（雨后 3 天内效果最佳），也可用 200 倍液等量式波尔多液 7 月中旬喷雾 1 次。

3）发病初期　可选择唑类（如福星、万兴、戊唑醇、斑锈灵）、凯润、爱可、百泰、凯泽、治粉高、翠贝、安泰生、润威等药物防治。

（二）炭疽病

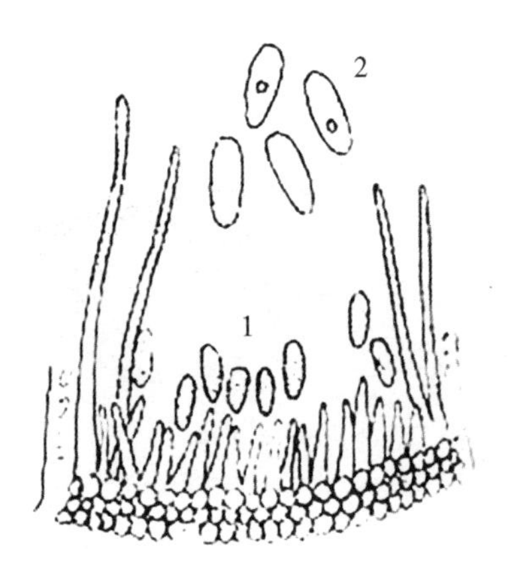

图 1-8-24 炭疽病分生孢子器

1. 病原

半知菌亚门腔孢纲黑盘孢目黑盘孢科刺盘孢属，未发现有性世代。无性时期分生孢子盘黑色，底部稍凹陷，盘上着生黑褐色的束状刚毛，刚毛无分隔或有一分隔。分生孢子梗无色，短棒状，长圆形或圆筒形，无色，单孢（图 1-8-24）。

2. 症状

果实最初出现淡黄色水渍状斑点，逐渐扩大成不规则形黄褐色斑块，中间产生圆形凹陷病斑，病斑逐渐扩大后连片，呈红褐色，引起落果（图 1-8-25）。

图 1-8-25 炭疽病危害枣果症状

叶片受害后变黄绿早落，也有呈黑褐色焦枯状悬挂在枝头（图 1-8-26）。

图 1-8-26　炭疽病枣叶症状

3. 防治措施

1）**清园**　结合修剪，细致清园：剪除残留在树上的枣吊、病虫枝及枯枝，结合施基肥，清理落地的枣吊、枣叶等，埋于施肥坑底部，并进行冬季深翻，清除病原。

2）**加强枣园综合管理**　增施有机肥料：秋季每株施人粪尿 30 千克或其他农家肥料 50 千克，6 月雨后每株追施硫酸钾复合肥 2~3 千克，增强树势。科学使用“天达 2116”，提高植株的抗病能力。

3）**合理间作**　枣园内间作花生、红薯等低秆作物，降低园内空气湿度，减轻病害发生。

4）**药剂防治**　结合防治枣锈病，7~8 月上旬，适时喷洒猛杀生、大生、安泰生、凯润及唑类（润威、福星、万兴、斑锈灵等）农药，保护果实。

（三）缩果病

1. 病原

肠杆菌科欧文氏菌属。病原细菌短杆状，稀周生鞭毛 1~3 根，无芽孢，革兰氏染色阴性。

2. 症状

果实：最初出现淡黄色水渍状斑点，逐渐扩大成不规则形黄褐色斑块，中间产生圆形凹陷病斑，病斑逐渐扩大后连片，呈红褐色，引起落果（图 1-8-27）。

叶：叶片受害后变黄绿早落，也有呈黑褐色焦枯状悬挂在枝头。

图 1-8-27　红枣缩果病症状

3. 防治措施

（1）加强枣园管理。多施有机肥料，增强树势，提高枣树抗病能力。

（2）药剂防治。根据当年气候条件决定防治时期。一般年份于7月底或8月初第1次施药，隔7~10天喷1次，连喷2~3次。初花期喷药保护预防，防止开花期花器感染，可用农用链霉素、杀菌优等喷雾保护：链霉素70~140单位/毫升，DDT 600~800倍液，卡那霉素140单位/毫升，土霉素140~210单位/毫升；花期和着色前喷布满素可硼、速溶硼、钙硼651等叶面肥。

（3）及时防治盲蝽象、红蜘蛛、枣瘿螨等虫害，防止害虫对果实危害和田间作业造成疮口，尽量减少病害的侵染机会。

（4）培育、利用抗病品种。

（四）枣疯病

又称丛枝病，是枣树毁灭性的病害。该病分布于我国各枣区。

1. 症状

枣疯病的外部症状表现为萎黄丛生及花、叶畸形，内部病症是筛管坏死和有机物运输不畅引起的叶肉中淀粉滞积等（图 1-8-28）。

1）根部病变　春季萌发的根蘖，一出土即表现为丛枝状。根部有时也从主根上长出疯根，同一条侧根上可出现多丛疯根，后期病根变褐色腐烂。同一株上往往是几种症状同时出现。

图 1-8-28　枣疯病症状

2）叶片病变　叶部症状有 2 种类型：一是小叶型，萌发出的新枝具多发性、丛生、纤细、小叶、黄化等特征；二是花叶型，叶呈现不规则的块状黄绿、凸凹不平的花叶。

3）花变成叶、枝　花器官感病变成枝，花器退化、花柄延长，萼片、花瓣、雄蕊均变成小叶，雌蕊转化成小枝。

4）芽异常萌发

5）果实畸形 果实畸形，病果较正常果小，着色不均，果肉无渣、食之无味。

2. 病原

病原是类菌植原体，不规则球形。结合四环素族抗生素对枣疯病有明显的治疗效果和停药后易于复发的事实，证明枣疯病的病原为植原体。

3. 发病规律

枣疯病通过各种嫁接方法和传菌昆虫传播。把当年生病枝插皮接在1年生健树上，10天后病原物即由皮接部位通过韧皮部向下运行20厘米。其潜伏期最短25天，最长1年以上。

图1-8-29 清理染病枝梢

枣树开始发病，一般多从部分枝条、枣股及根蘖上发生，也有整株同时发病的，症状由局部扩展到全部。

4. 防治方法

1）培育抗病品种 注意发现和利用抗病品种，选育抗病品种是防治枣疯病的根本措施。

2）铲除病株 枣疯病病株是传病的病源。枣树发病后不久病害遍及全株，使果树失去结果能力，因此有必要及早彻底铲除病株，并将大根一起刨净，以免再生病蘖（图1-8-29）。

3）**防治传病昆虫**　每年喷施3~4次内吸性的有机磷农药，控制传病昆虫叶蝉数量，控制病害的蔓延。

4）**选育无病苗木，加强检疫**　坚持在无病园中采接穗、接芽或繁殖苗木，培养无病苗木。苗木一旦发现病状，立即拔除。另外加强检疫，防止在发病区调苗、采穗。

5）**药物防治**　在发病初期，用手摇钻在病树根茎部钻孔，于春季枣树萌芽期或10月间，每株病树滴注浓度0.1%的四环素药液500毫升。在树干基部或中下部无疤节处两侧各钻1个孔，深达髓心，2孔垂直距离10~20厘米，用高压注射器注入含1万单位的土霉素药液。树干圆周径30厘米以上者，用药液300~400毫升；40厘米以上，用500~700毫升；50厘米以上，用800~1000毫升；60厘米以上，用1200~1500毫升（图1-8-30）。

图1-8-30　药物防治枣疯病

6）**加强栽培管理**　加强枣园肥水管理，改善树体营养状况，提高其抗病能力。

七、红枣裂果防控

红枣裂果在各枣产区均有发生，裂果霉变是制约红枣产业发展的主要瓶颈。每年的9~10月，是延安连阴雨天气多发季节，也正值延安黄河沿岸红枣果实成熟期。由于红枣成熟时处于降雨季节，雨量较多，如遇连日阴雨天气，枣果以果柄为中心向外沿果臂向下呈放射状、纵条状深裂，并在裂痕处感染病菌，霉烂。果实开裂后，易引起微生物入侵，导致果实浆烂(图1-8-31、图1-8-32)。

图1-8-31 裂果初期

图1-8-32 裂果霉烂

（一）裂果霉变的原因

枣裂果除了与果实含糖量高有关外，也与品种、品系、栽培条件、降雨等有关，主要是枣果生长发育脆熟期，遇到连续干旱气候，枣园得不到及时灌溉，此时果肉细胞处于严重的水分亏缺状态，如遇连阴雨，根系、叶片和果柄处大量吸水，使果肉组织迅速吸水膨胀，受高温干燥损害的果皮组织承受不住果肉组织的膨压而导致破裂。

（二）红枣成熟期遇雨裂果霉变过程

第1阶段，干裂期。枣果成熟期降雨，造成红枣裂果，多表现为只有裂纹（纵裂、横裂或不规则裂纹），称为干裂，表现为只有裂纹没霉变。干裂期主要在脆熟期，维持时间因天气情况而不同。虽降雨后连续天气晴好，维持裂纹时间较长，不霉变，但连续降雨，则很快进入下一个时期——霉菌滋生期。此期的红枣若及时采收烘烤，烘制的红枣基本正常，没有霉菌。

第2阶段，霉菌滋生期。随着降雨的继续，果面裂纹处浸水，霉菌开始滋生，多发生在脆熟后期或完熟期，外观上可看到果面裂纹变黑。若该期红枣自然晾晒，霉菌超标 。

第3阶段，浆果霉变期。随着降雨的继续，因果面裂纹处长期浸水，果肉从果面裂纹处开始浆烂，霉菌滋生，很快果浆霉烂或烂果落地，果实失去食用价值（图1-8-33）。

图1-8-33　红枣裂果过程

(三) 影响红枣裂果因素

1. 品种特性

有些品种因早熟或晚熟避开雨季，不发生裂果或裂果较轻。如木枣、阎良相枣一般耐3天连阴雨。

2. 立地条件和管理水平

排水良好的果园（如土壤结构疏松或沙壤土）裂果程度低。在枣果脆熟期前，遇干旱及时灌水。

3. 脆熟期降雨量和持续时间

持续时间长，易裂果。

4. 枣果的含糖量

枣果在接近成熟期时，含糖量增高，果皮变薄，弹性降低，渗透性降低，吸水能力增强，吸水后膨压增大，果面即裂开。

5. 枣果缺钙、钾等矿物质及微量元素

枣果生长发育期，如缺乏激素或矿物质元素钙、钾，果皮厚度和韧性较差，抗裂果能力差。

(四) 防治措施

1. 选择抗裂果品种

新建园时，选择抗裂果品种。如制干品种的相枣、阎良相枣、木枣，鲜食品种的蜜罐1号、冷白玉或成熟期较晚的品种。

2. 管理措施

从7月上中旬开始喷氨基酸钙水溶液（使用浓度见商品说明），每隔10~20天喷1次，直到采收，可明显降低枣的裂果病。喷钙制剂可结合病虫害防治同时进行。合理浇水施肥，注意幼果期和前期干旱时期浇水，树下覆草或地膜，减少土壤湿度变化幅

度；增施有机肥，适量增加磷、钙、钾、镁的圈肥、复合肥。

3. 物理防治措施

采取搭建防雨伞、防雨棚等措施，可有效降低红枣裂果。如单式防雨棚、多行式防雨棚、联体式防雨棚(图 1-8-34、图 1-8-35)。

图 1-8-34　防雨伞

图 1-8-35　防雨棚

4. 用抗裂剂防治裂果

目前市场上防裂剂较多，各种防裂剂在降雨量小于30毫米或45毫米内有一定效果。通常使用的抗裂剂有氯化钙、螯合钙。一般在7月中旬或果实膨大期喷0.3%氯化钙水溶液，以后每隔10~20天喷1次，连喷3次。或在幼果期喷氨钙宝2~3次。

（五）适时采收，及时烘烤，减少霉变

（1）准确预测天气，筹备烘烤。一般9月20日至10月15日降雨量和频率较高。

（2）适时采收。在连阴雨前采收，最好在干裂期采收，烘干。

第九章　红枣的采收

一、枣果成熟过程

枣果在成熟过程中，不断积累营养物质，果皮色泽、果肉质地和颜色也不断变化。如按皮色、肉质变化情况，枣果成熟过程可以划分为白熟期、脆熟期和完熟期 3 个阶段（图 1-9-1）。

1）**白熟期**　果皮褪绿，呈白色或乳白色，果实体积不再增长。肉质比较松软，少汁，含糖量低。果皮薄而柔软，煮熟后果皮不易与果肉分离。

图 1-9-1　成熟的红枣

2）**脆熟期**　白熟期过后，果皮自梗洼、果肩开始，逐渐着色转红，直到全红。果肉含糖量因淀粉等物质的转化而剧增，质地变脆，汁液增多，肉色仍呈绿白色或乳白色。果皮增厚，稍硬，煮熟后容易与果肉分离。

3）**完熟期** 脆熟期中，果实继续积累养分，果肉含糖量继续增加，最后果柄和果实连接的一端开始转黄，果肉颜色由绿白色转成乳白色，近核处转成黄褐色，质地从近核处开始逐渐向外变软，含水量下降（图 1-9-2）。

图 1-9-2 枣果完熟期

二、枣果的采收时期

图 1-9-3 人工晾枣

枣果因食用和加工目的不同，采收适期也不同。

1）**贮藏鲜果的采收** 在脆熟期的初期——果皮初红至小半红采收最佳，必须进行人工仔细采摘。

2）**制干枣的采收** 应选择在果实充分成熟、糖分充分转化

的完熟期进行。此时，枣果全部着色，果肉变软，果皮微皱，枣果含水量下降（图 1-9-3）。

制作蜜枣用的枣果，以白熟期为采收适期，此时枣果已经充分发育，肉质松软，糖煮时容易充分吸糖，成品黄橙晶亮，呈半透明琥珀色，食用没有皮渣。

3）**生食品种**　以果皮完全转红后的脆熟期为采收适期。此时枣果具有甘甜微酸、松脆多汁等最好的鲜食品质。

4）**干制红枣**　完熟期采收最好。此时果实充分成熟，含养分最多，制成的红枣不但制干率高，而且成品色泽浓艳，果形饱满，富有弹性，品质最好。

三、采收方法

采枣一般用手摘，或用竹竿振枝，使枣果落地，再予捡拾。枣果一般在采收适期一次采尽（图 1-9-4、图 1-9-5）。

图 1-9-4　人工捡拾枣

图 1-9-5 人工采收

四、鲜食枣的贮藏保鲜

1）**冷库种类** 常用的冷库为气调库和低温冷库 2 种。

2）**冷藏程序** 鲜枣贮藏保鲜要求条件较高，鲜枣品种在脆熟期、脆熟前期采收，戴线手套人工采摘；入库前用喷水或浸水等方法迅速降温预冷，或在预处理间过夜预冷；用打孔塑料薄膜袋（采用 0.04~0.07 毫米聚乙烯薄膜包装）或手提箱保藏，分层堆放于库中；经常抽查枣果变化情况，上市时进行精包装。为了使冷库中枣果代谢处于最小状态，温度应控制在 0±1℃，略高于冰点温度，相对湿度保持在 95%，二氧化碳浓度在 5%以下。

五、红枣干制及贮藏

1. 干制枣常用的设施

（1）采取设施制干。就是选用空旷的厂房、闲置的房屋，或采取建造塑料大棚的方式，在设施内安装通风、增温设备，确保枣果在晾晒过程中免受阴雨天气的不良影响。

（2）建烘干房。2007年虽然绝大部分地区红枣裂果损失严重，但河北献县损失不大，原因就是该县枣农应用烘干房制干已3年，不但在多雨年份能够减少损失，即使在正常年份，烘干比晒干更能提高枣果的品质。

（3）采取烘烤、远红外线及真空脱水制干方式。这要靠完善的设备、设施和相应的技术加以保证。

（4）应用处理剂制干。就是利用“红枣防浆烂制干处理剂”，在对枣果进行挑选后，进行水浸式处理，再在设施内进行制干。这种方式能快速将鲜枣制成干枣，还可以使枣果品质、色香味俱佳，在阴雨天气的情况下，可有效减少或避免红枣浆烂带来的损失。

（5）用土炕等土办法烘干。

2. 红枣干制方法

常采用的方法为晾干法、晒干法、烘干法。

1）**晾干法**　是利用房舍或晾枣房，通过自然风风干红枣的方法。用此法制干的红枣，色泽鲜艳，外形较饱满，皱纹少而浅，比较美观。但枣果含水量较高，不耐贮运。

2）**晒干法**　是将枣摊在露天场地，利用太阳光照晒干枣果的方法。这样晒干的红枣品质最好，色、香、味俱佳，耐贮运。但晒枣时间长，营养损耗大，尤其是 V_C 损失最多。若遇刮风下雨天，枣果刮入尘土，易霉变烂果（图 1-9-6、图 1-9-7）。

图 1-9-6　室外晒干

图 1-9-7　室外晒干

3）烘干烤法　是利用热力学原理，将枣果放入烘房中受热烘干成干枣的方法。这种方法不受天气影响，可减少霉烂损失，而且干制时间短，营养损失少，枣洁净，商品率高。

3. 烘前准备（图 1-9-8）

1）分级　烘干前按照品种、大小、成熟度对枣进行分级，便于烘烤。

2）清洗　烘干前对枣进行清洗，可提高卫生指标，增加色度。

图 1-9-8　机械分选

3）装盘　烘盘装枣一般不超过 2 层。传统红枣烘烤主要沿用“水暖烘房”和“火道式烘房”，烘烤效益低、能耗高、人工控制，为传统的劳动密集型（图 1-9-9）。

近年推广使用智能机械烘烤设备，可大大降低人工成本，节省劳力。

图 1-9-9 红枣装盘

红枣智能烘烤采用电子控制技术，自动控制温度和排湿，能耗低、效率高、自动化程度高（图 1-9-10~1-9-12）。

图 1-9-10 简易烘烤房

图 1-9-11 智能烘烤房

图 1-9-12 智能烘烤箱

第十章　红枣加工及综合利用

产后营销与加工措施：

（1）组建枣农合作组织，推广红枣技术，促进原枣销售。

（2）深化新产品开发，促进产业化发展。

（3）强化企业技术改造，提高红枣加工能力和水平。

1. 青加工产品

主要有蜜枣等（图 1-10-1）。

图 1-10-1　南式蜜枣

2. 脆熟期加工品

有紫晶枣、醉枣、枣片、空心枣等（图 1-10-2、图 1-10-3）。

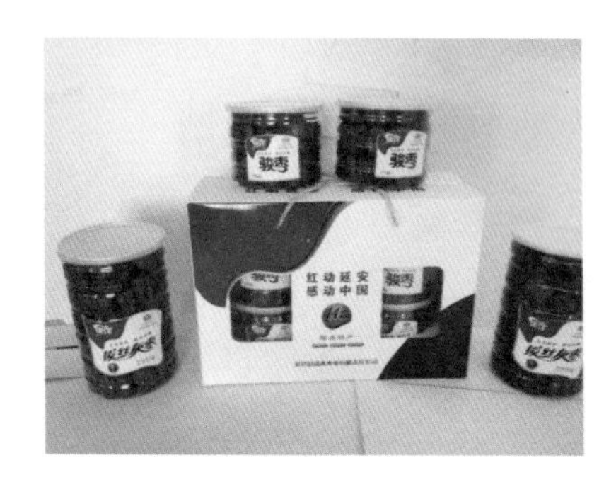

图 1-10-2 醉枣

图 1-10-3 枣片

3. 完熟期加工品

有枣干、枣露、枣醋、枣汁、枣酒、红枣浓缩汁、枣蜜、枣酱、红枣酵素饮料（图 1-10-4~图 1-10-9）。

图 1-10-4　枣露

图 1-10-5　红枣醋

图 1-10-6　枣汁

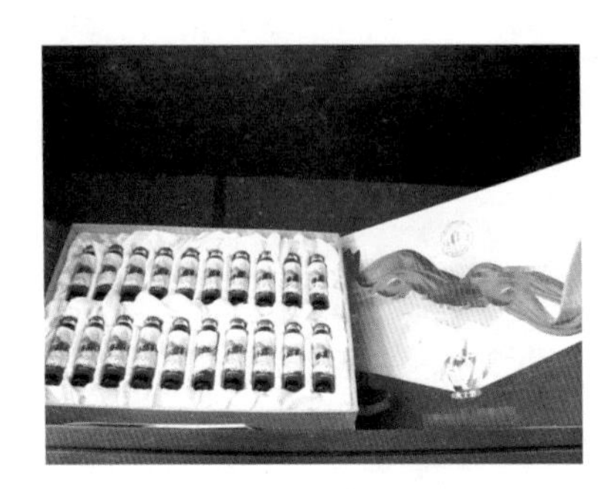
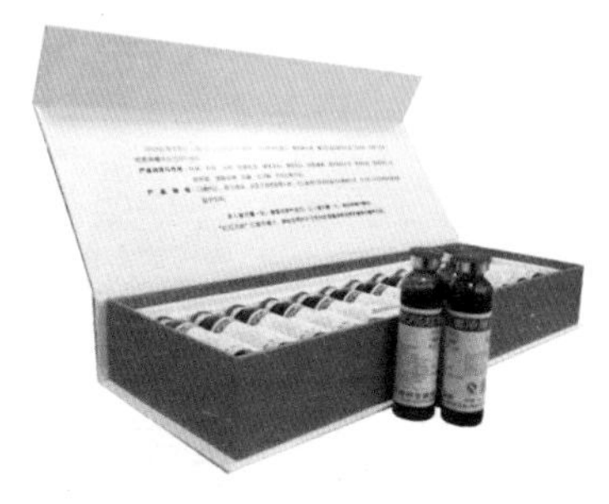

图 1-10-7 红枣浓缩汁

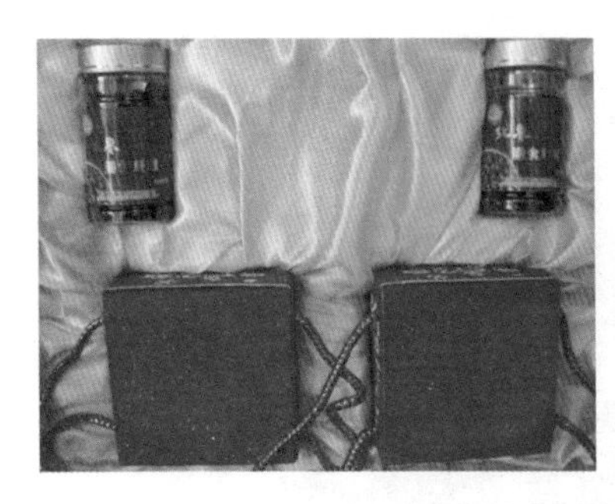

图 1-10-8 枣蜜

图 1-10-9 枣酱

4. 红枣饮食

有枣糕、枣馍、枣饼、枣粥、红枣粽子等(图 1-10-10、图 1-10-11)。

图 1-10-10 枣糕

图 1-10-11 枣粥

附件

附件 1　延川红枣地理标志产品认证标准

ICS 67.080.10
B 31

中华人民共和国国家标准

GB/T 23401—2009

地理标志产品　延川红枣

Product of geographical indication—
Yanchuan dried Chinese jujub

2009-03-30 发布　　2009-10-01 实施

中华人民共和国国家质量监督检验检疫总局
中国国家标准化管理委员会　发布

本标准依据国家质量监督检验检疫行政部门颁布的《地理标志产品保护规定》与 GB/T17924《地理标志产品标准通用要求》制定。

本标准的附录 A 为规范性附录。

本标准由全国原产地域产品标准化工作组提出并归口。

本标准起草单位：陕西省延川县红枣协会、陕西省延川县质量技术监督。

GB/T 23401—2009

1. 范围

本标准规定了延川红枣的术语和定义、地理标志产品保护范围、要求、试验方法、检验规划及包装、标志、运输、贮存要求。

本标准适用于地理标志产品延川红枣的生产、收购、销售及其食品加工原料要求的干制红枣。

2. 规范性引用文件

下列文件中的条款通过本标准的引用而成为本标准的条款。凡是注日期的引用文件，其随后所有的修改（不包括勘误的内容）或修订版均不适用于本标准，然而，鼓励根据本标准达成协议的各方研究是否可使用这些文件的最新版本。凡是不注日期的引用文件，其最新版本适用于本标准。

GB2726　食品中污染物限量

GB2763　食品中农药最大残留限量

GB/T5009. 3　食品中水分的测定

GB/T5009. 7　食品中还原的测定

GB/T5835　红枣

GB/T6543　运输包装用单瓦楞纸箱的双瓦楞纸箱

GB7718　预包装食品标签通则

GB/T8855　新鲜水果和蔬菜　取样方法

GB/T13607　苹果、柑橘包装

GB/T17924　地理标志产品标准通用要求

GB18406.2　农产品安全质量　无公害水果安全要求

GB18407.2　农产品安全质量　无公害水果产地环境要求

定量包装商品计量监督管理办法（国家质量监督检验检疫总局令【2005】第75号）

3. 术语和定义

GB/T5835确立的以及下列术语和定义适用于本标准。

延川红枣　yanchuan dried chinese jujub

产自延川境内的大木枣、条枣、圆枣、狗头枣、骏枣的干制红枣。

4. 地理标志产品保护范围

延川红枣的地理标志产品保护范围限于国家质量监督检验检疫行政部门根据《地理标志产品保护规定》批准的范围，包括陕西省延川县的眼岔寺乡、延水关镇、土岗乡、杨家圪台镇、马家河乡、延川镇、贺家湾乡、文安驿镇、贾家坪镇、关庄镇、禹居镇、冯家坪乡、永坪镇、高家屯乡共14个乡镇现辖行政区域。见附录A。

5. 要求

5.1　品种

主要品种：大木枣、条枣、圆枣、狗头枣、骏枣。

GB/T 23401—2009。

5.2 产地环境

按 GB/T18407.2 的规定执行。

5.3 等级

延川红枣的等级应符合表 1 的要求。

表 1 等级

<table>
<tr><th>项目</th><th colspan="2">特级</th><th colspan="2">一级</th><th>二级</th></tr>
<tr><td>基本要求</td><td colspan="5">果实发育充分，果形完整，大小均匀，无异味，无明显异物，无不正常的外来水分，具有本品种应有的特性</td></tr>
<tr><td>色泽</td><td colspan="5">具有本品种应有的色泽</td></tr>
<tr><td>形状</td><td colspan="5">果形正常</td></tr>
<tr><td>损伤和缺陷</td><td colspan="2">无霉烂，浆头果、病果、虫果、破头果不超过 2%</td><td colspan="2">无霉烂，浆头果、不完熟果、病虫果、破头果不超过 5%，其中病虫果数不超过 2%</td><td>无霉烂，浆头果、不完熟果、病虫果、破头果不超过 8%，其中病虫果数不超过 3%</td></tr>
<tr><td rowspan="5">单果重/克≥</td><td>大木枣</td><td>8.0</td><td>7.0</td><td colspan="2">6.0</td></tr>
<tr><td>条枣</td><td>7.0</td><td>6.0</td><td colspan="2">5.0</td></tr>
<tr><td>圆枣</td><td>6.9</td><td>5.0</td><td colspan="2">4.0</td></tr>
<tr><td>狗头枣</td><td>7.0</td><td>6.0</td><td colspan="2">5.0</td></tr>
<tr><td>骏枣</td><td>12.0</td><td>10.0</td><td colspan="2">9.0</td></tr>
</table>

5.4 理化指标

延川红枣理化指标应符合表 2 规定。

表 2　理化指标

项目	指标		
	总糖（以还原糖计）/%≥	水/分%≤	可食率（以质量计）/%≥
大木枣	60	25	90
条枣	60	25	
圆枣	65	25	
狗头枣	61	25	
骏枣	62	25	

5.5　安全要求

按 GB2762、GB2763 规定执行。

6. 试验方法

6.1　外观和等级

单果重量用感量不大于 0.01g 的天平测定，其余项目按 GB/T5838 执行。

6.2　理化指标

6.2.1 总糖

按 GB/T5009.7 规定检测。

6.2.2　水分

按 GB/T5009.3 规定检测。

GB/T 23401—2009

6.2.3　可食率测定

称取样枣 200~300 克，将枣、核分离，称取果肉质量并按下式计算：

$$A=\frac{m_1}{m}\times 100\%$$

式中：

A——可食率，%；

m_1—— 果肉质量，克；

m—— 全果质量，克。

6.3 安全要求

按 GB18406.2 的规定执行。

7. 检验规则

7.1 组批

同一品种、同一等级、同一批销售的红枣作为一个检验批次。

7.2 取样

按 GB/T 8855 规定执行。

7.3 检验分类

7.3.1 交收检验

每批产品交收前应进行交收检验。检验项目包括等级、包装和标志。

7.3.2 型式检验

型式检验包括本标准要求中规定的全部项目，有下列情形之一时，应进行型式检验：

(a) 产品生产基地环境条件变化时；

(b) 生产工艺改变，可能影响产品质量时；

(c) 国家质量监督部门按规定提出型式检验要求时。

7.4 判定规则

7.4.1 检验

在检验中如有不合格时，允许复检1次，仍不合格则判该批产品为不合格产品。

7.4.2　质量误差

净含量应与包装上明示的质量一致，允许误差按《定量包装商品计量监督管理办法》执行。

8. 标志、包装、运输、贮存

8.1 标志

应符合 GB 7718、GB/T17924 的规定。

包装箱上应有地理标志产品专用标志，并标明产品名称、数量（个数或净含量）、等级、产地、包装日期、生产单位、执行标准编号等。

8.2 包装

包装箱应符合 GB/T 6543 规定要求，其他材料应符合 GB/T13607 规定要求。

8.3 运输

运输工具应清洁卫生，无污染，且不得与有毒有害物品混存混运。运输过程中应防潮，防晒，防破损和防雨淋。

8.4 贮存

严禁与其他有毒有害、有异味、发霉以及其他易污染物混存混放，库房应保持通风干燥，并且有防蝇、防鼠设施。

附件 2　延安市枣园管理技术作业历

管理时间	主要措施	技术要点	目的
休眠期（11 月至次年 3 月）	1. 刮皮、涂白 2. 整形、修剪 3. 翻地、施肥 4. 采穗	1. 刮去树干老翘皮，干枯枝、落叶、落果集中焚烧或深埋 2. 5 千克水、250 克石硫合剂、250 克含盐、1.5 千克生石灰加少量植物油或胶，先搅拌生石灰加少量植物油或胶，再搅拌石硫合剂和水，对树干进行涂白；或者在冬春各喷 5 波美度石硫合剂 1 次 3. 疏、截、缩、刻 4. 翻深 20～30 厘米，亩施农家肥 1000 千克，硼肥、锌肥各 1 千克 5. 当年生枝截成 1 个主芽，封蜡保存	1. 消灭越冬病虫害 2. 消灭树皮中的越冬虫卵和病原菌 3. 调节树势，增强通风、透光，提高光合作用 4. 松土保墒，提高土壤肥力 5. 促坐果，提高着色 6. 品种改良
萌芽期（4 月）	1. 病虫防治 2. 灌水施肥	对树下害虫在树干距地 70 厘米处涂粘虫胶，绕树干 1 周，宽 8～10 厘米。对树上害虫喷布阿维菌素，每 10 天 1 次，共 2 次。同时灌水追肥，以氮肥为主	防治食芽象甲、绿盲蝽、螨类、枣尺蠖等害虫危害，保证萌芽

续表

管理时间	主要措施	技术要点	目的
抽枝展叶期（5月）	1. 防虫 2. 搭建防雨设施 3. 夏季修剪 4. 花前灌水 5. 嫁接改良	25%灭幼脲悬浮剂1200~1500倍液，苏云金杆菌悬浮剂200~500倍液。抹芽、除萌每7~10天1次，摘心以枝条长至30~40厘米为宜，一般在6月20日左右进行。采取皮下接、劈接、腹接等方法	1. 防治桃小食心虫、刺蛾、枣尺蠖、枣黏虫 2. 低效园改造
开花坐果期（6月）	1. 拉枝 2. 环割、开甲 3. 视天气情况及时蓬膜	1. 对难挂果枝条采取吊起来、拉下来或撑开来的办法，使枝条开张角度达到60°~75° 2. 在距主枝基部5厘米处用环割刀环割，割通树皮1~2次，每10天1次 3. 大棚枣及时蓬膜，中午放风	1. 控制养分分配，促进坐果 2. 控制营养向根系运输，促进坐果 3. 减少营养消耗 4. 保证水分供给，提高坐果率 5. 如遇低温及时蓬膜，提高温度，保持合理温度
幼果期（7月）	防病、防虫	每隔10~15天喷杀菌剂1次，可用25%三唑酮可湿性粉剂1500~2500倍液或1.8%阿维菌素乳油2000~3000倍液	1. 控制营养向根系运输，促进坐果 2. 防治枣锈病、桃小食心虫等病虫害
果实膨大期至白熟期（8月）	1. 灌水追肥 2. 防病虫	1. 灌好果实膨大水，株施磷、钾复合肥0.5~1千克 2. 继续喷施杀菌、杀虫剂和链霉素，防治果实病虫害	1. 促进果实膨大 2. 防治缩果病等病害

续表

管理时间	主要措施	技术要点	目的
果实白熟期至脆熟期（9月）	蓬膜、揭膜	关注天气预报，及时蓬膜、揭膜	防裂果
果实脆熟期至完熟期（10月）	1. 及时采收、分级、包装 2. 采后清园	1. 采收、晾晒、烘干 2. 清理枯枝、落叶、落果，集中焚烧或深埋	1. 使红枣含水量在25%以下，便于储藏、运输、销售 2. 消灭越冬害虫

附件 3　红枣农业行业标准

红枣主要理化成分参考指标

1. 可食部分：不低于 90%。

检验方法：称取具有代表性的样枣 200~300 克，逐个切开，将枣肉与枣核分离，分别称重，按下式计算可食部分的百分率：

可食部分（%）=（果肉重量，克/全果重量，克）×100

2. 含水率：按标准规定，金丝小枣不高于 28%，大枣、鸡心小枣不高于 25%。

检验方法：用红枣电子水分测定器或甲苯蒸馏法。

3. 含糖量：70%~80%或以上（以可食部分干物质计）。

检验方法：应用斐林试剂分析法。

4. 含酸量：品种间差异较大，金丝小枣 0.4%~1.0%，山西木枣、佳县长枣 2.0%以上，其他大枣 1.0%~2.0%（以可食部分干物质计）。

检验方法：应用碱滴定法。

5. V_C 不低于 10 毫克/果肉 100 克。

检验方法：应用碘滴定法。

有关用语的解释和说明

1. 红枣：由充分成熟的鲜枣，经晾干、晒干或烘烤干制而成。果皮红色至紫红色。

2. 品种特征：指红枣各品种干后的特征，如果实形状、个头大小、色泽浓淡、果皮厚薄、皱纹深浅、果肉和果核的比例以及肉质风味等。

3. 色泽：红枣的色泽是鲜枣经干制后的自然色泽，皆为红色。但由于鲜枣的品种不同，成熟度不同和加工环境的影响，致红色程度有所差别，有紫红色、鲜红色、淡红色。

4. 个头均匀：同一批红枣的个头大小基本上一致称为均匀，检验时以单果重之间相差不超过平均果重±15%为掌握幅度。

5. 肉质肥厚：指红枣的可食部分，达到 90%以上者为肉质肥厚。

6. 身干：指红枣果肉的干燥程度，与枣果的含水率密切相关，凡枣的果肉含水率小枣不超过 28%，大枣不超过 25%者可认为身干。含水率较低的红枣对品质并无影响。

7. 杂质：红枣中的杂质主要是在晾晒过程中混入的，杂质有沙土、石粒、枝梗、碎叶、金属物及其他外来的各种夹杂物质。

8. 无霉烂：指红枣没有霉味、酒味、腐味和酵母菌、霉菌等微生物寄生的痕迹。

9. 浆头：指红枣在生长期或干制过程中因受雨水影响，枣的两头或局部未达到适当干燥，含水率高，色泽发暗，进一步发展

即成霉烂枣。浆口枣已裂口属于烂枣，不做浆头处理。

10. 不熟果：未着色的鲜枣干制后即成为不熟果，颜色偏黄，果形干瘦，果肉不饱满，干物质含量低。

11. 干条：指由混杂在鲜枣中的不成熟果实干燥而成，色泽黄暗，质地坚硬，没有食用价值。

12. 破头：由于生长期间自然裂果或机械挤压，而造成红枣果皮出现长达果长 1/10 以上的破口，凡破口不变色、不霉烂者称破头。

13. 油头：由于在干制过程中翻动不匀，枣上有的部分受温过高，引起多酚类物质氧化，使外皮变黑，肉色加深。

14. 虫果：俗称虫眼，系桃小食心虫危害的结果。在红枣的顶部或胴部存有 1 个直径 1~2 毫米的脱果虫口，在果核外围存有大量沙粒状的虫粪，味苦，不适宜食用。

15. 病果：枣果有 2 种主要病害：

（1）黑铁头病：此病河南称烧茄子病，河北称雾操病。罹病的红枣顶部呈现黑色病块，表面有密集的针点突起，病皮下的果肉呈粉红色，质硬，干如木块，有苦味，病块常占全果的 1/4~1/2。

（2）枣果溃疡病：为枣果在生长期中的细菌性病害。在红枣果皮上散生直径约 2 毫米的黑色病斑，呈椭圆形或圆形，稍凹陷，光滑，有光泽，病部深及皮下 1~2 毫米，色浅红，味苦，影响红枣品味。

附录

附录 A　1 年生实生红枣苗分级标准　　　单位：厘米

<table>
<tr><th rowspan="2">级别</th><th rowspan="2">苗高</th><th rowspan="2">地径</th><th colspan="3">根系</th><th rowspan="2">综合控制指标</th><th rowspan="2">Ⅰ、Ⅱ级苗百分率</th></tr>
<tr><th>数量</th><th>平均长度</th><th>平均粗度</th></tr>
<tr><td>Ⅰ</td><td>100 以上</td><td>0.8~1.2</td><td>4 条以上</td><td>20 以上</td><td>0.3 以上</td><td rowspan="2">充分木质化，无病虫和机械损伤，主根无撕裂，侧根折断不计数</td><td rowspan="2">85%</td></tr>
<tr><td>Ⅱ</td><td>70~100</td><td>0.6~0.8</td><td>2~4 条</td><td>15~20</td><td>0.2~0.3</td></tr>
</table>

附录 B　红枣嫁接苗分级标准　　　单位：厘米

<table>
<tr><th rowspan="3">级别</th><th rowspan="3">苗高</th><th rowspan="3">基径</th><th rowspan="3">整形带</th><th colspan="5">根系</th><th rowspan="3">综合控制指标</th><th rowspan="3">Ⅰ、Ⅱ级苗百分率</th></tr>
<tr><th colspan="2">主根</th><th colspan="3">侧根</th></tr>
<tr><th>长度</th><th>粗度</th><th>数量</th><th>平均长度</th><th>平均粗度</th></tr>
<tr><td>Ⅰ</td><td>70 以上</td><td>0.8 以上</td><td>有 5 个以上饱满主芽</td><td>20 以上</td><td>0.8 以上</td><td>4 条以上</td><td>20 以上</td><td>0.2 以上</td><td rowspan="2">苗干通直，无明显缢痕，无病虫害和机械损伤，根系无撕裂，侧根折断不计数</td><td rowspan="2">80%</td></tr>
<tr><td>Ⅱ</td><td>60~70</td><td>0.6~0.9</td><td>同上</td><td>18~20 以上</td><td>0.6 以上</td><td>2~4 条</td><td>15~20</td><td>0.15 以上</td></tr>
</table>

附录 C　苗木检测抽样数量

单位：株

苗木株数	检测株数
500~1000	50
1001~10000	100
10001~50000	250
50001~100000	350
100001~500000	500
500001 以上	750

附录 D　分级标准

等级	指标			
	外观	品质	损伤和缺点	含水率
一级	果形饱满，具有本品种应有特征，个头均匀	肉质肥厚，具有本品种应有的色泽，身干，手握不粘果，杂质不超过 0.5%	无霉烂、浆头，无不熟果，无病果、虫果，破头、油头 2 项不超过 5%	不高于 25%
二级	果形良好，具有本品种应有的特征，个头均匀	同上	无霉烂，允许浆头不超过 2%、不熟果不超过 3%，病虫果、破头 2 项各不超过 5%	不高于 25%
三级	果形正常，个头不限	肉质肥瘦不均，允许有不超过 10%的果实色泽稍浅，身干，手握不粘果，杂质不超过 0.5%	无霉烂，允许浆头不超过 5%、不熟果不超过 5%，病虫果、破头 2 项不超过 15%（其中病虫果不得超过 5%）	不高于 25%

附录 E 每批红枣的抽验数量 单位：件

每批件数	抽样件数
100 以下	5 件，不足 100 件者以 100 件计
101~500	以 100 件抽验 5 件为基数，每增加 100 件，增 2 件
501~1000	以 500 件抽验 13 件为基数，每增加 100 件增抽 1 件
1000 以上	以 1000 件抽验 18 件为基数，每增加 200 件增抽 1 件

参考文献

［1］张锋，洪波，红枣提质增效绿色栽培技术［M］. 西安：陕西科学技术出版社，2018.

［2］高文海，周爱英，赵建明. 鲜食枣设施高效栽培关键技术［M］.北京：金盾出版社，2015.

［3］李新岗，王长柱，高文海. 陕北红枣优质高效栽培［M］. 杨凌：西北农林科技大学出版社，2012.

［4］李新岗，王鸿哲，孙文杰. 枣树丰产栽培［M］. 西安：陕西人民教育出版社，1998.

［5］刘梦军. 枣优质生产技术手册［M］. 北京：中国农业出版社，2004.

［6］史彦江. 枣树栽培管理关键技术 . 多媒体课件，2010.

第二篇

花椒

HUAJIAO

第一章 概 述

一、花椒栽培历史

花椒树为落叶灌木或小乔木，原产于我国喜马拉雅山脉，后沿江河移植至中国地理第二阶梯。我国栽培历史悠久，最早记载见《诗经·唐风·椒聊》“椒聊之实，蕃衍盈升”，是我国特有的一类香辛料。

花椒属植物在全球约有 250 种，其古名称有椒、椒聊、大椒、秦椒、蜀椒、凤椒、丹椒、黎椒等，分布于亚洲、美洲、非洲及大洋洲的热带和亚热带地区。我国约有 50 种，14 个变种，大部分花椒品种仍处于野生状态。在我国大面积人工栽培的种类主要是青花椒（又名竹叶花椒、青川椒、崖椒、野椒、香椒子）和红花椒（又名川椒、秦椒、蜀椒、大红袍等），日本、韩国、朝鲜、印度、马来西亚、尼泊尔、菲律宾等国家也都先后引种栽培。花椒是芸香科、花椒属植物的果皮，是重要的调味品、香料及木本粮油树种之一。

二、栽培现状

根据陕西省林业科技推广总站2021年《我国花椒产业发展现状分析报告》，我国大面积红花椒分布在华北、西北地区，包括陕西的渭南韩城地区和宝鸡凤县，甘肃的陇南、天水地区，山西运城地区，河南省伏牛山、太行山，山东沂源及川西部分地区；青花椒主要分布在西南地区，包括四川的汉源和蜀都地区，重庆江津地区等。垂直分布从南到北，根据地理纬度的不同而不同，海拔范围在200~2600米之间。我国共20多个省、市、区有栽培，以陕西、河北、四川、河南、山东、山西、甘肃等省较多。其中，花椒种植面积较大的地区有陕西省韩城市、凤县、宜川县、合阳县、富平县、华阴市、澄城县、潼关县等地，四川省汉源县、西昌市、会理县、会东县、盐源县、金阳县、汶川县、金川县、理县、茂县、攀枝花市、平武县等，甘肃省文县、康县、武都区、甘谷县、秦安县、临夏地区等地。花椒在延安市全市均有分布，但成片经济林分布于黄河沿岸地区宜川、延长和黄龙县部分乡镇，形成乡镇主产区，总面积21万多亩。

中国林业年鉴统计数据等显示，2009—2020年，全国干花椒产量总体呈逐年增长态势，2017年我国花椒产量首次突破40万

吨，达到43.84万吨；2020年我国花椒产量达50.5万吨。2020年陕西种植花椒260万亩，位居全国之首，产量11.45万吨，产值72.11亿元（图2-1-1~图2-1-3）。

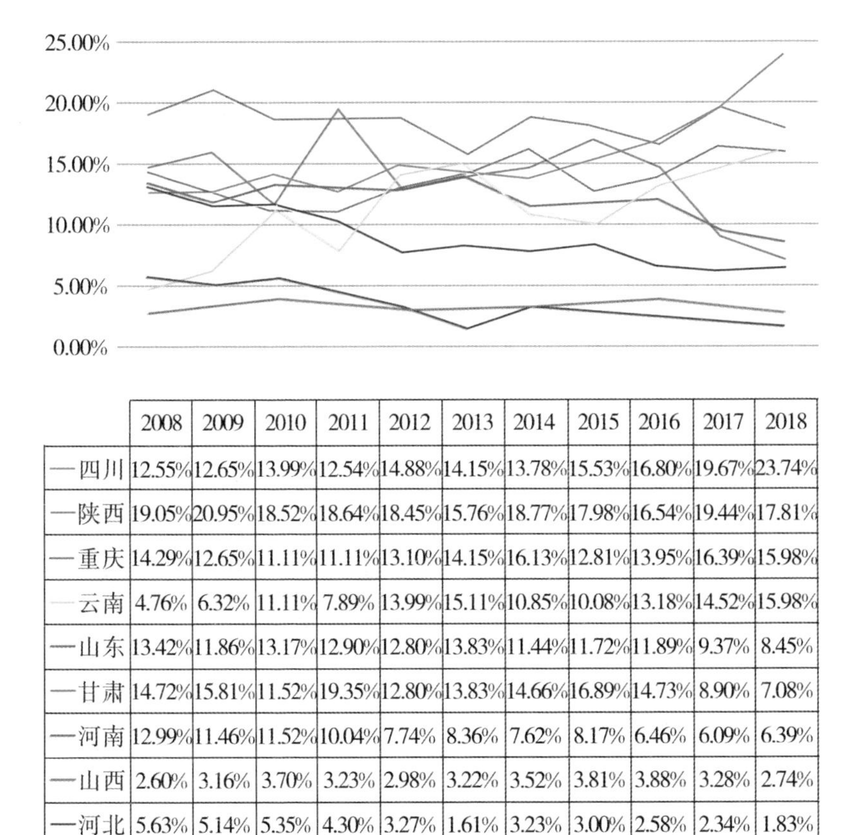

	2008	2009	2010	2011	2012	2013	2014	2015	2016	2017	2018
一四川	12.55%	12.65%	13.99%	12.54%	14.88%	14.15%	13.78%	15.53%	16.80%	19.67%	23.74%
一陕西	19.05%	20.95%	18.52%	18.64%	18.45%	15.76%	18.77%	17.98%	16.54%	19.44%	17.81%
一重庆	14.29%	12.65%	11.11%	11.11%	13.10%	14.15%	16.13%	12.81%	13.95%	16.39%	15.98%
一云南	4.76%	6.32%	11.11%	7.89%	13.99%	15.11%	10.85%	10.08%	13.18%	14.52%	15.98%
一山东	13.42%	11.86%	13.17%	12.90%	12.80%	13.83%	11.44%	11.72%	11.89%	9.37%	8.45%
一甘肃	14.72%	15.81%	11.52%	19.35%	12.80%	13.83%	14.66%	16.89%	14.73%	8.90%	7.08%
一河南	12.99%	11.46%	11.52%	10.04%	7.74%	8.36%	7.62%	8.17%	6.46%	6.09%	6.39%
一山西	2.60%	3.16%	3.70%	3.23%	2.98%	3.22%	3.52%	3.81%	3.88%	3.28%	2.74%
一河北	5.63%	5.14%	5.35%	4.30%	3.27%	1.61%	3.23%	3.00%	2.58%	2.34%	1.83%

图2-1-1　2008—2018年我国花椒产量区域格局变动趋势

图 2-1-2　2009—2020 年我国花椒主要产区产量统计图

2008—2018年各省花椒产量（万吨）

	2008	2009	2010	2011	2012	2013	2014	2015	2016	2017	2018
四川	2.9	3.2	3.4	3.5	5	4.4	4.7	5.7	6.5	8.4	10.4
陕西	4.4	5.3	4.5	5.2	6.2	4.9	6.4	6.6	6.4	8.3	7.8
重庆	3.3	3.2	2.7	3.1	4.4	4.4	5.5	4.7	5.4	7	7
云南	1.1	1.6	2.7	2.2	4.7	4.7	3.7	3.7	5.1	6.2	7
山东	3.1	3	3.2	3.6	4.3	4.3	3.9	4.3	4.6	4	3.7
甘肃	3.4	4	2.8	5.4	4.3	4.3	5	6.2	5.7	3.8	3.1
河南	3	2.9	2.8	2.8	2.6	2.6	2.6	3	2.5	2.6	2.8
陕西	0.6	0.8	0.9	0.9	1	1	1.2	1.4	1.5	1.4	1.2
河北	1.3	1.3	1.3	1.2	1.1	0.5	1.1	1.1	1	1	0.8

图 2-1-3　2008—2018 年各主产省份花椒产量统计图

三、花椒的价值

花椒全树都是宝，广泛用于调味料、香料以及中药。花椒果皮名为椒红，被誉为八大调味品之一，其经济价值主要分食用、药用和工业原料3类。它作为我国主要经济林树种之一，形成区域经济林产业。

（一）食用价值

花椒根、茎、叶和果实中富含麻味素和芳香油，在果皮（也就是常说的“花椒”）中含量最高，因此在我国作为主要调味品，历史悠久，深受人们喜爱。

据测定，花椒果皮含挥发性芳香油4%~9%，其他主要营养物质是：每百克含蛋白质25.7克，脂肪7.1克，碳水化合物35.1克，钙536毫克，磷292毫克，铁4.3毫克（表2-1-1）。花椒果皮因富含川椒素、植物留醇等成分而具有非常浓郁的麻香味，成为人们喜食的调味香料和现代副食加工业的主要佐料，在各种调味品中占有非常重要的位置。花椒可提取香精，也用于配制化妆香精和皂用香精等。

表2-1-1　花椒主要矿质元素及维生素含量（毫克/100克）

元素	Fe	Ca	Zn	Mn	I	Vc	V_E	胡萝卜素
含量	4.3	536	0.96	5.27	0.0045	25.5	103.6	0.82

1）**花椒籽**　花椒籽含油率达25%~30%，出油率22%~25%。花椒油中富含棕榈酸、棕榈油酸、软脂酸、硬脂酸、油酸、亚油

酸、亚麻酸、十七碳烯酸等，是高级的食用油。同时，花椒油的皂化值较高，是制作肥皂、涂料、油漆、润滑剂、洗涤剂、皮革厂制革剂的好原料。

2）**花椒叶** 花椒叶具备花椒的性能和味道，是一种药食兼用佳品。4~5月采集的嫩叶芽称作芽菜，可以作为蔬菜凉拌，或作为其他配菜直接食用，也可以采取工业化办法做成罐头之类商品销售。将花椒的干叶子碾碎后加入面粉可以制作出别具风味的花椒饼、花椒馍，韩城市加工企业将秋季的花椒叶子干制后的装或罐装产品受到了市场的欢迎。

（二）药用价值

花椒药用主要分2类：

1）**花椒**(果皮) 中医也称椒红，其性辛热，有消食解胀、健脾除风、止咳化痰、止痛消肿、破血通精、补火助阳、除湿散寒、延年益寿等功能。花椒的保健功能日益得到重视，如花椒水泡脚可疏通经络、促进血脉流畅，提高机体免疫力等。

2）**花椒籽**(种子) 中医也称椒目，苦辛，行水道，治水肿、除胀定喘、妇女白带、肾虚、耳聋等。古医书记载，“椒目栝楼汤”对治疗渗出性胸膜炎、胸腔积液有特殊疗效。

（三）生态价值

花椒喜光、耐干旱，主根较浅，侧根发达。根系一般在土壤的垂直分布深度为50~60厘米，水平延伸可达到冠径的2倍以上，侧根形成错综复杂的根系网络，固土能力特别强，所以是一种价值很高的水土保持林树种。

花椒枝条苍劲，小叶翠绿、油亮，枝刺锐利，香气浓郁，树

冠较小，耐修剪，树形可由人的喜爱修整。春天白花绿叶相映成趣，秋天累累枝头如火如珠，色彩艳丽迷人，煞是好看。正如古人云："叶青、花黄、果红、膜白、籽黑、禀五行之精气。"植之地埂埝边、荒山荒坡、房前屋后，用于城市绿化，不仅清香宜人，可美化环境，还可驱蝇、赶蚊，清爽空气。

（四）工业原料价值

花椒籽油除可作调料外，也可提炼芳香油、香精和食用香料，制皂，生产润滑油，还可调和油漆、生产生物柴油。花椒油渣含氮2.06%、钾0.7%，可作肥料、饲料。花椒叶配制土农药，可驱杀多种害虫。花椒枝干木质坚硬，纹理细致，是制作手杖、伞柄等的好材料。因此，种植花椒在培育化工、饲料、木材、清洁能源、工业原料基地等方面也具有很大潜力。

（五）经济价值

花椒树易栽易管，生长快、结果早，一般栽后第3年即可挂果，7年左右进入盛果期，盛果期可延续15~20年。管理好的椒园5年生株产量可达1~1.5千克，亩产干椒55~80千克；7~8年生树可产干椒100~125千克。花椒的产量与地类、栽培技术、管理水平密切相关，价值与干制好坏相连。

表2-1-2 不同地类花椒产量调查

调查地点	立地类型	坡度	树龄/年	整地	面积/公顷	干椒产量/千克	收入/万元
集义囤里	山顶阳坡	<15°	17	条带	20	1200	10
鹿川西庄	半阴坡	10°	17	大田	3	375	3

续表

调查地点	立地类型	坡度	树龄/年	整地	面积/公顷	干椒产量/千克	收入/万元
寿峰如意	半阴坡	10°	17	大田	4	300	2.4
鹿川西庄	阳坡	<15°	17	大田	40	250	2

从表 2-1-2 大致可以看出，花椒产量与立地条件、管理水平的关系。宜川县集义镇囤里村一对老夫妻在山顶阳坡经营 1000 株（约 20 亩）花椒，株产干椒 2 千克，年收入根据价格不同在 8 万~10 万之间，而同为阳坡山地栽植的鹿川西庄一户人家种植面积多达 40 亩，收入只有 2 万多元，亩均产值仅有 500 多元。

效益与干制好坏有关。颜色红艳、皮厚、味醇的干椒每千克产地价达到 75~80 元，一般花椒每千克售价 60~70 元，加工企业生产的礼品盒包装精品花椒每 500 克门店销售价达到 90~120 元。

（六）花椒产业开发

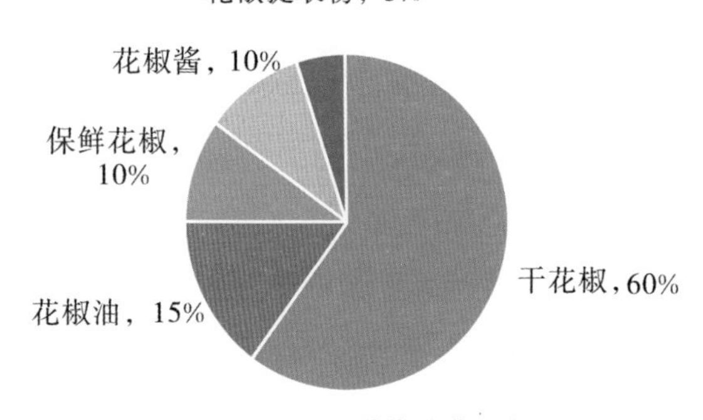

图 2-1-4　花椒消费形态

随着花椒产业的兴起，花椒产业化开发利用的企业也随之增多，我省花椒技术研究、产品开发以韩城市为最（图 2-1-4）。如韩城金太阳花椒油脂药料有限责任公司，主营花椒籽油脂及植物食用加工生产及销售，是该市最大的花椒产业化加工企业，拥有日处理 100 吨预

榨、50吨浸出、100吨精炼、100吨热榨及20吨小包装、20吨中包装等国内最先进的生产设备，年生产能力3万吨，主要生产各种常规食用油、花椒籽油、椒目仁油（高级保健油）、花椒油（调味油）、花椒精包装、花椒调料等产品，被国家林业局命名为“全国经济林产业化龙头企业”，“金太阳”牌系列花椒产品多次获“名优产品”称号。

（七）花椒的市场前景分析

花椒在国内主要用于调味品和中药材，进入21世纪，由于全国火锅店、麻辣川菜的兴起，拉动了国内市场对花椒需求的快速增长。

1. 消费对象及形态

目前，花椒果皮大多以整粒散装的形式进行销售，市场上流通的花椒加工产品主要有花椒调味油、花椒精油、花椒种籽加工品、花椒油树脂、花椒芽酱等。还可以通过深加工提取花椒的重要成分，使之应用到化妆品、麻醉医药、中药材、保健品等新的领域。

花椒的消费对象主要为餐饮市场、调味品加工企业、食品企业和家庭。据统计，每年大约有8万吨花椒销往成都的火锅店和川菜馆等餐饮企业。在调味品市场，花椒是火锅底料、豆瓣酱等主要原料之一。在食品行业，怪味胡豆、绝味鸭脖等麻辣味的休闲食品都使用花椒。花椒作为一种重要作料，是大多数家庭厨房的必备调味品。

花椒的消费形态中，干花椒占比约60%、花椒油占比约15%、保鲜花椒占比约10%、花椒酱占比约10%、花椒提取物占比约5%，粗加工农副产品形态的干花椒和保鲜花椒占比仍高达70%。

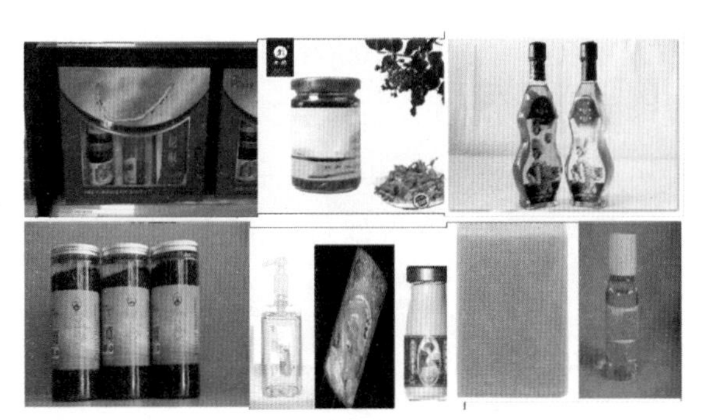

图 2-1-5　花椒产品

相对于粗加工产品，花椒调味油代表的花椒深加工产品具备标准化程度高、溶解性好、有效成分利用率高等优点，有望持续替代花椒颗粒和原粉等粗加工产品。近年来，花椒调味油市场规模快速增长。据测算，中国花椒油市场 2020 年的出厂口径销售规模在 150 亿元左右，2015—2020 年花椒油市场规模保持 20%增长，整体增速稳中有降，预计 2025 年市场规模将达到 350 亿元以上。但是目前，花椒油市场集中度仍然比较低，无论是 B 端还是 C 端，都没有出现具备绝对优势的品牌（图 2-1-5、表 2-1-3）。

表 2-1-3　花椒主要产品

加工阶段	产品形态	生产工艺	产品特征
粗加工	花椒颗粒或粉末	晒制或研磨成粉	原香原味，符合中国传统使用习惯，但品质不稳定，使用效率不高
精深加工	花椒调味油	油浸法、油淋法、压榨法等	标准化程度高，浓度低，可直接应用于餐饮、家庭等终端市场
	花椒酱类调味品	混合炒制等	标准化程度高，风味突出，应用于火锅底料、麻辣味型川菜调料等
	花椒精油及油树脂	超临界 CO_2 萃取法、溶剂萃取法等	标准化程度高，浓度高，主要应用于食品工业，连锁餐饮中央厨房等领域，符合食品工业对口味精准度的要求

2. 市场价格

国内市场自2015年以来，全国花椒价格在波动中上涨，走出了3年的上涨周期，尤其是在2018年，由于受到霜冻的影响，甘肃、陕西等地花椒产量减小，花椒价格剧烈攀升，创造了历史新高，平均批发价格超过100元/千克，品质较好的花椒价格甚至超过180元/千克。进入2019年，随着农民种植花椒的热情不减，种植面积的持续扩大，以及受上一年囤货流入市场、天气向好等因素的综合影响，花椒价格逐步回落。价格下行趋势延续至2020年。据了解，目前部分花椒产地的批发价格已经接近采摘成本价。如果花椒价格继续下跌，很多椒农将停止种植和采摘，这也意味着花椒价格的底部正在形成。

花椒市场价格在周期中波动上升。花椒作为农产品，价格波动遵循大部分农产品的规律：价格走高时农民积极性高，大量种植，产量剧增，导致价格下跌，椒农种植意愿下降，产量减少，价格再次走高，如此周期性反复（图2-1-6、表2-1-4）。

图2-1-6　花椒价格走势

表 2-1-4　2021 年 10 月份全国花椒批发价（元/500 克）

类型	产地	特级	一级	二级	一级环比
红花椒	甘肃武都	64.78	60.31	55.75	-1.78%
	甘肃秦安	59.67	53.67	48.67	0.00%
	陕西韩城	41.50	38.00	34.67	-2.56%
	陕西凤县	57.33	53.33	48.33	1.91%
	四川汉源	64.67	58.00	54.00	1.14%
	四川茂县	81.33	72.67	65.00	3.54%
	山西芮城	35.67	32.00	29.33	1.03%
	南椒产区	64.98	59.21	54.23	1.19%
	北椒产区	39.68	36.13	33.00	-2.14%
青花椒	四川金阳	48.33	43.00	38.00	-0.77%
	云南昭通	45.00	41.00	38.33	-3.15%
	重庆江津	29.17	26.00	25.33	-8.24%

花椒是我国的传统出口商品，主要销往日本、泰国、新加坡、马来西亚等国家。

1）**进口情况**　我国花椒进口规模较小，主要来源于印度、日本、越南等亚洲国家。资料显示，2015 年我国花椒进口量为 230.51吨，进口额为 234.57 万美元；2019 年进口量为 355.52 吨，进口额为 371.42 万美元，同比分别增长 12.35%和 13.24%。

2）**出口情况**　花椒是我国传统的出口商品，每年出口量是进口量的 430 多倍。随着花椒种植面积的增长，出口量也逐渐增多。2015 年我国花椒出口量为 12.2 万吨，出口额为 12.87 亿美元；2019 年出口量为 15.39 万吨，出口额为 17.42 亿美元，同比 2018 年分别增长 6.06%和 8.04%。

延安市花椒栽培区集中在黄河沿岸土石山区，该地区属陕西花椒适生区的最北端，2016 年延安全市花椒面积达到 21.76 万亩，产量达到 2531 吨，产值 1.77 亿元。延安产花椒品质好，所产大红袍花椒，以“果大、皮厚、色红、香味浓郁”四大特点驰名，形成独有的地方产品，“宜川花椒”，多次在杨凌农博会上获“后稷金像奖”，2010 年荣获国家“地理标志证明商标”。多年来从未发生过滞销现象，销售速度、销售价格都优于其他地方，正常年份每千克售价 60~80 元，2019 年受灾后每千克收购价飙升到 120 元。由于延安属高原大陆性季风气候区，花椒受个别年份冬季低温冻害和春季晚霜冻害。

3. 消费数量

我国人口众多，市场庞大，随着人们生活水平的提高，花椒油、花椒粉、快餐佐料的消耗量在增加，加之近年来国内火锅店、麻辣川菜的兴起，国内市场对花椒的需求快速增长。人们食用口味逐年加重，花椒作为调料，销量逐年小幅度增加。2015 年我国花椒表观消费量为 27.64 万吨，2019 年为 32.81 万吨，同比 2018 年增长 4.6%。从国内需求来看，年需求量达 42 万吨，其中西南地区占比达 28.7%；从国外需求来看，日本和东南亚 70%以上的花椒都从我国进口。

四、我国花椒产业发展存在的问题

（一）数据统计困难，决策基础不够好

国内各产区少有对花椒产业进行摸底调查，存在数据收集难

的现状，在网络上没有固定渠道查询全国各地区花椒产业信息和数据，多数省份查询不到花椒产业的情况，同一地区查到的资料数据相差较大。信息的不畅通和数据的不精准，让农民对市场的了解和政府对产业发展的决策缺乏相关的支撑。

（二）种质资源混乱，优势品种不够多

花椒品种繁杂，我国目前有60余个品种，但是国内没有建立统一的花椒种质资源的性状描述规范和分类评价标准，各地花椒品种名称各异；各花椒主产区少有花椒种质资源收集，也未按标准建立种质资源圃；花椒品种退化严重，优势品种相对单一。

（三）管理水平参差不齐，机械化水平不高

各产区单产水平差异较大：青花椒产区250~1000千克/亩，红花椒产区30~75.7千克/亩；产业归口管理不畅，林业系统和农业系统都在管理，技术标准无法统一；花椒机械化程度总体水平较低，在花椒全产业链过程中仅占20%。

（四）质量管控不严，品牌意识不够强

在花椒生产过程中，部分农民滥用、乱用化肥农药，花椒重金属残留检测超标；花椒未充分成熟就采摘售卖，扰乱市场；加工过程采取违规工艺，使花椒品质大幅度下降。这些行为严重损毁了相关产区花椒的品质、形象和声誉，不利于花椒产业的持续健康发展。

（五）产业链条延伸不足，科技支撑能力不强

目前，国内各产区在花椒精深加工领域和高端加工设备研发上较为欠缺，花椒加工方式单一，主要还是以烘烤、晾晒等初加工为主的干花椒产品。加工企业以家庭作坊居多，70%以上是中小企业，存在设备差、档次低、产品少的情况，精深加工能力弱。

第二章　花椒的生物学特性

任何植物都有其本身固有的生长发育规律和对环境条件的要求，这种固有的遗传属性，称为生物学特性。经济林木生长发育的好坏、寿命的长短、产量的高低、产品质量的优劣，主要取决于外界环境条件对其生物学特性的满足程度。因此，只有了解和研究花椒的生物学特性，才能掌握其生长发育规律，更好地为生产服务。

一、形态特征

花椒为落叶小乔木或灌木，树高 3~7 米，从根基至树梢可区分为根茎、主干、主枝及侧枝四大部分。枝干上的树皮深灰色，粗糙，有皮刺，老树干上常有木栓质的疣痂状突起。小枝条灰褐色，生有细而稀的毛或无毛。

叶子为奇数羽状复叶，小而有短柄，有 5 片、7 片、9 片或 11 片叶，对生于一长柄上，着生小叶片的总叶柄和叶面均生有小刺；小叶片边缘的齿钝、不尖，两齿之间的间隙生长有褐色或半透明状的油腺，对着阳光观察可见小叶片的叶面上散布透明状的腺点；叶片正面光绿色、背面灰绿色，仔细观察可见叶面上常生有极细

的针状刺和褐色毛簇；叶轴边缘有极窄的薄脊，为轴刺，叶轴上面常成沟状下陷，其基部两侧的树皮上常有1对扁而宽的皮刺。

芽着生在叶腋处。花集中生于小枝的顶端，圆锥状，为聚伞圆锥花序，黄白色，雌雄同株或异株，异花授粉；花无花瓣及萼片（齿）之分，只有花被片4~8片；雄蕊5~7个，雌花心皮3~4个，子房无柄。

果实球形，直径4~6毫米，1~3个集中着生在一起；果柄极短，成熟时褐红色或紫红色，密生疣状突起的腺点。种子圆珠状，多为1粒，有光泽，直径3.5毫米（图2-2-1）。

1.果枝上的叶和果序；
2.雌花；3.果实；
4.雄花；5.花被片

图2-2-1 花椒形态特征

二、生长特性

（一）花椒个体发育特征

花椒的整个生长发育过程需经历生长期、初果期、盛果期、衰老期4个阶段，正常情况下寿命可达40年左右。

1. 营养生长期

图 2-2-2　生长期花椒

从出苗、移栽到开花结果之前的一段时期叫营养生长期，一般为 2~3 年。此期特点是：以顶芽的单轴生长为主，主侧枝角度小，分枝少，营养生长旺盛。根系和地上部分迅速扩大，加快构建树体骨架。

此期的管理任务：加强肥水管理，促进生长，加快树冠扩大；进行合理整形，调节干枝间的长势，合理配备各级结果枝组，使其构成完整合理的树体结构，为进一步扩大树冠早产、丰产打下基础（图 2-2-2）。

2. 生长结果期

图 2-2-3　生长结果期花椒

从开花结果到大量结果的这一段时期叫初果期，约从第 3 年到第 8 年（图 2-2-3）。这一时期的特点是：前期生长依然旺盛，分枝大量增加，骨干枝条向四周不断延伸，树冠迅速扩大，是树冠形成和迅速扩张时期；根系进一步扩大，水平根可以超过树冠的 1~2 倍，须根迅速增加。到后期，骨干枝延伸缓慢，分枝量和分枝级数增加，花果量增加，结果量逐渐递增。其结果特点是：初期多以长、中果枝结果，随后中、短果枝上果量增多，结果的主要部位也由内

膛向外围扩展。结果初期的果穗和果粒大，坐果率高，色泽鲜艳。

此期的管理任务：应尽快完成各级骨干枝的配备，多培育侧枝及结果枝组，为果树获取高产奠定基础。

3. 盛果期

图 2-2-4 盛果期花椒

从开始大量结果到树体衰老以前的一段时期叫盛果期，也叫结果盛期，一般可持续15~25 年。本期内大量结果，产量、质量均达到最高峰，根系和树冠的扩展范围都已达到最大限度，姿势开张，树体生长逐渐减弱，骨干枝的增长速度减缓。后期骨干枝上光照不良部位结果枝组出现干枯死现象，花序坐果率下降（图 2-2-4）。

此期管理任务：盛果期是花椒栽培最大效益获得期，因此该期栽培上的主要任务是稳定树势，及时更新结果枝组，减少辅养枝数量，增强肥水，防止“大小年”结果现象发生；推迟衰老期，延长盛果期，保证连年稳产高产。由于该期大量结实，营养物质消耗较大，应适时浇水、施肥，加强修剪，防治病虫害等。

4. 结果和衰老期

从树体开始衰老到死亡的一段时期叫衰老期，一般情况下树龄20~30 年后开始进入衰老期。衰老初期，树体主要表现为抽生新梢能力逐渐减弱，枝干、根系逐步老化，内膛和背下结果枝开始枯死，主侧枝尖端枝梢有枯死现象，结果枝细弱短小，内膛萌发大量细弱长枝，产量不断下降。果小、皮薄、香味淡、麻味差（图 2-2-5）。

此期栽培管理的主要任务：加强肥水管理，搞好树体保护，延缓树体衰老。去除干枯骨干枝，更新各类枝组，做到树老枝新，维持产量和质量，同时利用花椒潜伏芽寿命长、易萌发成徒长枝的特性，充分培养新的骨干枝和树冠。

图 2-2-5　衰老期花椒

（二）花椒的物候期

1. 开花

一般 4 月初萌芽，4 月中旬现蕾，5 月上旬进入开花盛期、中旬谢花下旬果实开始发育，7 月中旬果实开始着色，7 月下旬到 8 月上旬成熟，11 月落叶休眠。

2. 枝条生长

枝条一年有 2 个生长高峰期：4 月中旬至 6 月上旬为速生阶段，6 月中旬至 7 月上旬生长变缓，7 月中旬至 8 月上旬出现第 2 次生长高峰，8 月下旬减慢，9 月上旬停止生长。

3. 根系生长

花椒根系没有明显的自然休眠，但受温度限制，生长表现为一定的周期性。春季当地温达到 5℃以上时，根系开始生长；落叶后，当地温降到 5℃以下时，根系呈休眠状态。据朱健等专家研究，在韩城，花椒一年中根系生长有 3 个高峰期：第 1 次在发芽前约 20 天至发芽开花前（3 月 5 日至 4 月 5 日）；第 2 次在 6 月中旬到 7 月中旬，高峰期在 7 月上旬；第 3 次在 9 月上旬至 10 月上旬。

4. 果实生长

从雌花柱头枯萎开始发育，到果实完全成熟为果实的发育期，一般早熟品种为80~90天，晚熟品种为80~120天。过程可分为5个时期：

1）**坐果期** 雌花授粉6~10天后，子房开始膨大，幼果形成至5月中旬，生理坐果结束，时间约为30天。正常坐果率为40%~50%。

2）**果实膨大期** 指5月下旬到6月上旬果实迅速膨大的一段时期，此期持续40~50天，生理落果基本停止，果实外形长到最大。

3）**缓慢生长期** 6月上旬果体基本长成，但果皮继续增厚，种子继续成熟，总量增重。

4）**着色期** 7月上旬至8月中旬，果实外形生长停止，干物质迅速积累，果皮由青转黄，直至黄红，进而形成红色，最后变成深红色。同时种子变成黑褐色，种壳变硬，种仁由半透明糊状变成白色的种仁。此期为30~40天。

5）**成熟期** 外果皮呈红色或紫红色，疣状物明显突起，有光泽、油亮，少数果皮开裂，果实完全成熟。一般达到充分成熟度1周左右就应采收。果实的整个生长发育期约为4个月。

三、花椒营养器官生长特点

（一）根系

花椒的根系由主根、侧根、须根3级组成，主根由种子胚根发

育而成，一般只有 20~40 厘米。

在主根上着生十分发达的侧根，侧根多以水平、下斜方向呈放射状分布，大树水平扩展可延伸到树冠径的 2~5 倍。随树龄增加，侧根不断加粗向四周伸展，构成了花椒根系的主要骨架。据调查，15 年生的花椒树，水平分布最远的根系达树冠半径 5 倍的地方，集中分布在半径 2 倍处（图 2-2-6）。

图 2-2-6　花椒的根系

在侧根上着生密集的须根，粗度多在 0.5~1 厘米，在延伸中多次分叉，呈密集交叉的网络状；吸收根集中在须根的前端，较细且短，有极强的趋水趋肥性，是吸收无机养分的主体。

耕作层浅的地方花椒根系分布

黄土层较厚地方花椒根系分布

图 2-2-7　土壤情况与花椒根系分布深度

花椒根系分布规律：垂直根不发达，分布浅；水平根发达，延伸远。根系入土深度受土层厚度、土壤理化性状影响较大。在土壤疏松、通气良好、水分充足时，垂直根分布较深，最深的可

达 1.5 米，一般仅分布到 40~60 厘米的土层中；须根分布在 10~40 厘米的土层内，占到总量的 60%以上（图 2-2-7）。

花椒根年周期呈现 3 次明显的生长。据研究，第 1 次生长高峰为 3 月 5~25 日，土温上升到 5~10℃开始活动，高峰期在 3 月下旬（发芽开始）；第 2 次为 5 月上旬到 7 月中旬，高峰在 7 月上旬；第 3 次为 9 月中旬至 10 月中旬，没有明显的发根高峰，缓慢生长至全树停长。根系生长特点是：第 1 次高峰是从骨干根网状根基部先发新根，渐次向顶端转移，新根密度大，较短粗；第 2 次高峰从网状根的顶端先发新根，渐次向后，新根密度大，较细长；第 3 次发根时间长，密度小于第 1 第 2 次，高峰不明显，白色吸收根多。

1）不同树龄的根系分布　1 年生花椒树主根明显，侧根、须根不发达；2 年生花椒树，主根生长衰退，侧根发达，并且生长迅速；3 年、4 年生树侧根逐年强大，向水平方向发展。

2）土层厚度对根系及地上部生长的影响　土层厚度达到 60 厘米以上即可栽植花椒。凡是土壤厚度小于 60 厘米的，花椒生长不良，树体矮小，产量较低。

根系生长随季节、营养状况的变化，遵从营养中心分配规律，即春季土壤温度升高后，树体营养优先供给根系生长；随着气温增高，营养分配中心转移到发芽、生长、开花、结果上；7 月果实膨大基本完成，入伏高温导致地上部生长减慢后，根系再次进入生长高峰；采收后树上部分逐渐减缓、停止生长后，根系开始第 3 次生长高峰。3 次生长高峰之间以物候期变化为基本特征，以营养分配中心转移规律为基本规律。所以，各次高峰发生的时间、延续的时间长短、生长量的大小，与树体营养、气温变化关系密切。

第1次生长高峰使上年树体储藏营养，因而上年产量大小、叶片健康状况，以及积累营养的多少直接影响本次根系生长；7月的第2次生长依靠当年营养的积累，生长量大小与结实量大小、肥水状况关系密切；第3次生长高峰时间长短、发根量受叶片完好、光合强度大小直接影响。

（二）芽

1. 叶芽

芽内只包含枝叶的原始体，萌发后抽生营养枝。叶芽的着生部位在当年抽生的壮发育枝、徒长枝、萌枝上，除基部潜伏芽外多为叶芽，叶芽随枝龄变化多转为混合芽。潜伏芽寿命可长达10年之久。利用叶芽质量的好坏，着生部位、方位，可进行整形工作；利用潜伏芽，可进行衰老枝组更新和骨架枝的更新（图2-2-8）。

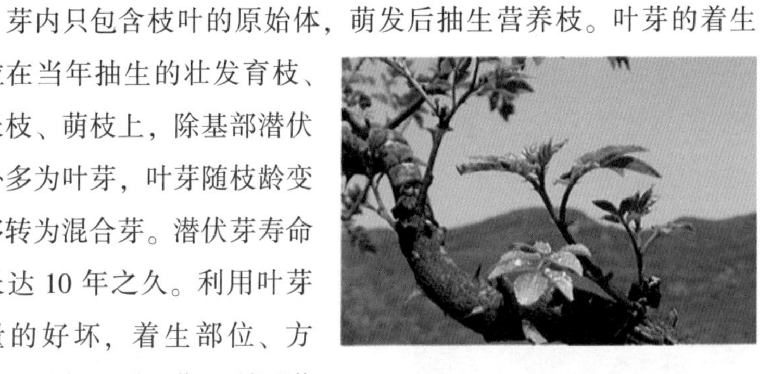

图2-2-8 花椒发芽及新梢

2. 花芽（混合芽）

一般气温稳定在6℃以上时开始萌动，当气温达到10~20℃时芽子开始萌发生长。萌动标志是约有5%叶子萌动（图2-2-9）。

图2-2-9 花椒混合芽生长

芽内包含花器和新梢的原始体。无论是顶芽、假芽或枝条上部的侧芽，只要发育饱满，体积大，一般都能开花。着生在枝条

顶端的花芽叫顶芽，形成的花芽充实，花量大，果序也大；着生在叶腋间的花芽叫腋花芽，果序次之；着生在老枝、弱枝、果苔副梢上的花芽不充实，开花少，坐果差。开花过程是春季萌芽后，先抽生一段新梢，在新梢顶端抽生花序，并开花结果。混合芽的芽体为圆形，被一对鳞片包裹，发育充实的混合芽，芽茎宽 1.5~2 毫米。一般生长健壮的果枝上部 2~4 芽都为混合芽。花椒连续结果能力很强，栽培上应充分利用这一特点。

3. 潜伏芽

着生在新枝的最下部或副芽上，寿命较长，可维持 10~15 年之久。在枝条受伤后才能萌发，表现为徒长枝，可用于老树更新。

（三）花

花椒的花序为聚伞状圆锥花序，由花序梗、花序轴、花蕾组成。花序中的轴叫花序轴，其上可着生二级、三级轴。有的花序还有副花序。花序由单花组成，单花为不完全花。发育良好的花序一般长 3~5 厘米，着生花朵 50~150 朵，最大可达到 7 厘米以上，花朵 200 朵以上（图 2-2-10）。

图 2-2-10 花椒开花

花芽分化虽受诸多内因、外因的影响，但营养物质的积累和内源激素的平衡是花芽分化的最主要条件。有人观察，当复叶与果穗的比例为（3~3.5）：1 时，不仅当年产量高，果穗大，品质好，而且可保证来年有足够的花芽结果。2：1时则影响花芽的分化。叶果

可作为一种参考，但在实践中情况却很复杂。叶片质量有好有坏，水肥条件、树龄、气象因素等都与成花有关。花椒果实速生期在5月中旬至6月上旬，花芽分化始于6月上旬，因而果实生长与成花之间矛盾不突出，是花椒能够连续生产的内在条件。

花期适宜温度为16~18℃。开花的早晚与花前30~40天有效积温有关，可分为花序伸长期（花序显露到花序停长）：发育良好的花序长3~5厘米，有50~150多小花，最多达200多个；开花期5%花开放为初花期，50%花开放为盛花期，75%开花为末期。

当混合芽萌发的结果新梢第1片复叶展开后，花序伸长结束1~2日，花开始开叉，花被开裂，露出子房体，1~2日后柱头向外弯曲并由淡绿色变为淡黄色，具有光泽的分泌物增多，再过4~6日，柱头变为黄褐色，枯萎脱落。时间一般是4月中旬开花，4月末渐次进入盛花期。花期的长短常受气候条件的影响：一般初花期约10天，初花到末花期为14~18天。从第1个芽萌发到全部萌发出叶，约需15天。此期易受低温、晚霜危害（图2-2-11）。

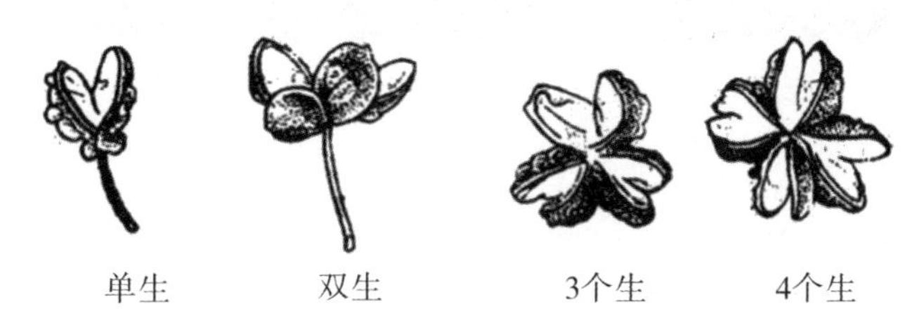

图2-2-11　大红袍花椒结果习性

（四）果实

1. 果实

花椒果实为蓇葖果，无柄，圆形，横径3.5~6.5毫米，1~4粒轮生于基座，果面密布疣状腺点，中间纵向有1条不太明显的缝合线，成熟的果实晒干后，沿缝合线裂开。果皮2层，外果皮红色或紫红色，内果皮淡黄色或黄色。种子1~2粒，凡2粒的每个种子呈半球状，种皮黑色，含有油脂和蜡质层。

2. 果实生长

花椒小蓇葖果在柱头枯落后15~20天内迅速膨大，体积达到年总量的90%以上，此时营养状况对果实重量和质量影响很大，结果母枝健壮的坐果率可达35%左右，细弱的坐果率仅17%~25%。营养不良不仅导致坐果率低，严重的二次落果还会出现小粒椒。果实生长的适宜温度为20~25℃。幼果由绿色变为绿白色、浅红色、红色或紫红色，表面疣状突起，有光泽，少数果皮开裂标志成熟（图2-2-12）。

图2-2-12　花椒果实生长

3. 落果

花椒一年中有2次落果，第1次由于花椒花量过大，坐果多，养分不足和生理失调引起大量的“生理落果”，时间一般在5月下旬到6月初，所以也称“五月落果”。第2次在7月上旬，此时果实已经长大，由于营养竞争，脱落的果实提前着色变红后脱落。这次落果率较小，幼树和生长健壮的树落果更少。造成落果的因素很多，但主要与花序质量和树体营养分配供给有关。在天气特

别干旱的年份，由于新梢和果实之间争水，受优先供给律的作用，落果量很大，甚至直接导致当年减产。这种竞争也表现在无机盐、养分的供给上。

（五）枝干

1）枝干的种类　花椒枝干的组成包括枝、主干、主枝、侧枝、树冠、新梢、结果枝、发育枝和徒长枝等（图 2-2-13）。

（1）枝：枝是构成树冠的主体和着生其他器官的基础，也是水分和营养物质的输导渠道和贮藏营养物质的主要场所。花椒树各部位的名称如图 2-2-13 所示。

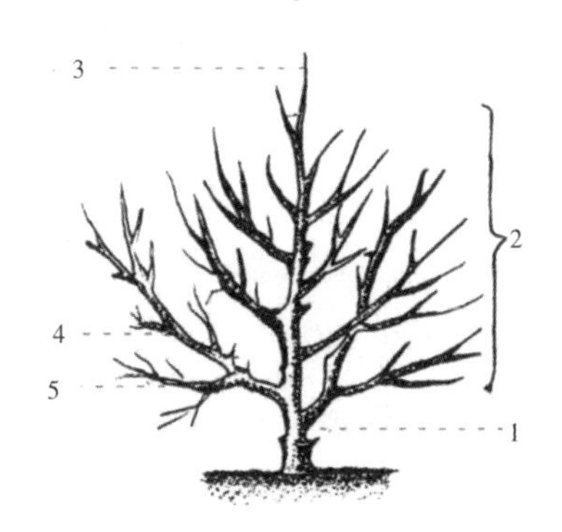

1.主干；2.树冠；3.中央领导干；4.主枝；5.侧枝

图 2-2-13　花椒树枝干各部位名称示意图

（2）主干：从地面到第 1 主枝间的树干，通常叫主干。从第 1 主枝往上的树干位于树的中央，直立向上，生长最强，通常叫中央领导干。花椒树的干性不强，实际上在整形修剪中如果是丛状树形，中央领导干实际上就变成了主枝；如果整修成杯状形，就不存在中央领导干。这是花椒树本身的生长特性决定的。主枝很少端直往上长，横生性较强。

（3）主枝：主干以上的永久性大枝，是构成树冠的骨架。

（4）侧枝：着生于主枝上的永久性大枝。

（5）树冠：主干以外整个树貌称“树冠”。人们通常把主枝和侧枝统称“骨干枝”，是构成树的骨架，就像人的骨骼一样。骨干枝必须紧凑、健壮，否则影响椒树的结椒年限，影响培养结椒枝组。

（6）新梢：由叶芽萌发出的带叶枝条叫新梢。一年中生长的新梢大体分为2次，从发芽到6月生长的这段枝梢称为春梢，春梢顶端在秋季继续萌发生长的一段枝梢叫秋梢。

按枝条生长年限可分为：

1年生枝：当年生长出来的一段枝梢到停止生长为止，称为1年生枝。

2年生枝：1年生枝发芽长出的枝条叫2年生枝。

多年生枝：一个大枝上包括2、3、4……年各年生的枝条。

竞争枝：和其他永久性枝条平行生长，生长势均等，竞争养分、水分的枝条叫竞争枝。

花椒当年萌发的枝条，按照特性可分为结果枝、发育枝和徒长枝3种。

（1）结果枝：着生果穗的枝叫结果枝，能着生好几年结果枝的枝条叫多年生结果枝。结果枝根据长度可分为长果枝、中果枝和短果枝，长度在5厘米以上为长果枝，2~5厘米为中果枝，2厘米以下为短果枝。各类结果枝的结果能力，在一定范围内，与其长度和粗度成正相关，粗壮的长、中果枝坐果率高，果穗大；细弱的短果枝坐果率低，果穗也小。

花椒进入盛果期后，大多数枝条成为结果枝，而且结果枝连续结果能力很强。结果枝开花结果后，一般先端芽及以下 1~2 芽仍可形成混合芽，成为第 2 年的结果母枝，翌年再抽生结果枝开花结果。如此连年分生，往往形成聚生的结果枝群。结果母枝抽生结果枝的能力、着花的数量、结果量与母枝的长短成正相关。各类结果枝的数量与比例，常因品种、树龄、立地条件和栽培技术的差异而不同，通常情况下，结果初期的树，短果枝数量少，而长、中果枝比例大；盛果期和衰老期的树结果枝数量多而短。生长在立地条件较好的地方，果枝粗壮；反之，结果枝短而细弱。

（2）发育枝：或者叫营养枝，只发枝叶而不开花结果，由先年枝条上的叶芽萌发而成。发育枝是扩大树冠和形成结果枝的基础。发育枝的长度不一致，有长、中、短枝之分，长者 30~50 厘米，短者 5~6 厘米。结果初期，发育枝主要在树冠外围，以长、中枝为主；进入盛果期后，发育枝的数量很少，一般不足总数量的 5%。结果盛期的植株，生长健壮的发育枝多能形成混合芽，次年便可抽枝结果。

（3）徒长枝：实质上也是一种营养枝，是由多年生枝的潜伏芽萌发而成。徒长枝长势旺盛，一般都比较粗长，且直立生长，长度多在 0.5~1.2 米，有的可达 2 米之上，但组织不充实。徒长枝多是由于枝、干遭到破坏或受到刺激后从骨干枝上萌发，所以一般多着生在内膛，往往使树形紊乱，消耗很多养分，影响树体的生长和结果。盛果期以前的徒长枝应及早疏除，盛果末期树上的徒长枝在有空间的地方，选择生长中庸的改造成结果枝组，一般第 2 年即能开花结果。进入衰老期的大树，可以有选择地作为更新

用的接班枝，培养成骨干枝或结果枝组，使其重新构成树冠。

2）枝条的生长 一般当春季气温稳定在10℃左右时，新梢开始生长。枝条的生长通常可分为以下几个阶段：

（1）第1次速生期：从4月花椒萌芽展叶伸出新梢到6月上旬为第1次速生期，历时2个月左右。枝条速生期的前期，以利用树体积累的营养为主，当新生的叶片健全后，才转变到利用当年生营养体制造的养料，进入速生发育阶段。枝条生长长度占年生长量的1/2~2/3。

（2）缓慢生长期：从6月中旬到7月上旬的高温季节，新生枝的生长速度转缓，甚至停止生长。转入缓慢生长期，果实终止膨大过程，进入成熟初期，即开始了营养物质的积累与转化，种子进一步充实而变硬、变黑，果皮开始老化上色。这一阶段经历20~25天。

（3）第2次速生期：7月中旬到8月上旬新生枝条进入第2个生长高峰，同时果实进一步老化，直至果皮全部由绿色转变为红色或紫红色。这一阶段约持续30天，到立秋后果实采收终止。果实采收适时，所得果皮品质较优；采收过迟，会因自然落果造成产量损失；过早收获，不但不能高产，反使品质降低。栽培品种不同，成熟时间差别较大，应灵活掌握合理的采收期。

（4）新梢硬化期：8月中旬到10月上旬，当年生新枝条开始停止生长，积累营养，是向木质化转变的生育阶段。此期如不进行有效管理，萌生枝或新梢徒长，不能充分木质化，越冬时常因耐寒性差而干枯死亡。所以在果实采收后应适时修剪，抑制徒长枝，促进新生侧枝、果枝老化，形成饱满的花芽，为翌年丰产奠

定基础。

（六）叶

花椒为奇数羽状复叶（图 2-2-14），也有偶数羽状复叶的，但占比例较小。奇数羽状复叶多数为 3～11 片，偶数羽状复叶多数为 4～12 片。叶片呈长椭圆形，先端尖。叶片的大小，在一个复叶上，由顶部向基部逐渐减小。

图 2-2-14　花椒叶

叶片形成的早晚、叶片面积大小、叶片厚度与光合作用功能强弱密切相关，叶片的大小、形状、颜色因品种、树龄而有差别，同一品种则取决于营养状况。生长健壮的树叶片大，叶色浓绿，有光泽，生长弱的树则相反。叶片的寿命差别很大，短的约 60 天，长的可达 5 个月以上。

一根枝条上复叶的数量，对枝条、果实的生长发育影响很大。花椒叶片的光合效能很高。据调查，一个果序上着生 3 个以上正常复叶，就能保证 50～80 粒正常果穗的发育，并形成良好的混合芽。

枝叶组成的群组叫叶幕。在一个大主枝上，上层叶到下层叶之间的厚度叫叶幕厚度。叶幕厚度对植株的光合作用影响很大，大枝重叠，叶幕太重，虽然全株总叶数多，叶总面积较大，但叶幕中的无效叶区增多，冠内光照不良，叶片总光量和效能不高，不利于提高产量和质量。一般认为，花椒各层叶幕厚度不宜超过

30 厘米，而且各叶幕群之间应有一定的间隙。判断叶幕是否合理的一个简单办法，就是全树叶幕形成后，正中午树冠投影有约15%的光斑，且分布较为均匀。反之，叶幕太薄，总叶面积小，光合产物也少，直接影响产量的提高和树体的正常生长。

四、花椒生长发育与环境条件

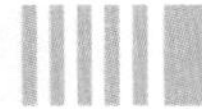

（一）温度

花椒喜温暖，不耐寒，最适宜温度 10~15℃的地区栽培。在年均温度低于 10℃的地区，虽然也有栽培，但常有冻害发生。花椒休眠期幼枝能耐-18℃的低温，大树能耐-20℃低温。因此冬季极端温度低于-18℃或-20℃时，花椒幼树或大树可能会受冻害。

平均气温稳定在6℃上时，芽开始萌动，日平均气温达到10℃左右时开始抽梢。花椒花期适宜的日平均温度为 16~18℃，果实发育适宜的日平均温度为 20~25℃。春季气温的高低对花椒产量影响较大，特别是我市春季常发生的“晚霜”“倒春寒”经常会造成花器受冻，果实大量减产。不规律的冬季低温（低于-20℃），经常会导致发育不充实的花椒枝抽干死亡。

（二）光照

花椒属阳性树种，一般要求年日照时间在 2000 小时以上。光照足，花椒树体发育健壮，病虫害少，产量高。反之，枝条生长细弱，分枝少，挂果少，病虫害多，产量低。

（三）水分

花椒对水分要求不高，但对水分有 2 个敏感时期。春季干旱会

导致落花落果，着色季节长时间干旱，可导致花椒果面发白，着色不良，影响商品价值。7月、8月出现阴雨天气影响花椒晾晒品质，可导致落叶病危害严重，进而影响成花与下年产量。

土壤含水量低于10%时叶片萎蔫，低于6%时可导致整株死亡。花椒吸水性强，较耐旱特点表现在具有密集庞大的根系，可充分吸收根系分布区土壤内的水分，但不能吸收深层土壤水分，难以抵御持续干旱。土壤上层含水量过高，排水不良可引起生长不良甚至烂根死亡。

（四）土壤

花椒根系主要分布在60厘米土层内，一般土层厚度达到80厘米就能满足其生长结果的需求。土层越深越有利于花椒的根系生长。如果土层过浅，会限制和影响根系的生长，同时引起地上部生长不良，形成“小老树”，导致树体矮小、早衰、低产和品质下降。黄河沿岸未经过深翻改土、质地为胶泥土的土壤，根系分布只有20厘米左右。

花椒根系喜肥好气，要求土质疏松，保肥和通气性好。适宜的土地pH值为6.5~8，pH值6.5~7.5是花椒生长结果最适范围。

（五）地形地势

1. 对坡度坡位的要求

一般情况下，缓坡和坡下部的土层厚度，土壤肥力和水分状况较好，花椒生长发育也好。但在黄河沿岸土石地区，由于雨水冲刷，水土流失严重，有时上部土层反而更深厚些（图2-2-15）。

图 2-2-15 地形地势对花椒生长的影响

2. 坡向对花椒栽植的影响

花椒本来是阳性树种，按理说阳坡表现好，但在黄河沿岸地区却表现为阴坡，尤其是半阴坡长势好，产量高。原因是因为该地区阳坡过度干旱，影响了生长结实，而阴坡的水分条件相对较好（表 2-2-1）。

表 2-2-1 不同坡向花椒生长调查

品种	立地条件	树龄/年	新梢长度/厘米	结实量/（千克/株）
大红袍	阳坡	5	61	1.5
	阴坡	5	120	2.1
小椒	阳坡	7	96	2.2
	阴坡	7	101	3.1

3. 对海拔的要求

海拔高度不同，光照、水、风、温度、土壤条件等不同，对花椒的生长发育也产生不同的影响。一般随海拔的升高，紫外光

线加强、温度降低、热量下降、风力增大，花椒的生长量和产量也会降低。花椒生长除受基本条件要求外，还与土层、土壤形成有一定的关系。如按自然条件论，如宜川县集义、寿峰温度，海拔较低的地方最适宜花椒生长，但从实际情况看，每次出现低温冻害后这里的花椒冻死最多，反倒是北原地区的花椒很少冻死。其中原因可能是与土层的厚度、根系分布深度、水分情况有关。所以，从根本上解决主产区花椒冻害问题，要从抓土壤改良入手。

第三章　栽培品种

据不完全统计，经过长期的自然选择和人工选育，我国已形成60多个栽培花椒品种和花椒类型。以色泽划分，国内的花椒主要分为红花椒和青花椒2大类：红花椒主要有大红袍、二红袍、小红袍、凤椒、伏椒和梅花椒等品种，青花椒主要有竹叶椒、九叶青和藤椒等品种。

不同的种源地，气候条件和自然环境不尽相同，这也导致各个产地产出的花椒在香味、麻味以及颜色上都有差异。红花椒色泽棕红鲜艳，粒大皮厚，香气特殊浓郁，麻味适中，含油量高达25%~30%；青花椒绿色亮丽，粒大饱满，气味清香柔和，麻味重而持久。我国西南地区主要以青花椒为主，其中以九叶青花椒、顶坛花椒、金阳花椒、洪雅藤椒等品种为代表；秦岭淮河以北地区主要以红花椒为主，其中以韩城狮子头、芮城花椒、武都梅花椒、林州红等品种为代表。近些年来，随着科学技术的进步，有关科研、生产单位开展了广泛的花椒选种工作，选育出了很多优良品种。目前，全国的红花椒品种有17个，四川省、陕西省和甘肃省分别有5个红花椒品种，山西省有1个，河南省有1个（表2-3-1）。

表 2-3-1　红花椒主要品种

编号	品种名称	地区	选育单位
1	狮子头	陕西	陕西省林业技术推广总站
2	南强一号	陕西	陕西省林业技术推广总站
3	无刺椒	陕西	陕西省林业技术推广总站
4	美凤椒	陕西	杨凌职业技术学院
5	小红冠	陕西	西北农林科技大学
6	灵山正路椒	四川	冕宁县林业局等
7	越西贡椒	四川	四川农业大学等
8	汉源花椒	四川	四川农业大学等
9	汉源无刺花椒	四川	四川农业大学等
10	茂县花椒	四川	茂县综合林场等
11	秦安一号	甘肃	秦安县林业局
12	刺椒	甘肃	临夏县林木种苗站
13	武都大红袍	甘肃	武都区花椒服务中心
14	武都八月椒	甘肃	武都区花椒服务中心
15	梅花椒	甘肃	陇南花椒研究所
16	大红袍	山西	平顺县林业局
17	林州红	河南	株洲市林业局

一、在陕西省推广的主要品种

（一）原有优良品种

1. 大红袍花椒

图 2-3-1 大红袍花椒

为我国劳动人民在长期的栽培过程中选择出的农家品种。别名凤椒、秦椒，现在又从中选育出美凤椒、小红冠等。该品种树高 2~3 米，树形紧凑，长势强，叶深绿肥厚；茎干灰褐色，刺大而稀，常退化；小枝硬，直立深棕色，节间较长；果穗大，每穗有单果 30~60 粒，多者可达百粒以上。果实近于无柄，处暑后成熟，熟后深红色，晾晒干后色不变。4~5 千克鲜椒可晒干椒 1 千克。立秋采收，2 千克毛干椒中有 0.8 千克纯椒、1.2 千克种子（图 2-3-1）。

图 2-3-2 小红袍

2. 小红袍

陕北称构椒、小红椒、小椒，为陕北地区故有品种，记载栽培历史有 200 多年。果皮肉薄香味差，产量低，但抗寒抗旱能力强，在延安许多县、区均有栽培，特别是零星栽植较多（图 2-3-2）。

该品种分枝角度大，树姿开张，寿命长，抗寒抗旱等适应能力强；盛果期树高 2~4 米，1 年生枝绿褐色，多年生枝灰褐色，枝条细软，易下垂，萌芽率和成枝率强；皮刺较小，稀而尖利，随枝龄增加，从基部脱落；叶片较小且厚，色较淡。

果梗较长，果穗较松散，果粒小，直径 4~4.5 毫米；鲜果千粒重 58 克左右，成熟时果实鲜红，晒制的椒皮颜色红鲜，麻香味浓，特别是香味大，品质佳。一般 4~4.5 千克可晒制 1 千克干椒。8 月中旬成熟。果穗中果粒不甚整齐，成熟也不太一致，成熟后果皮易开裂，需及时采收。是重要的早熟搭配品种。

3. 枸椒

也称臭椒、野椒、高椒黄。树势强壮，树姿直立，枝条开张，角度小（图 2-3-3）。盛果期树高 3~5 米，1 年生枝褐绿色，皮刺大，基座大；多年生枝灰褐色，枝干上的皮刺脱落成瘤状。叶片小而窄，叶浓绿色，蜡质层厚，质脆，叶正面光滑，叶背主脉有小刺，叶面腺点不明显。鲜叶、鲜果稍有异味，麻而不香，故而又被称为臭椒。晒后异味减退，品质较差。一般售价较大红袍花椒低 2~3 元。果枝粗短，尖削度大。果穗较紧凑，较大，平均穗粒数 48 粒，果柄长 4.9 毫米；果粒大，果实纵、横径为 5.8 毫米×5.5 毫米。鲜果千粒重 87.0 克，出皮率 24.6%，干果千粒重 21.4 克。9 月上中旬成熟，成熟的果实红色偏黄，晒干后呈暗红色。成熟后果皮不开裂，10 月上中旬果实也不脱落，故

图 2-3-3 枸椒

采收期长。一般4~5千克鲜椒可晒1千克干椒。

图2-3-4　同类型地大红袍花椒与枸椒的区别

该品种特点是单株产量高，较丰产，发芽迟，可避春寒霜冻，生长健壮，寿命长，30年树依然可正常结果。抗花椒窄吉丁、天牛。当地发生过多次低温冻害，许多大红袍花椒受冻死亡，臭椒却无大的伤害。适于立地条件较好且肥水充足的地方栽培，土壤瘠薄时树体寿命短，易形成“小老椒”，虽其椒皮风味较差，但粒大，色泽好，可适当发展(图2-3-4)。

（二）选育的新品种

1. 狮子头

2005年由陕西省林业技术推广总站与韩城市花椒研究所从大红袍种群中选育成功。树势强健、紧凑，新生枝条粗壮，节间稍短，1年生枝紫绿色，多年生枝灰褐色。奇数羽状复叶，小叶7~13片，叶片肥厚，纯尖圆形，叶缘上翘，老叶呈凹形。果梗粗短，果穗紧凑，平均每穗结实50~80粒，高的可达120粒。果实直径6~6.5毫米，鲜果黄红色，干制后大红色，平均千粒重90克左右，干制比（3.6~3.8）：1。物候期明显滞后，发芽、展叶、现蕾、初花、盛花、果实着色均较一般大红袍推迟10天左右，成熟期较大红袍晚20~30天。在同等立地条件下，较一般大红袍增产27.5%左右。品质优，可达国家特级花椒等级标准（图2-3-5）。

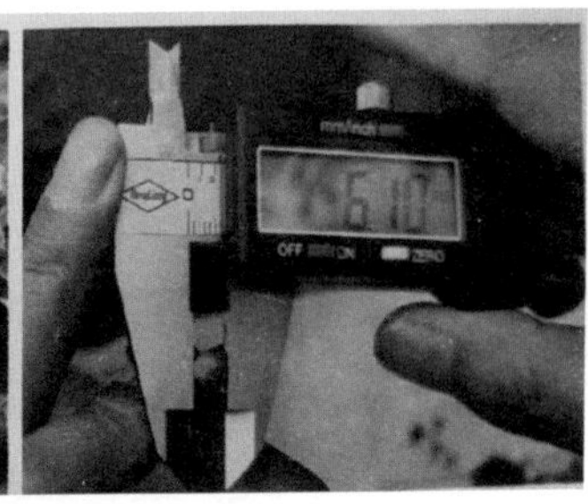

图 2-3-5 狮子头花椒

2. 无刺椒

2005 年由陕西省林业技术推广总站与韩城市花椒研究所从大红袍种群中选育成功。树势中庸，枝条较软，结果枝易下垂，新生枝灰褐色，多年生枝浅灰褐色，皮刺随树龄增长逐年减少，盛果期全树基本无刺。奇数羽状复叶，小叶 7~11 片，叶色深绿，叶面较平整，呈卵状矩圆形。果柄较长，果穗较松散，每果穗结实 50~100 粒，最多可达 150 粒。果粒中等大，直径 5.5~6.0 毫米，鲜果浓红色，干制后大红色，鲜果千粒重 85 克左右，干制比为 4∶1。物候期与大红袍一致。同等立地条件下，较一般大红袍增产 25%左右。品质优，可达国家特级花椒等级标准（图 2-3-6）。

图 2-3-6 无刺花椒

3. 南强一号

2005年由陕西省林业技术推广总站与韩城市花椒研究所从大红袍种群中选育成功。树型紧凑，枝条粗壮，尖削度稍大，新生枝条棕褐色，多年生枝灰褐色。奇数羽状复叶，小叶9~13片，叶色深绿，卵状长圆形，腺点明显。果柄较长，果穗较松散，平均每穗结实50~80粒，最多可达120粒。果粒中等大，鲜果浓红色，干制后深红色，直径5.0~6.5毫米，鲜果千粒重80~90克。果实成熟较大红袍晚5~10天。同等立地条件下，较一般大红袍增产12.5%左右。品质优，可达国家特级花椒等级标准（图2-3-7）。

图2-3-7　南强一号花椒

4. 秦安一号

1982年甘肃省秦安县林业局从大红袍花椒中发现的变异个体，1983年通过了甘肃省鉴定（图2-3-8）。该品种属于大红袍花椒中的优良短枝型变种，具有早熟、丰

图2-3-8　秦安一号

产、优质、性状稳定、抗逆性强、采摘容易、适生范围广等特点。一般8月上旬开始成熟，果实浓红，色泽鲜艳，麻味浓，香味醇。盛果期单株产鲜花椒可达15千克，4千克鲜椒可晒制1千克干椒。

栽培特点：适生范围广，在海拔1120~1840米之间仍能正常生长结果。抗逆性强，较普通大红袍花椒有更为突出的耐旱、耐寒、耐水、耐瘠性。在容易发生霜冻和低温危害的陕北东部花椒次适生区推广有特别重要的意义。

5. 引进的其他品种

主要有甘肃引入的伏椒、韩城引入的黄盖椒等，栽培面积较小。

二、栽培品种的问题与对策

（一）品种优劣的相对性

品种的优劣具有相对性。比如20世纪80年代引进的大红袍，因品质、销路好，受市场欢迎，得到大面积发展。经过几十年发展，问题接连出现。特别是受旱减产，受冻抽干，导致单位面积效益低。臭椒虽然产量、售价略低于大红袍，却从没有受过冻害影响，且没有花椒窄吉丁虫等蛀干害虫的危害，一直保持健壮生长，连年结果，即便是40年生的老树依然果实累累，整体看来效益反而较好。当地原有品种构椒在海拔1200米的塬面栽植也一般不会受低温冻害的影响。因此，生产中应克服单一品种弊端，适地适树，合理搭配品种，避免受灾引发的一夜返贫。适生的品种就是最好的。

（二）优选品种的重要性

花椒一直采取种子实生苗繁殖，受遗传分离规律影响变异性很大，其中不乏优良单株，这些优良单株是在当地自然环境下变异的，注重选择、鉴定、推广有着十分重要的意义。例如宜川县集义镇王壕村选择的“疙瘩椒”（暂定名），在产量、质量、抗性等方面均优于其他品种，推广很快（图 2-3-9）。

图 2-3-9 疙瘩椒

第四章　苗木培育

一、品种选择

花椒栽培苗木要想获得理想效果，首先要考虑品种选择问题。在生产实践中，育苗种子选择应考虑以下因素：

1. 选种育苗

花椒在自然生长中，受自然环境影响会发生基因突变而形有差异的植株。俗话说一娘生九子，九子不一等，就是这个道理。因此应对当地丰产、优质、抗逆性强的优良单株进行筛选、标记、观察，确认其优良形状，作为育苗种子或嫁接接穗。

2. 良种概念

一个品种的优良与否，包含多种因素，如丰产性、品质好坏、市场方向与认可、抵抗自然灾害能力（冬季低温冻害、晚霜危害、抗病虫能力）等。这就出现了优良品种的绝对性与相对性。作为多年生、生长周期长的经济树种，要考虑以下问题：

1）对立地条件的适应性　如大红袍花椒是普遍认可的良种，在延安黄土层较厚（超过 80 厘米）的地方，栽培技术运用合理，都会表现出优质、高产的优良性状，但在延安的川道、低洼、高

塬地区栽培，却常常会因冬季低温大面积冻死（抽干），所以就不能说它是这里的优良品种；小红袍虽然品质不及大红袍，却很少冻死，年年结果。还有甘肃秦安县从大红袍中选择出的“秦安一号”也具有较强的抗冻能力，则应认为其是该地区或地块适宜的良种。

2）**用途的差异** 作为日常调料用品，大红袍以色红、味浓而被称为优良品种，但食品工业却以青椒为好等。所以，应以当地自然环境状况、市场销售方向选择品种。

3）**开花期的迟早** 一般极端低温冻害是几十年一遇，而晚霜危害却常常发生，所以应选择开花较晚的品种发展。

二、苗木培育

花椒苗木培育一般有3种方法：种子育苗、嫁接育苗、扦插育苗。种子育苗具有育苗速度快，繁殖速度快，技术简便，成本低廉的优势，但随着繁殖次数的增加，遗传不稳定，优良性状开始退化；嫁接育苗是在种子育苗的砧木上嫁接优良品种，出圃速度会推迟1年，但可以保持优良品种的特性；扦插育苗也有保持优良特性的优点，但对技术要求较高。

（一）种子育苗

1. 种子采集

1）**采种母树选择** 采集种子，要选择生长健壮、产量高、稳产性好，果穗大，品质优良，无病害的中年树作为采种母树。

选择母树时还要注意从中选择出具有特殊性状的母株，如要

考虑在本地容易出现冬季低温冻害的问题，可从大面积抽干的花椒园中选择个别没有冻死的植株，选择无刺的花椒，选择稳产高产的植株，选择耐干旱瘠薄的植株，选择抗某种病虫的植株，选择开花迟、能避开晚霜危害的植株，等等（图 2-4-1）。

图 2-4-1　花椒籽

2）采种时间　留作母树的花椒，必须保证种子充分成熟。种子成熟的标志是：具有本品种应有的色泽，红色或浓红色，种子呈黑色，种仁饱满，全树有 2%~5%的花椒开始开裂。

2. 种子处理

采回的种子不能暴晒，要选择通风干燥的地方，薄薄摊开，每天翻动 3~4 次，待果皮全部裂开后，用木棍轻轻敲击，使种皮与种子分离。收集的种子要继续阴干，干籽装袋收存。贮存期间每隔 10 天左右倒袋 1 次，检查是否发烧、霉变。如有发热要再次晾晒风干，切忌在太阳下暴晒。据试验，阴干的种子出苗率可达 89%以上，而晒干的种子出苗率很低。其原因是暴晒后种胚被灼伤，种子内含水量降至保证系数以下，种仁内油脂外渗及挥发使种子生命力下降。特别是近几年，农民为加快晒干花椒，修建了水泥晒场或在地面铺塑料薄膜晒椒，在这样的条件下晒干的种子

发芽率更低。

3. 种子鉴别

用肉眼观察：阴干种子外皮较暗，不光滑，种壳较脆，无明显油脂外渗；晒干的种子则油脂外渗，表面光滑，壳硬。种脐形态：阴干种子种脐处组织疏松，似海绵状；晒干种子种脐处干缩结痂。剖检：用小刀切开种子，阴干种仁白色，呈油浸状，粘在一起；晒干种子种仁黄色或淡黄色，似粘非粘。冬季干藏或春季调入的种子，要进行质量检查：优良的种子，籽粒饱满，切开种仁呈白色，胚和胚芽界限分明；失去生活力的种子种皮灰暗，种仁淡黄色，胚和胚芽界限不清。

4. 种子贮存

花椒种子的优点是不需要脱蜡，可以直接播种。但大多数育苗是秋冬季育苗和春季育苗，所以要搞好种子的贮存工作：将收集的新鲜种子漂去空壳、秕子粒，置于干燥、阴凉通风处充分阴干，避免阳光暴晒。阴干后的种子装入开口容器或麻袋中，不能密封，要保持空气通畅。因为干燥的种子虽然生命活动不旺盛，但有正常的呼吸功能。

5. 播前种子处理

由于播种有秋播、春播之分，种子处理方法也有多种多样。秋季育苗种子不需要脱脂、脱蜡处理，可以直接播种；春季育苗要通过各种办法，完成种子后熟和打破休眠进行沙藏或脱脂、脱蜡处理。生产上常用办法有：

1）沙藏

（1）层积处理：大量育苗时采用室外坑藏。方法是在室外选

排水良好处挖深40~50厘米（长、宽随量而定）的土坑，铺湿沙5~10厘米，每隔1米竖通风秸草1束，再将拌入2倍湿沙的种子倒入1层，层厚6~10厘米，然后再倒1次沙子，这样1层种子1层沙子，一直层积到距离坑口15厘米左右，然后上封土堆，外露草把即可。也可把沙子和种子按（2~3）：1混合沙存，沙子的湿度以手掐成团，一丢即散为宜。少量育苗时可将种子和湿沙混合，装入有透气性的袋子中，埋在沙堆里进行沙藏处理。

（2）沙藏时间：不能低于花椒种子所需的后熟过程。一般需要60~80天才能打破休眠期，保证出苗一致，生长健壮。

（3）沙藏管理：沙藏期间要及时检查和翻动，控制好湿度，防止发霉变质或者过分干燥，始终保持合理的湿度。

此外，农村还有牛粪、泥饼贮存法等，也可以择优使用。

2）脱蜡、脱脂处理 由于花椒种子表面含有一层油脂和蜡质，水分难以渗入，未经过冬季沙藏的种子直接育苗出苗率低，所以群众在生产实践中创造出了许多脱脂、脱蜡和催芽的经验。

（1）开水烫种催芽：将种子倒入体积为种子2倍的沸水中，搅拌2~3分钟捞出，倒入40~50℃温水中浸泡2~3天，以后每天换水1次。然后与沙子混匀，放在温暖处，用湿布遮盖，保持种子湿度和温度，每天检查，待有白芽露出即可播种。

（2）鲜尿泡种：提前1个月将种子泡入人尿中，经常加尿搅拌。7天后将尿液滤出，加温水搓去种子油皮，然后混沙放于温暖处催芽，待种子露白时带沙播种。

（3）碱水浸泡法：按5千克水加碱面或洗衣粉50克的比例配制洗涤液，将种子在洗涤液中浸泡2天，每天搅动2次，除去杂

质、秕籽，搓洗种皮油、蜡质，捞出用清水洗净碱液，再在 40℃ 温水中浸种 2～4 天，每天换水 1 次，捞出控干，拌入草木灰即可播种。

（4）短期沙藏：将脱脂脱蜡后的种子按 1∶3 和湿沙混合，放在阴凉背风、排水良好的坑内，上面盖塑料薄膜或草席，并经常洒水，翻动，待有种子露白时下种。

（5）牛粪混合催芽法：将碱洗后的种子用牛或马粪各 1 份搅匀放入深约 33 厘米的坑内，灌透水后踩实，上盖 3.3 厘米厚的湿土 1 层，催芽，种子露白后下种。

6. 育苗技术

1）苗圃地选择　苗圃地要选择土层深度、肥沃、疏松，交通方便，有灌溉条件，背风向阳的地方，一般以沙质土壤为好。

2）苗圃地处理

（1）深耕施肥。苗圃地要深翻 20～40 厘米，过浅不利于蓄水保墒和根系生长。为改良土壤，保证苗木生长所需营养，保证苗木质量，结合耕翻，每亩撒施腐熟农家肥 5000～10000 千克、过磷酸钙 20～50 千克、草木灰 50 千克做底肥，翻耕后可用旋耕机进行旋耕，以保证地表 10 厘米内没有较大土块，满足种子发芽和幼苗生长的需要。整地要尽量做到上虚下实，才能给种子萌发创造良好的土壤环境。

（2）培垄做畦。低床整地：宽 1～1.2 米、畦长 5～10 米，梗宽 30～40 厘米。做畦要留出步道和灌水沟。

（3）高床整地。地势低洼，土质黏重，有灌水条件的可采用高床整地方法。高床的床口高出步道 15～20 厘米，垄高 15～20 厘

米，床面宽30~40厘米。

3）育苗时间

（1）秋播。秋播在种子采收后到土壤结冻前进行。这时播种不需要进行种子处理，用刚采的新鲜种子或阴干的种子直接播种。秋播的种子由于在地里自然地度过了后熟阶段，所以秋季播种的出苗整齐，出苗早，生长健壮，一般比春播早出苗10~15天。特别是在北方的山地和旱地，一般秋季播种墒情好，利于出苗。秋季育苗的问题是鸟、兽危害严重，不但要适当加大播种量，而且采取秸秆地面覆盖的办法，既可保墒，又可防止动物危害，是克服秋季育苗不足的好办法。秋播在延安以北地区时间应适当推迟，10月中旬至11月上旬土壤上冻前下种即可。

（2）春播。春播一般在早春土壤解冻后进行。经过沙藏处理的种子，一般在3月中旬至4月上旬播种。地表以下10厘米处，地温达到8~10℃，为最佳播种时期。但对沙藏的种子，露白率达到25%~30%时，则要提前播种。

4）播种方法　条播。在整好宽1米、长10米的小畦上开沟4条，沟间距20厘米，沟深5厘米。开沟最好用小镢开成平底沟，沟底要踏平。将种子均匀撒入沟底后，盖细土1厘米，再盖秸秆等物保持苗床湿润，出苗后揭去秸秆。若春季干旱应先灌水，灌水可以漫灌至透墒；也可以在水源不足时，只浇灌播种沟。下种后至出苗前不宜再浇水，以防板结。

为防止春季干旱影响出苗，生产上常见办法有：

（1）培垄。春季易干旱，又无灌溉条件的地方可采用此法。秋播时隔24~27厘米开1条深5厘米、宽9厘米的播种沟，踏平

沟底，播入种子后，将沟边的土搂入沟内呈垄状，以保持种植沟内的墒情。春季及时镇压垄面和检查发芽情况，如有种子裂口，可将土垄刮去1层，保持覆土2~3厘米厚即可。经2周左右，大部分种子已裂口后，第2次刮去一些覆土，只需1厘米左右。春播经催芽的种子采用此法，要在下种4~5天就开始刮去多余的覆土。

（2）覆草。播种镇压后地面用秸秆覆盖1层，以利保墒，防止鸟兽危害。

（3）覆膜。育苗后采取按畦小弓棚办法覆盖地膜可保墒，促进发芽和生长。

5）播种量　花椒籽一般空籽、秕子多，播种量应大一些，经漂洗的种子每亩用量40~60千克，未经漂选的种子要根据好坏增加用量。过去习惯高密度育苗，虽然产苗量高，但很难保证质量，为了实现优质、壮苗栽植，应该适当减少种子用量。

6）播种的管理

（1）间苗移苗。幼苗长到5~10厘米时，要进行间苗和定苗。苗距10厘米，每亩留苗2万株左右。间出苗子如需移植，可用瓜铲或移苗器带土移栽，并加强管理以利成活。

（2）中耕除草。当幼苗长到10~15厘米时，要及时拔除杂草，以免影响苗木生长，以后根据杂草生长情况和土壤板结程度及时中耕除草。一般苗木生长期要除草3~4次。

（3）追肥浇水。花椒出苗后，5月下旬开始迅速生长，6月中旬进入旺盛生长期，此期间要根据苗木的生长情况追肥1~2次。肥料可选用速效水溶肥，也可采取行间开沟追施复合肥。追

肥用量依据苗木长势来定，坚持的原则是少施多次（以免烧苗），前促后控，7月中旬后不宜再追，否则难以木质化，越冬易死亡。

(4) 防治病虫。病害主要有锈病，虫害主要有蛴螬、花椒跳甲、蚜虫、红蜘蛛等，若发生量大，影响苗木生长，应该及时采取措施防治（办法参考病虫防治一章）。

（二）嫁接育苗

花椒嫁接繁殖，可保持母树的优良性状，早结果，早丰产，还可以充分利用野生资源，提高品质，延长树体寿命。

1. 砧木苗培育

嫁接用的砧木，一般采用花椒实生苗。为使苗木尽快达到嫁接要求的粗度，便于嫁接时操作，株行距离应适当大些，一般行距50厘米、株距10厘米，每亩留苗1.3万~1.4万株。

2. 接穗采集

1）**枝接接穗采集**　枝接接穗应在发芽前20~30天采集，容易发生冬季低温冻害的地方要结合冬季修剪采集。供采穗的母树，应品种纯正、生长健壮，树龄在5~10年之间。选择树冠外围发育充实，粗度为0.8~1.2厘米的发育枝，采回以后，将上部不充实的部分剪去，只留发育充实、髓心小的枝段，同时将皮刺剪去，按品种捆好，在阴凉的地方挖1米见方的贮藏坑，分层用湿沙埋藏，以免发芽或枝条失水。如需长途运输时，可采用新鲜的湿木屑保湿，用塑料薄膜包裹，以防运输途中失水。

2）**芽接接穗采集**　芽接接穗也应在品种优良、生长健壮、无病虫害的盛果期树上选取发育充实、芽子饱满的新梢。接穗采下

后，留1厘米左右的叶柄，将复叶剪除，以减少水分的蒸发，并用湿毛巾包裹或放入盛有少量清水的桶内，随用随拿。嫁接时，将芽两侧的皮刺轻轻掰除，使用中部充实饱满的芽子嫁接。

3. 嫁接时期和方法

1）嫁接时期　花椒嫁接时期，因各地气候条件不同而异：枝接在4月上中旬，芽接在7月上旬至8月上旬。

2）嫁接方法　嫁接方法分为枝接和芽接2大类，枝接包括劈接、切接、腹接、舌接等，主要是应对不同粗度砧木与接穗之间的关系而设，其基本原理是通过穗、砧之间形成层再生能力互相愈合而生成新的个体。但对于苗木嫁接，基本上只用劈接。芽接主要采取“T”字形芽接。

（1）劈接。将砧木从距地面4~5厘米处剪断，轻轻从中间劈开；接穗长7~8厘米，接穗基部两面堆成各斜削1刀，呈楔形，长度不低于2~3厘米；将削好的接穗插入砧木的劈开处，对准形成层，接好后用专用嫁接塑料带或者地膜条绑缚紧；接穗上部用伤口保护剂或接蜡封封口，也可结合绑缚用地膜包头，亦可以采取封土的办法保墒。封土厚度为埋住接穗顶端2~3厘米即可（图2-4-2、图2-4-3）。

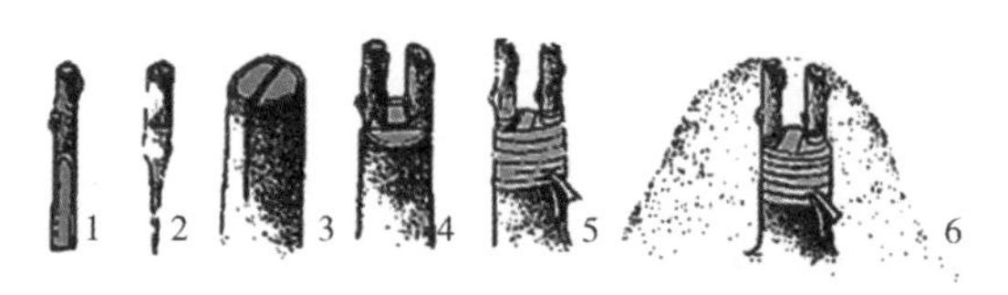

1、2. 削好的接穗；3. 劈切好的砧木；4. 插入接穗；5. 扎绑方法；6. 培土方法

图2-4-2　劈接示意图

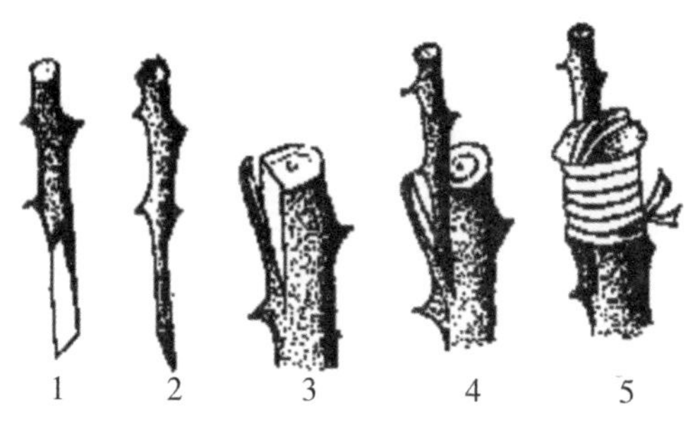

1、2. 削接穗；3. 切砧；4. 插接穗；5. 绑缚

图 2-4-3　劈接法

（2）舌接。舌接一般适用于 1 厘米左右粗的砧木，并且砧木和接穗粗度大致相同。嫁接时，将砧木在距地面 10 厘米左右处剪断，上端削成 3 厘米左右长的斜面，在削面由上往下 1/3 处，垂直往下切 1 刀，切口长约 1 厘米，使削面成舌状。在接穗下芽背面，削成 3 厘米左右长的斜面，在削面由下往上 1/3 处，也切一长约 1 厘米的切口。然后把接穗的接舌插入砧木的切口，使接穗和砧木的舌状部位交叉结合起来，对准形成层向内插紧。如果砧木和接穗不一样粗，要将一边形成层对齐，密接（图 2-4-4）。

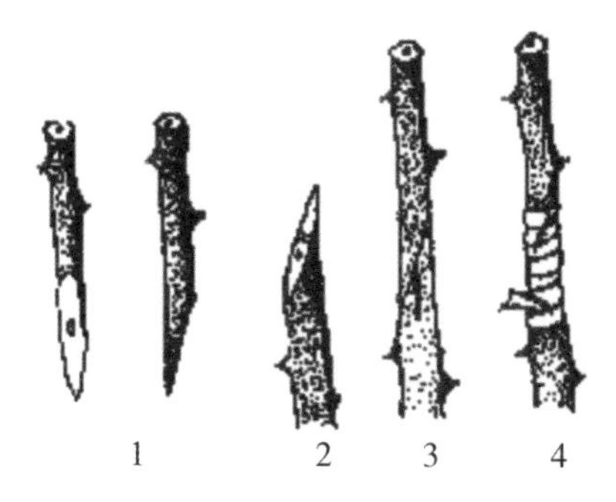

1. 削接穗；2. 砧木；3. 接合；4. 绑缚

图 2-4-4　舌接法

（3）芽接。也叫皮接、热粘皮。主要方法有：

①“T”字形芽接。在砧木离地面5厘米左右树皮光滑的部位先横切1刀，深度达木质部，长约1厘米，再在横切口下垂直竖切1刀，使成“T”形。砧木切好后，在接芽上方0.3～0.4厘米处横切1刀，再由下方1厘米处，自下而上，由浅入深，削入木质部，削到芽的横切口处，呈上宽下窄的盾形芽片，用手指捏住叶柄基部，向侧方推移，即可取下芽片。芽片取下后，用刀尖挑开砧木切口的皮层，将芽片插入切口内，使芽片上方与砧木横切口对齐，然后用塑料薄膜条自上而下绑好，使叶柄和接芽露出。绑的松紧要适度，太紧太松都会影响成活（图2-4-5）。

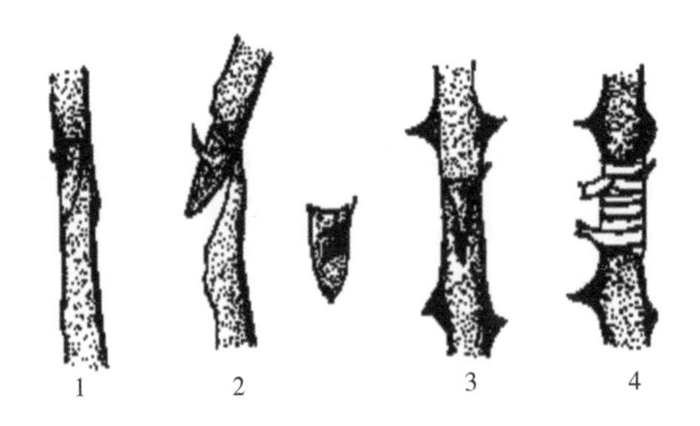

1.削接芽；　2.芽片；　3.嵌入接芽；　4.绑缚

图2-4-5　“T”字形芽接法

②方块形芽接法。方块形芽接法和“T”形芽接法的区别在于，将芽片切成约1厘米×1.5厘米的方块状，然后嵌入砧木的切口内，沿芽片边缘用芽接刀划去芽片外砧木上的表皮，扎好即可（图2-4-6）。此法成活率更高。

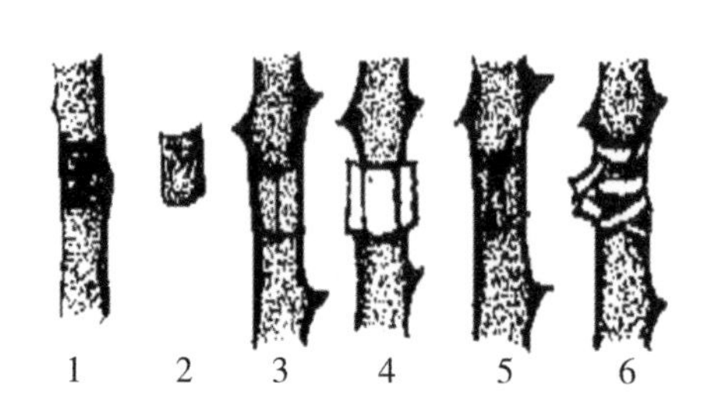

1.削接芽；2.芽片；3、4.切砧木；5.嵌接芽；6.绑缚

图 2-4-6　方块形芽接法

4. 嫁接苗管理

无论采用上述哪种嫁接方法，都要及时抹掉砧木上的萌芽。接穗或接芽萌生后适时松绑。

1）检查成活和解绑　枝接的在接后 1 个月左右进行。用塑料布条绑缚的最好在苗高 30 厘米时解绑，适当推迟解绑有利于成活，但过晚会影响其加粗生长。埋土保湿的应在苗高 15 厘米左右铲平土堆。芽接的在接后 10~20 天进行，未成活的可进行补接。

2）剪砧与除蘖　芽接通常当年不萌发，剪砧应在第 2 年春天发芽前进行。剪砧时刀刃应在接芽一侧，从接芽以上 0.5 厘米处下剪，向接芽背面微下斜剪断成马蹄形，以免造成死亡。剪砧后，砧木上极易发出大量萌蘖，必须及时多次去除。除蘖可用手掰，但不要损伤接芽和撕破砧皮，特别是掰除接芽以上萌蘖时要特别小心。

3）防寒保护　芽接成活但没有萌发的嫁接苗，即通常说的半成品苗易遭冻害，应在土壤结冻前培土或封垄进行保护。一般培土应高出接口 10~15 厘米。

4）其他管理　嫁接苗的追肥浇水、中耕除草、病虫防治等，参照实生苗管理进行。

（三）扦插育苗

秋末或开春，在5年生以下的花椒树上，选取1年生、发育充实、粗度在1厘米以上的发育枝作为插条，成活率较高。

1）**沙藏** 秋冬采集的插条需要适当摊开（不能成捆）埋入湿沙子中保存。

2）**剪插条** 插穗应剪成长18~20厘米、有3~4个饱满芽的枝段，枝段下端用利刀削成马蹄形，上端切口要平齐。

3）**药剂处理** 扦插前需要进行化学催根处理，一般是采用500×10^{-6}的吲哚乙酸蘸条（全部浸泡）30分钟，1000×10^{-6}吲哚乙酸蘸条6秒钟（插穗基部1/3浸入药剂），或500×10^{-6}萘乙酸溶液浸泡2小时（基部1/3浸入），或者选用市场上销售的正式厂家生产的生根剂，按照说明处理。

4）**苗圃地处理** 一般采取做宽80~100厘米的畦，畦高15~20厘米。畦内施入底肥，消毒处理后，渗透水，然后按照行距20厘米、株距5厘米左右插入，外露1~2芽即可。

5）**塑料覆盖** 按畦用细竹竿或者树枝条做弓，并覆盖地膜保温、保湿。

其他管理同一般苗圃管理。

三、利用嫁接技术提高抗性或品质

砧木对于嫁接的品种有一定影响。如在花椒中利用臭椒不易受花椒窄吉丁影响原理，在臭椒干20厘米左右处嫁接其他优良品种，可避免窄吉丁等蛀干害虫危害；利用构椒抗冻原理在其上嫁

接其他品种有一定的抗冻作用。

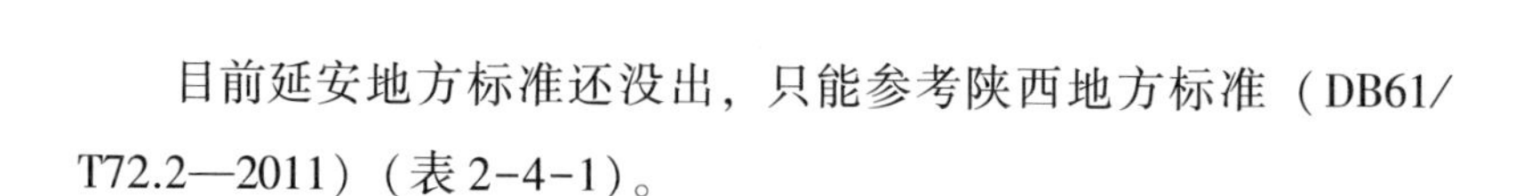

四、苗木质量

目前延安地方标准还没出，只能参考陕西地方标准（DB61/T72.2—2011）（表 2-4-1）。

表 2-4-1　花椒苗分级标准

种类	苗龄	级别	地径/厘米	苗高/厘米	主根/厘米	>5 厘米长的一级侧根条数	木质化程度	产苗量/（万株/亩）	Ⅰ、Ⅱ级苗占总产苗的百分率/%
播种苗	1 年生	Ⅰ级	>0.60	>65	>15	≥6	木质化	1.5~2.0	≥80.0
		Ⅱ级	0.4~0.6	≥50	≥12	≥4			

第五章 建园与栽植

一、园地的选择

在延安，山地栽植地应当选择背风向阳、熟土层深厚的半阳坡、半阴坡、台地栽植，川道栽植应该选择土层不低于60厘米的地块栽植。应克服只图数量扩张，不考虑管理难度、单位面积产量、投入产出效益问题，选择好地，实行集约化栽培、现代化管理、高效化经营。

1. 自然条件

黄河沿岸地区应当选择在海拔1000米以下，平均气温在9~10℃，年降水量在450~550毫米，极端低温不超过-24℃，年日照时数在2400~2700小时，pH值中性，土壤疏松、透气性良好，雨热同期，无周期性重大自然灾害的地方栽培。

2. 立地条件

1）山地 以黄土为主的丘陵区，应选择山坡中部和下部的阳坡或半阳坡，地势比较平缓，土层深厚，土壤肥沃、疏松的黄壤土、黑土或砂质土壤。石灰质土壤上花椒也能很好地生长。半林区地带选择黑色的森林土壤栽培，花椒能更好地生长。由于花椒

栽培是以获得经济效益为主，施肥改土等人为地面活动较多，应尽量选择在25℃以下坡地栽培，否则容易导致水土流失。黄河沿岸土石山区多呈山下部石质深切、山上部平缓的丘陵状，土层相对较厚，可在山顶部栽植。大于1000米海拔的地方要选择避风向阳的山坡地带，充分利用山区小气候发展花椒（图2-5-1）。

图2-5-1　不同坡向花椒表现

2）**台地**　花椒虽然耐瘠薄，但产量、收益却和地类呈明显的正比关系。据在宜川集义镇调查，7年生大红袍，山坡地平均亩产干椒为25千克，沟台地平均亩产为100千克，川水地平均亩产为150千克。栽植建园时要充分考虑地类的影响，认真选择。

3）**川地**　川地栽植花椒本来可获得最好效果，但由于土石山区川道地多为人工在石砾地上铺一层黄土改造而来，土层一般很浅，花椒主根又不发达，根系多以水平状态在熟土层中分布，一旦遇到冻害就有毁灭性死树的危险。例如过去宜川县的川道几乎全部是花椒，2020年一场低温冻害几乎全部毁园。另外，水位在60厘米以上也不适宜栽植，否则会引起烂根。

无论是哪种地类，低洼地由于很容易集聚冷空气，引起冻害，不适宜栽植。

地理条件对花椒生长、结果影响很大。图 2-5-2 是宜川县黄河沿岸万亩花椒园鸟瞰照片，图示标出的绿色部分有 4 亩多地，亩产干椒 100 多千克，其他地方只以绿点表示，亩产鲜椒只有 15~25 千克。这也是延安花椒面积大、产量低的原因。

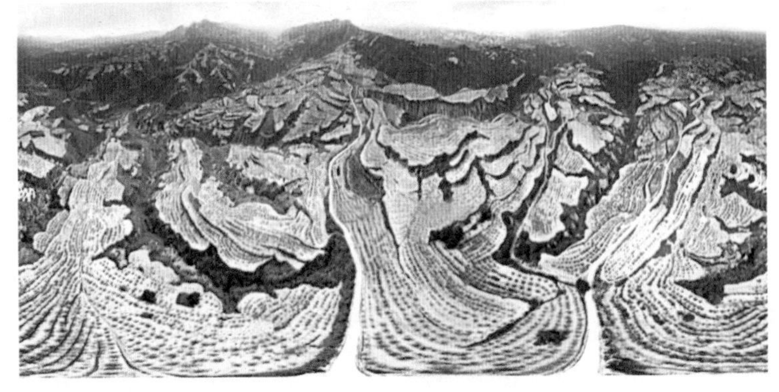

图 2-5-2　黄河沿岸大面积花椒园鸟瞰照

图片说明：从照片中可以看出，大部分花椒园都是星星点点的形式，树冠对地面的覆盖度极低，这样的情况自然不能高产。但是图中红笔勾出的地方，面积约为 4.5 亩，亩产干椒达到了 100 多千克，充分说明立地类型、管理水平对花椒的影响。

二、整地

提前整地是提高花椒栽植成活率，促进苗木生长的主要措施，对花椒一生的生长结果有十分重要的意义。通过合理的整地，可以改善土壤结构、土壤理化性状，提高土壤肥力，蓄水保墒，减少水分蒸发，有利于幼树期根系生长，促进提高结果等。

（一）整地时间

整地最好在栽植前1年或半年进行，这样土壤有一个较长的风化过程，又可起到蓄水保墒的作用。整地时压入一定的秸秆、杂草、有机肥，以利于苗木生长。

（二）整地方法

不同类型的立地条件应采用不同的整地方式。整地可分为全国（整片整地）的工程措施和鱼鳞坑整地2种。

1. 土地整理

1）**川道地**　应采取加厚土层的办法，保证根系生长区土层厚度不低于60厘米。

2）**缓坡地梯田**　采取工程办法整修宽面梯田，宽度应根据地形地势而定，但一般应不低于2.5米，以便多行栽植，并修筑地埂15~20厘米，防止水土流失。然后进行全园深翻，或者按计划栽植行实行通壕式深翻整地，结合深翻每亩撒农家肥4000~5000千克（图2-5-3）。

图2-5-3　缓坡地花椒园

3）**山坡地梯田**　低于15°的坡地可整修宽度不低于2米的梯田，实行单行栽植，其他方法同上。

（1）水平梯田。在坡度较缓时，以等高线为地埂，从上一条等高线向下一条等高线填土，使田面平整，并做好地埂。地埂的

修建以条件而定，土山修造梯田可以采取人工夯打，石质山区可以就地取材，用石头垒砌。

（2）隔坡梯田。坡度较陡时一般采用隔坡整修林带的方法：间隔5米以上（因坡度而定，水平行距不低于3~4米），以等高线为外沿边线，开挖宽100~150厘米、深80~100厘米的通壕，通壕内的土全部外翻成斜面后，把2条通壕之间的草皮、上层表土铲入沟内，并由上而下把土填平。造成的梯田应是里低外高，呈反坡状，所以也叫反坡梯田。

（3）石坎梯田。在黄河沿岸以风化石为主的山区，由于土地少，群众创造了在石头山上造梯田获得丰产的奇迹。方法是：沿等高线像修普通梯田那样，先将地表土取出收集成堆，再挖出石块，然后用大块的垒砌地埂、小块的填平田埂、上面覆盖表土50厘米以上土层。田面要保持外高内低，以利蓄水保墒和防止雨水冲刷（图2-5-4）。

图2-5-4　石坎梯田

4）**鱼鳞坑整地**　也称单株梯田，是沿等高线按一定距离挖好植树坑，并整成簸箕状的小块梯田。一般坑长1.5米、宽80~100厘米、深80~100厘米。挖坑的办法是生、熟土分开，低层生土用于修建半圆形外塄，从上部铲下的草皮和上层熟土层回填坑底，修成一个约1米×1.5米、外高内低的鱼鳞状小块梯田。在花椒产

区，此种方法在15°以下坡地广泛使用，是一种省工、省时、方法简便、快速造林的形式。鱼鳞坑以后经逐年修整，也可变为梯田或隔坡梯田。

2. 栽植坑

花椒主根不发达，据调查，在黄土层深厚的情况下，主根垂直深度可达1～1.5米以上。在以黄、红胶泥土为母质的山坡地，根深度只有30～40厘米，在覆土层浅薄的石砾地根系垂直分布更浅。延安市冬季冻土层可达40～50厘米，这里是花椒主要根系集中分布区，土壤结冰后不能供给地上枝干水分，枝干蒸发的水分得不到及时补充，会引起“抽干”死亡，而主根系达到冻土层以下的则能够得到水分补充，因而可以避免“抽干”现象发生。所以栽植坑与以后花椒的生长、结果、抗冻关系很大，必须引起重视。

1）**挖大坑**　无论是条带整地还是鱼鳞坑整地后，都必须挖大的栽植坑。栽植坑要求深度应该在80～100厘米，直径80～100厘米、坑时表土与底土分开堆放，回填时用表土加20～25千克农家肥或工业有机肥10～15千克，再加上粉碎的秸秆、杂草等先填入，然后再填入底土。这个办法虽然费工，需要投入，但直接关系到以后的结果与抗冻性问题。

2）**鱼鳞栽植**　事先采取通壕、全园深翻、鱼鳞坑预整地，且深度达到70～80厘米时可以栽植。

采取窄面反坡梯田整地的由于外斜面为虚土，幼树根系可以沿着虚土深入。也可以先小坑栽植，以后结合每年在内侧开挖的施肥沟而逐年深翻改造。

无论采用哪种方法，目的都是设法使根系能够扎深，提高抵御冬季低温能力，从而减少抽干死树。

三、栽植

花椒根系纤细，主根浅，遇干旱年份往往成活率很低，形成一次造林多次补植的状况，针对这种情况，林业科技工作者经过多年实践总结，创造了春、雨、秋三季种植技术，实现了当年栽植当年成活。

（一）苗木准备

苗木健壮是保证栽植成活的基础（图 2-5-5）。一般应选用 1~2 年生健壮的苗木，要求主根完整，须根较多，苗高 50~80 厘米，地茎 0.8~1 厘米的一级苗或特级苗。花椒苗根系容易失水，就近育苗，随挖随栽，并带一部分母土移栽，成活最为理想。如需运输，掘苗后一定要保护和处理好苗木。处理的方法有：

图 2-5-5　苗木质量

1）**泥浆蘸根**　普通黄土加 5%的过磷酸钾，用水和成泥浆，在泥浆中蘸浸苗子的根部，让根系均匀带上一层泥浆。

2）**保水剂蘸根**　SA 型高效保水剂是一种高吸水树蜡，无毒、无污染、无副作用，吸水值 7250 倍，水值

7150倍。中混入适当保水剂，效果更好。

3）**包装**　蘸根后根据苗木大小50棵100棵成一捆，然后用湿麻袋或湿草袋包装，塑料袋包裹，防止运输途中失水。散装调入苗木时，要注意经常洒水保湿。

4）**假植**　外地调回的散装苗子一般都需要经过“假植”，然后再分发造林。假植的方法是在空旷地带挖宽50厘米、深50厘米的沟，并将一面整成斜坡，将苗子绑捆或散开，靠在斜坡上，然后覆土至苗高约2/3处，最后浇透水，促使苗木吸水1~2天后用泥浆蘸根，栽植时还要将运到地里的苗木埋入土中保湿。带塑料袋或草袋包装的苗子确认未失水时可以直接尽快栽植。

栽植的关键技术原理是保持水分。据研究，虽然各树种之间有差异，但是苗木含水量为全重的89%~90%，起苗后暴晒在大气中，水分会逐渐减少：水分降到原来的90%时成活率为70%，到80%时成活率为40%，降到70%时成活率只有20%，降到60%时基本不活。苗木的生命临界线约为70%。所以，从起苗到运输、栽植、栽植后，全程要做好保湿工作，才能保证栽植成活率。

（二）品种配置

花椒多为实生育苗，在遗传上株间均存有一定的差异，且能够自花授粉，一般不需要专门配置受粉树。但对于采用嫁接苗栽植的，由于接穗采于同一母树，遗传性状一致，应考虑授粉树的搭配，主栽与授粉品种不低于8：1。花椒栽植面积较大，品种过分单一，成熟期集中，采摘困难，大面积栽植的要认真搞好品种搭配，一般早、中、晚品种按2：4：4，搭配比较理想。

适地适树选用品种。花椒各品种丰产性，抗旱、抗寒、耐瘠

薄性都有明显差异，栽植时不仅要考虑成熟期的搭配，还要考虑抗性的搭配。如大红袍为主栽品种，要适当搭配小红袍、臭椒等品种，以免遇到低温冻害导致大面积减产。

（三）栽植

1. 栽植时间

1）季栽植 早春土壤解冻后至发芽前，宜早不宜迟。一般3月下旬至4月中旬，随挖随栽的苗子，用泥浆蘸根后栽植；调运回来的苗子栽前要用清水浸泡1天以上，然后再蘸根栽植。

2）雨季带叶栽植 北方往往春旱，春、秋季栽植的苗木有时新梢长到10厘米左右时仍可因干旱致死。利用雨季栽植技术进行补植，可避免春季干旱的制约。如群众总结的“秋落叶，春透芽，夏季趁雨能搬家”的经验，说明花椒除冬季土壤封冻不宜栽植外，其余季节均可栽植。技术要点是：

（1）利用7~10月雨季到来后连阴雨天增多的机会进行补植。

（2）用于雨季造林的苗子必须育在建园附近距离处。

（3）随挖随栽，带土移植保持根系完整，不使叶片受损。

（4）栽植时，剪去苗高约1/3顶部发育不充分、未木质化的部分。

3）秋季栽植 秋季栽植时间为落叶后至土壤封冻以前。

2. 栽植密度

大于5米宽度的梯田可按3米×4米或2.5米×3.5米的株行距栽植；15°以上坡修建的隔坡梯田可按单行栽植，株距2~2.5米，呈林带状。行距要根据坡度情况而定，一般大于15°的坡地行距（斜面）至少要在5~6米，便于以后通过耕作逐步改造成条带或者

梯田。

3. 栽植技术

1）栽植坑 挖坑时要求坑大，栽植时则坑不要太大，深度达到30~40厘米、宽度能够使根系舒展即可。这样做不仅栽植速度快，而且可以减少土壤水分散发，利于有限的浇水集中在根系周围，从而促进成活。雨季栽植可以随挖随栽，少浇水或者不浇水。

2）栽植时的根系处理 栽植时，对损伤、劈裂的根系要进行适度修剪，剪平剪口以利愈伤。

泥浆蘸根：用黄土加5%的过磷酸钙和成泥浆，栽植时进行泥浆蘸根。由于花椒根系细且密集，泥浆不宜过稠。

保水剂处理：一种办法是把保水剂和在泥浆里蘸根；另一种办法是按每株50~60克保水剂，放入容器内，注入清水，待其充分吸水，栽植时施于根际周围。

生根粉使用：据宜川县干果技术服务中心试验，用ABT生根粉23号处理根系，可提高成活率达93%。不处理的平均成活率只有61.5%。

3）栽植方法 栽植时要注意根系必须舒展自然，再填土约15厘米并轻踩；浇水1桶（约15千克），待水渗透后再填土踩实，填土深度要高于苗木地痕线1~2厘米；剪断枝干，定干10~15厘米；封小土堆至剪截口，埋土深度要高于剪截口1~2厘米，成活后不需去掉覆土就可自然萌芽破土而出。或者用规格70厘米×100厘米的地膜覆盖栽植坑，剪留的苗木截口用地膜条封口，不再封土堆。也可以定干后覆盖小土堆保墒。不是预整的栽植坑则要深度达到60~70厘米，适当施入腐熟农家肥饼，和表土混合物约回

填10厘米，然后再按照上述办法栽植。雨季栽植的花椒不需要覆土，但要围绕主干整理出集水坑，利用自然降雨提高成活率。

4）补水　为确保成活，春栽的苗木在栽后15天左右，视墒情补浇水1次；秋栽苗待去土后，亦应补浇水1次。浇水一般采取单株穴灌的方法，即在栽植坑处浇水，待水渗完后覆土3~5厘米，以利保墒。

5）检查成活及补植　准备春季作补植的苗木，要在秋冬掘苗后，放置在冷库、地窖或较深的土窑洞后部，用湿沙埋藏或选背阴的地方假植。这些地方春季气温回升较慢，土温也低，可抑制苗木发芽。

6）防止兽害　兽害主要有野兔、鼢鼠危害。防止野兔危害，可在苗木枝干上刷带有恶臭气味的保护剂，如石硫合剂、动物血等，起到忌避作用。危害新植幼苗的害虫主要有金龟子、地老虎（蛴螬）等，可采用喷洒农药的方法防治（参考第二篇第八章）。

第六章　土、肥、水管理

花椒要达到优质、丰产、高效益的目的，有四大要点，即良种壮苗、加强肥水管理、合理修剪、防治好病虫害。其中土、肥、水管理是最为基本的管理。宜川县林业站经过多年研究，总结出以“一土肥、二水、三防、四剪”为主要内容的花椒丰产管理技术。

一、土、肥管理

陕西黄河沿岸花椒产区园地，土壤以红、黄胶泥土为底土，表土以黄绵土为主，耕作层熟土一般只有 15~20 厘米。胶泥土结构致密，根系难以下扎，透水性差，容易水土流失。山地花椒根系多分布在熟土层内，有的甚至浮在表土；川地多为平整的土地，耕作层浅，根系下扎也浅。

（一）主要土质类型（表 2-6-1）

表 2-6-1　延安花椒栽植区主要耕作层土壤情况

土壤类型	分布	特点
黄绵土	梁峁顶部	轻壤、疏松、易耕，均质型。养分含量低，有机质缺乏

续表

土壤类型	分布	特点
黄缮土	残塬边坡、川道沟台地	质地中壤均一，矿质元素含量较高，耕性优良
灰褐土（森林土）	林沿、半林区、林区地	开垦时间较短的土地，保持有较高的腐殖质含量和丰富的矿质元素
淤土	河谷川道的一级阶地和冲积扇面	表层带有石砾，不耐旱，保肥保水能力差，土壤营养含量低
垆土	川道地区	质地中壤，块状结构，老层疏松，营养含量丰富，适于多种作物栽培

（二）改土与施基肥

延安土石山区土壤多由岩石风化演变而来，并受水土流失的作用和人们经营活动影响，呈现出了千差万别的区别。土壤管理就是要针对不同类型采取不同的管理办法，达到熟化土壤，从而获得栽培作物生长环境改善，达到高产优质的目的。

延安花椒产区经过近 20 年来几次冬季低温冻害，川道地区的花椒大多已经退出，目前生产园主要分布在山地和台地。山地可分为缓坡地（15°以下）和陡坡（15°以上）2 种情况。

1. 台地改土施肥

沟台地主要分布在山沟谷两侧、山基、山顶部等，一般是经过人工平整的、台面较宽阔的土地，是发展花椒最理想的土地。由于多数是平整后的新土，耕作层浅，土壤熟化程度低，需要进

行深翻改土和培肥。

1）**栽植前深翻改土培肥**　栽植前应采取机械深耕的办法，对土地进行1~2年的深翻改土、熟化土壤。花椒根系集中分布深60厘米左右以上，翻耕深度也应不低于60厘米。结合深翻，每年每亩施入有机肥加适量氮磷化肥的混合肥1~2吨培肥土壤，为高产创造条件。

2）**放树窝子改土施肥**　未经深翻改土的从定植后第2年开始，每年沿树冠外沿开挖深60厘米、宽40~50厘米的环形施肥沟或者左右开挖条状施肥沟，熟化这部分土壤；第2年再沿上年施肥沟外延继续开沟施肥，如此循环4~5年就可以使树窝子直径达到2~2.5米，即给树改良和培肥一个深60~70厘米、直径2~2.5米的优良生长环境，如同给其创建了一个大大的“花盆”。在此基础上，年年施肥就可以保证花椒的健壮生长（图2-6-1）。

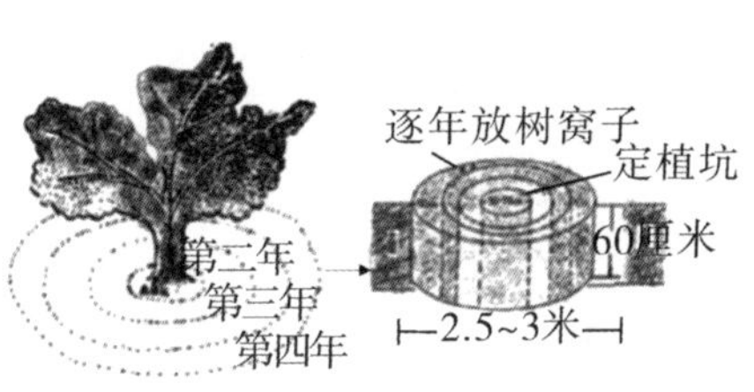

图2-6-1　逐年放树窝子示意图

2. 缓坡改土施肥

15°以下坡地的花椒多数是在未经过平整的耕地上栽植的。改土施肥的办法：沿树冠外围上部开挖宽40~50厘米、深60~70厘米、长不低于树冠外延1/2的半环状施肥沟，并将挖出的土壤倒翻到树干下部，把沟上部表土与肥料、粉碎秸秆等混合施入底部，将上部下层底土回填，第2年再沿上年沟外沿开沟施肥改土，如此4~5年就可以给根系创造一个良好的生长环境，并形成一个直径

2~2.5米的鱼鳞坑或者条带。

3. 陡坡地改土施肥

未经过条带整地的花椒，一般株距在2米、行距在4~5米，栽后从第2年开始自树冠外沿上部开挖宽度40~50厘米、深度60~70厘米（根据坡度确定）、长度2米施肥通壕，并将挖出的表土翻到树冠下部，第3年再沿上年施肥沟开挖通壕，继续将土向外沿倒翻并施肥，如此几年就会整出一定宽度的反坡梯田。

4. 川道地改土施肥

由于土壤剖面石砾较多，土层浅，保肥水能力差，所以栽植时应挖不小于100厘米×100厘米×60厘米的大坑，并要采取捡去石块、客土回填、增施有机肥等措施保证幼树生长。进入结果期后，参考上述办法改土和培肥土壤（表2-6-2~表2-6-4）。

表2-6-2　花椒基肥施用参考表

施肥时间	树龄/年	农家肥/千克	化肥/千克	中微量元素肥/千克
9月中旬至土壤封冻之前，春季施肥要在解冻后立即进行	1~3	15~30	磷酸二铵0.3~0.5	0.2
	4~6	10~15	氮、磷、钾15∶15∶15，复合肥1~2	0.5
	盛果期	20~40	氮、磷、钾15∶15∶15，复合肥2~3	0.5~1.5
备注	如使用其他化肥可参考此用量推算，工业有机肥用量酌减			

表 2-6-3　常见化肥品种及有效成分含量表

种类	名称及成分
氮肥	氮酸氢铵含氮 17%、尿素含氮 46.4%、硫酸铵含氮 20%~21%、硝酸铵含氮 34%、氯化铵含氮 24%~25%、硝酸铵钙含氮 20%、硝酸钙含氮 13%
磷肥	过磷酸钙（磷 12%~20%），重过磷酸钙（磷 45%），钙镁磷肥（磷 12%~20%），磷矿粉（磷 30%~36%）
钾肥	氯化钾含钾 60%，硫酸钾含钾 50%，硝酸钾含钾 44%~46%
复合型	磷酸一铵（氮 12.17%，磷 26.96%），磷酸二铵（氮 18%，磷 46%），磷酸二氢钾（磷 52%，钾 34%），硝磷铵（氮 27%~32%，磷 54%），硝酸磷肥（氮 20%、磷 20%），尿素磷酸铵（磷、钾各 20%），氮磷钾三元复合肥（各厂家产品不一）
复合型水溶肥	以以上化肥为基础配制的水溶性高的肥料，也有加入氨基酸、黄腐酸等的组合式水溶肥。一般用于灌溉式补肥
备注	生产上大量使用的复合肥是将含氮、磷、钾的化肥，按照不同配比，如高氮、高磷、高钾等混合，经过制粒工艺生产出来的无机化学肥料

表 2-6-4　常见有机肥、菌肥类型

种类	来源	制造工艺	有效成分
普通农家肥	家畜粪便、其他有机物		有机质、少量矿质元素
工业有机肥	农家肥、食用菌渣、工业废弃物、药渣、草炭、生活垃圾等	原料—混合—发酵（菌种）—装袋	有机质不低于 40%，水分 30%，氮磷钾不低于 5%
菌肥	原料同上，加工成有机肥，添加了草枯芽孢菌等菌种	原料—混合—发酵（菌种）—加菌种—装袋	菌不低于 0.2 亿/克

续表

种类	来源	制造工艺	有效成分
中量元素肥	原料同上，加工成有机肥，再添加中量元素	原料—混合—发酵（菌种）—钙、镁、硫等—装袋	钙、镁、硫的含量一般在百分之一到万分之一
掺混肥	工业有机肥化肥，按一定比例，根据作物种类不同，施肥时期不同，掺混起来的一种肥料		
备注	工业有机肥原料来源不同，质量、价格差异很大		

5. 时间

改土与施基肥的时间应选在秋季落叶前后，此时是根系生长高峰，切断的根系能够促发新根，恢复吸收功能，且由于地上部分停止生长，不会对树体生长造成伤害。

（三）花椒追肥

基肥是保证花椒周年生长的基础，但由于生长各期对肥水需求量不同，往往不能保证需肥高峰的需要，因此基肥不能代替追肥。

1. 追肥时间

一般分为 3 次：第 1 次：萌芽前追肥。花椒萌芽后随即进入开花、展叶、抽梢期，是需肥的第 1 个高峰，养分不足就会影响坐果率。肥料施入土壤会有一个转换过程，花椒才能吸收利用，这个过程一般为 15 天左右，所以，萌芽前追肥，刚好可以赶上其生长需要，过迟则影响效果。此期花椒吸收氮量较大，应以氮、磷肥为主，以促进总体生长。第 2 次：幼果生长与花芽分化期（6 月中下旬）。此期追肥应以磷、钾补充为主，以促进有机营养转运，减少落果，促进枝叶、果实生长和成花。第 3 次：花椒成熟前 1.5 个月，以钾肥为主，可促进果实膨大，提高当年产量。花椒土壤追肥量见表2-6-5。

表2-6-5　花椒土壤追肥量参考表　　单位：千克

追肥时间	树龄	氮肥	磷肥	钾肥
花前	幼树	0.2~0.3	0.2~0.3	
	盛果树	0.2~0.5	0.3~0.6	
	老弱树	0.4~0.5	0.5~0.8	
膨大期（花椒成熟前1.5个月）	幼树	0.1~0.2	0.3~0.5	0.2~0.3
	盛果树	0.15~0.25	0.5~1.0	0.3~0.5
	老弱树	0.2~0.3	0.5~1.2	0.4~1.0

2. 追肥方法（图2-6-2）

1）条状追肥　沿树冠垂直投影外缘挖条形沟，长为1~2米，沟宽30厘米左右，深度20厘米左右。不同年份基肥沟的位置要变动错开，并随树冠的不断扩大而逐渐外移。

2）放射状追肥　放射沟施肥从树冠边缘不同方位开始，向树干方向挖4~5条放射状的施肥沟，沟的长短视树冠的大小而定，深浅为里浅外深。

3）穴状施肥　每株沿树冠外围挖等距离追肥穴5~6个，深20~30厘米。

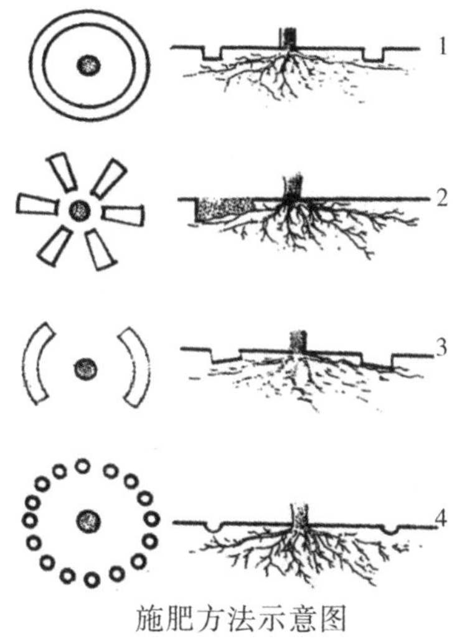

图2-6-2　施肥方法示意图

4）水肥坑追肥　在树冠外围等距离挖深、宽30~40厘米的水

肥坑，给里边塞满杂草、树叶、有机肥等混合物，然后用地膜覆盖。追肥时揭开地膜追肥，用水溶解肥料或者直接用水溶肥，进行浇灌施肥，施肥后再盖上地膜。这种施肥办法开挖1次可以使用1~2年，省工省时，肥效快，利用率高。

（四）根外追肥与生长素使用

1. 叶面喷肥

植物叶子具有通过气孔直接吸收矿质元素的能力，所以将化学肥料用水稀释到一定浓度喷洒到花椒叶面上，可快速补充生长关键时期对某种元素的需求。在大面积生产椒园里，根外追肥一般是结合防治病虫喷洒农药同时完成的。个别生长时期明显缺肥时要单独进行。叶面喷肥的好处是见效快，缺点是肥效期短，一般只有7~10天。所以，根外追肥不同于土壤施肥，需要留足时间，达到快速补充（表2-6-6）。

表2-6-6 根外追肥参考表

时间	追肥时间	肥种	浓度	喷施次数
4月中下旬	开花坐果期	硼肥	0.3%~0.5%	1~2
		尿素	0.3%~0.5%	1~2
		螯合态多复合微肥	0.01%~0.02%	1~2
5~6月	果实膨大期	尿素+磷酸二氢钾	0.2%~0.3%	2~3
		氨基酸钙	0.1%~0.13%	2~3
		磷酸二氢钾	0.2%~0.3%	2~3
		螯合态多复合微肥	0.01%~0.02%	2~3

续表

时间	追肥时间	肥种	浓度	喷施次数
7月下旬至8月上旬	成熟采摘期	防落素	13%~27%	1~2
9~10月	营养储备期	尿素	0.3%~0.5%	1~2
其他	也可以使用商品叶面肥或者速效水溶肥，浓度参考说明书			

花椒内在质量比一般水果要求高，所以营养平衡显得尤为重要。氨基酸类叶面肥对营养平衡有很好的效果，地下施肥、叶面喷肥时选用此类产品，有很好的作用（表2-6-7）。

表2-6-7　几种有机酸功能表

种类	作用	使用方法
氨基酸	能稳增产30%~40%，5~7天可充分吸收利用，可提高坐果率，减少落花落果，促进果实膨大	目前产品有加入各类有机酸的复合肥，用于土壤施肥；也有水溶肥用于灌根，或叶面喷施
腐殖酸	增加土壤营养，改善土壤结构，保水，促进微生物活动，提高肥效，促进发育	
黄腐酸钾	改良土壤，提高肥效，减少氮素挥发，刺激作物生长，抗病、抗逆，提高光合作用，改善作物品质	
聚谷氨酸	增产、抗逆、保水，提高肥料特别是微量元素溶解、吸收、运输，平衡土壤酸碱值	

2. 适当使用生长素

适当使用生长激素类也有很好的增产作用。据试验，使用

图 2-6-3 调节剂类

“能百旺”噻笨隆（细胞素）+含氨基酸水溶肥组合，花后和间隔 15 天各使用 1 次，可提高坐果率，增大颗粒，提高商品率。增产幅度可达到 20%以上（图 2-6-3、表 2-6-8）。

表 2-6-8 植物生长调节剂参考表

种类	品种
生长调节剂	速效胺鲜酯，氯吡脲，复硝酚钠，芸苔素，赤霉素
打破休眠，促进萌发	赤霉素，激动素，胺鲜酯，氯吡脲，复硝酚钠，硫脲，氯乙醇，过氧化氢
促进茎叶生长	赤霉素，胺鲜酯，6-苄基氨基嘌呤，油菜素内酯，三十烷醇
促进生根	吲哚丁酸，萘乙酸，2，4-D，比久，多效唑，乙烯利，6-苄基氨基嘌呤
抑制茎、叶、芽的生长	多效唑，优康唑，矮壮素，比久，皮克斯，三碘苯甲酸，青鲜素，粉锈宁
促进花芽形成	乙烯利，比久，6-苄基氨基嘌呤，萘乙酸，2，4-D，矮壮素
疏花疏果	萘乙酸，甲萘威，乙烯利，赤霉素，吲熟酯，6-苄基氨基嘌呤
保花保果	2，4-D，胺鲜酯（DA-6），氯吡脲，复硝酚钠，防落素，赤霉素，6-苄基氨基嘌呤
促进果实生长	细胞分裂素
促进果实着色	胺鲜酯（DA-6），氯吡脲，复硝酚钠，比久，吲熟酯，多效唑
提高抗逆性	脱落酸，多效唑，比久，矮壮素
提高含糖量	增甘膦，调节膦，皮克斯

3. 叶面喷肥注意事项

（1）喷洒时间最好在上午 8 时前和下午 4 时后，阴天可全天喷施。中午温度过高不宜喷施，防止溶液浓缩过快，造成叶面受害。

（2）注意喷到叶子背面，因为叶子气孔主要分布在叶子背面，便于吸收。

（3）严格按照使用浓度使用，避免造成烧叶子。

（4）喷撒要均匀，重点是叶片背面，以叶尖滴水为度。4 小时内遇雨时要重喷。

4. 使用生长素注意事项

内源激素是植物体本身产生的调整生长关系、营养供应分配的天然激素，主要有 5 大类：生长素、赤霉素、细胞分列素、乙烯、脱落酸。但量很小，有时会因种种原因失调，所以适当补充有一定的必要性。使用时一定要严格按照说明使用，不可加大用量，否则会引发不良后果。

（五）椒粮间作

在幼龄花椒园或花椒树覆盖率低的花椒园，可以在花椒树行间间种作物。花椒间种作物，能起到覆盖土壤，防止土壤冲刷，减少杂草危害，增加土壤腐殖质，提高土壤肥力的作用，还可以合理利用土地。间作粮食作物和其他经济作物，既能增产粮食，又可增加经济收入，达到“以园养田”“以短养长”的目的。

间种作物也有一定的缺点，容易产生与花椒树争夺水分、养分和阳光的不利影响。但是，如果间种作物种类选择适宜，种植得当，则可以使不利影响降低到最小限度。

1. 优良的间种作物应具备条件

①生长期短，吸收养分和水分较少，大量需水、需肥时期和花椒树的时期不同；②植株较矮小，不致影响花椒树的光照条件；③能提高土壤肥力，病虫害较少，而且不致加重花椒树的病虫害；④间种作物本身经济价值较高。

2. 间作的种类

1）**豆类**　适于间作的豆类作物有花生、绿豆、大豆、红豆等。这类作物一般植株较矮，有固氮作用，可提高土壤肥力，与花椒树争肥的矛盾较小。其中花生植株矮小，需肥水较少，是沙地花椒园良好的间种作物。其他豆类可根据花椒园条件选择应用。

2）**薯类**　主要为甘薯（又名白薯、地瓜）和马铃薯。甘薯初期需肥水较少，对花椒树影响较小；后期薯块形成期需肥水多，对生长过旺树，种甘薯可使其提早停止生长，但对大量结果的大树，容易影响后期的生长。马铃薯的根系较浅，生长期短，播种期早，与花椒树争光照的矛盾较小，只要注意增肥灌水，可使二者均丰收，是平地水、肥条件较好的花椒园常用的间种作物。

3）**麦类**　用作花椒园间种作物的有小麦、大麦等。这类作物植株不高，主要在春季生长，须根密集，能增加土壤团粒结构，本身经济价值较高。但麦类作物根系较深，吸肥力强，早春易与花椒树争夺水、肥。间作时，要增加水、肥，以减少对花椒树的不利影响。

4）**蔬菜类**　蔬菜耕作精细，水肥较充足，对椒树较为有利。但秋季种植需肥水较多或成熟期晚的菜类，易使花椒树延长生长，对花椒树越冬不利，造成新梢“抽干”或枯死，同时容易加重浮

尘对花椒树枝条的危害。因此，间作蔬菜时应加以注意。

椒粮间作，椒树应尽量栽成南北行，以减少遮阴，提高光能利用率。椒粮混栽的株行距，要根据土壤条件和经营目的决定。土壤肥沃时，株行距可大一些；土壤瘠薄时，株行距可略小些。如果椒粮长期混作，株行距就要大些；椒粮短期间作的，株行距可小些。但无论是长期或短期间作，在椒树周围必须留出 30~60 厘米的营养带。以后随着椒树的生长发育，树冠和根系不断扩大，在椒树周围留出的营养带也要不断加宽，可减少种粮直至不种粮，这样就减少椒粮互相影响。

任何间种作物，对花椒树都有争肥争水的矛盾。因此，只有增加水肥，才能满足花椒树和间种作物的需要，缓和二者之间的矛盾。水肥条件较差的花椒园，应选择需肥水较少，与花椒树矛盾小的间种作物，而且距树冠要远些。

生产实践证明，最合理的椒粮间作是充分利用坡台田地埂，建立地埂花椒林网与农作物间作的经营模式。依据土地类型条件，具体可分为 2 大类：

（1）坡台田地埂花椒间作形式。在台田地埂按 2~5 米的株距栽植花椒，地埂宽为 50~80 厘米、高为 20~40 厘米。为了保证花椒有足够的营养面积，一般在地埂内保留 1 米左右的营养带。其间作形式通常采取开放式（沿坡台田地埂单行栽植花椒）和封闭式（沿坡台田的边缘地埂和台田基部各栽植 1 行花椒，形成椒林围田）2 种结构。

（2）平川地花椒林网间作形式：①带状混交型。以 3 米×4 米的株行距栽植双行花椒林带，带间距 10~15 米，林带走向多为南

北向。②方田林网型。单行栽植，株距3~4米，网格宽10~15米，长10~20米。

3. 间作模式

椒粮间作按照植物相生相克理论和群众的间作经验，一般多选用以下6种间作模式：

（1）花椒+小麦模式；

（2）花椒+棉花模式；

（3）花椒+小麦、豆类模式；

（4）花椒+豆类、瓜类模式；

（5）花椒+蔬菜模式；

（6）花椒+药材模式。

以上6种间作模式中，以花椒+小麦的间作模式最为普遍，约占80%。在以粮为主、椒粮兼收地区，应考虑其间作的水平结构和垂直结构。椒粮间作的水平结构由椒带走向、株距、农作物布局组成。椒粮间作不同于其他林粮间作，花椒树体比较矮小，一般只有3~4米，而且树冠透光性能良好，对农田的遮阴影响不大。据调查，东西走向的椒带，北侧只在上午和下午有少量的遮阴，宽度一般为0.2~0.5米，不超过间作营养带宽；南北走向的椒带，除在清晨和傍晚有很少遮阴外，其余时间光照都很充分。因此，椒带走向对农作物生长影响不大，可随地形而定。花椒树冠南北的冠幅平均为2.2~3.5米，东西冠幅为2.8~4米，故株距一般为3米，既可保证椒树的营养面积，也便于树体管理和椒果采摘。在行距为5米的间作地，宜种植豆类和绿肥等低秆作物；行距为10米的坡台田，宜间作粮食等各种农作物。椒粮间作的树形以自然

开心形为好，不留树干或留30厘米矮干，一级侧枝保留3~5个，树高宜控制在4米以下。这样的椒粮间作结构和树形，有利于早结果，并能获得较高的产量。

二、水分管理

（一）花椒关键需水时期

从理论上讲，花椒一年应该灌4次水，即春灌（土壤解冻后进行全园浇灌），夏灌（5月下旬花椒坐果期），秋灌（7月着色期），冬灌（落叶后入冬前）。但据笔者多年的观察研究，认为其中最为关键的有2次（即二水）：

1）**坐果水**　即开花至坐果期的坐果水。因为最常见的是坐果期干旱可导致大量落果，直接影响当年产量。

2）**着色水**　着色期出现干旱则花椒不能正常着色，果面发白、发褐，直接影响外观品质，导致售价下降，影响农民收入。

因此，一定要注意花椒园的水土保持工作，遇到这2个关键时期干旱时，一定要想办法浇水。

（二）浇水、保水方法

花椒较耐旱具有相对性：耐旱是因为叶片上表层含有脂类挥发油，有较好的减少水分蒸腾作用；根系密集分布在树冠下15~30厘米范围内，最深一般只能达到60厘米，且有很长的水平延伸，可以最大限度吸收土壤浅层水分，所以抗旱性是有条件的。花椒不像其他乔木靠深根提高抗旱性，当遇到干旱上层水分不足时，就会很快萎蔫。所以，采取浇水、保水是花椒丰产的关键措施之一。

1. 浇水或补水

1）抽水浇灌 有固定水源的可利用河水，通过渠道进行全园浇灌或者单株浇灌。

2）穴灌 山顶、山坡利用水窖浇灌的，可采用穴灌的办法。具体是围绕树冠外沿挖50厘米×50厘米×40厘米的坑3~4个，浇水后用杂草塞填，口用地膜覆盖，以便再次利用。可结合追肥同时进行。

3）集雨窖 条带地株与株之间做拦水梗，防止雨水外流。同时可以在坡面上开挖流向每株花椒的集雨沟，将雨水引流到花椒树冠下。

4）滴灌 随着社会的发展，有的地方在花椒园铺设了滴灌系统。这是最先进、最有希望的设施农业，但受水源困扰许多地方难以实施。

图2-6-4 树宝集水

5）容器滴灌 有椒农创造性地给大塑料袋装上水，开小孔滴灌。

6）埋水罐（桶） 有的农民给废弃的大食用油桶装上水，并把几根根系插在水中，埋在树下也有一定的效果。有的地方使用“树宝”集水也有较好效果（图2-6-4），但投资成本较高。

2. 保水

黄河沿岸花椒产区素有“十年九旱”之称，且光照强烈，风

多，蒸发量远远大于降水量，山地花椒人工全园浇水很难实现，因此，想方设法保水成为生产的关键。保水方法主要有：

1）**树盘覆盖** 用树叶、秸秆、杂草等覆盖树盘保墒，减少地表蒸发。

2）**地膜覆盖** 用地膜将树盘全部覆盖，可有效保住水分蒸发。

3）**搞好夏季修剪** 及时剪除树上的萌蘖枝，保护好剪锯口，减少水分消耗。

4）**化学保水** 据报道，生长期以0.01%浓度的阿司匹林水溶液喷雾，可增强抗旱能力。

三、土、肥、水管理存在的问题及解决办法

（一）立地条件问题

延安黄河沿岸花椒产区多数在山坡地特别是较为陡峭的山坡地，立地条件差。该地区成土母质为黄、红胶泥，渗透性差，耕作熟土层一般只有15厘米左右，降雨一多就会形成径流流失，很难保持水分，因而干旱成了主要矛盾。

（二）选址不当问题

1. 山地

在陕北，山地栽植花椒干旱是其主要影响因素，坡向应该选择半阴坡、半阳坡，坡度应选择25°以下，地类应选择台地、条带；坡地栽植应该先采取工程措施整成条带，然后深翻改土后再栽植。实际情况多是直接在山坡挖小坑栽植，幼树生长尚可，进

入结果期开始表现为生长衰弱，花序坐果率低，经济寿命缩短（图 2-6-5）。

图 2-6-5　山地花椒根系分布深度

图 2-6-6　川地土层结构

2. 川地

延安花椒川地多为在石砾地上铺一层土改造而来，覆土厚度一般只有 40 厘米左右厚。冬季冻土层厚度可达 80 厘米，花椒根系下扎能力差，只能分布在耕作层，耕作层冷冻后根系吸收水分导致抽干死亡（图 2-6-6）。

（三）土肥方式问题

1. 根系分布浅

山地栽植时未进行条带整地，水土流失严重，黄河沿岸山地底土多为黄、红胶泥，根系多分布在耕作层以内，有的根系甚至浮在表层，既不抗旱也不抗寒，稍遇干旱树叶就萎蔫，进而引起落花落果。在干旱年份尤为突出。

2. 问题与矛盾

问题一：花椒根系分布浅，地面一旦长草就会和花椒争肥争水，所以必须及时锄草，而农民为了清初杂草，无论坡地、台地、平地，一律采取旋耕机旋耕除草的办法。手扶拖拉机旋耕刀具长度为 16 厘米，而这正是山地花椒根系集中分布区。杂草快速生长

时间是 5~7 月，这也是农民多次采取旋耕机除草的时间。行间多次旋耕后花椒浅层根系几乎全部被打断，吸收只能沿株与株之间进行，而施肥区是在行间的，严重影响了施肥效果。

问题二：逐年旋耕山坡地，翻土会不断向下坡移动，久而久之花椒树下方的根系就会裸露、悬空，只能靠上方一半根系发挥作用，这一半根系又在旋耕除草中被多次切断，一遇干旱就萎蔫、落果、减产，一遇低温还会抽干死树，一旦出现这种现象农民就会减少投资，放松管理，导致进一步减产，陷入恶性循环。这也是当前老花椒园不断萎缩的主要原因（图 2–6–7、图 2–6–8）。

图 2–6–7　分布在表层的根系

图 2–6–8　主根也分布在表层

3. 肥料不足

从目前生产调查看，生产 1 千克干物质至少需要纯氮、磷、钾各 0.1 千克，按照利用率 50%计算，则需要 0.2 千克，株产 3 千克的花椒就需要施纯氮、磷、钾各 0.6 千克，换算成常用复合肥则需要 2.5~3 千克。为了提高化学肥料的利用效果，每株应同时施商品有机肥 5 千克或者农家肥 10~15 千克，并将二者混合施用。但生产上化学肥料施用不足，且不使用有机肥或者施用量很少，这样便降低了化肥使用效果。中微量元素短缺，各元素之间的不平衡，影响了大量元素的使用效果，不能最大化发挥肥料的增产作用。

表 2-6-9 为陕西地方标准（DB61/T72.4—2011），供参考。

表 2-6-9　花椒丰产指标（干果）

树龄/年	平地		缓坡及丘陵地	
	平均株产/千克	平均株产/（千克/亩）	平均株产/千克	平均株产/（千克/亩）
4	0.04	2	0.015	1
5	0.09	5	0.05	3
6	0.18	10	0.14	8
7	0.54	30	0.27	15
8	0.89	50	0.54	30
9	1.25	70	0.80	45
10	1.61	90	1.07	60
11	1.96	110	1.25	70
≥12	2.14	120	1.43	80

表 2-6-10　花椒需要营养元素表

吸收来源	需求量	名称
空气、水中获取		碳（C）、氢（H）、氧（O）
土壤中获取	大量元素	氮（N）、磷（P）、钾（K）、硅（Si）
	中量元素	硫（S）、镁（Mg）、钙（Ca）
	微量元素	铁（Fe）、锰（Mn）、锌（Zn）、铜（Cu）、硼（B）、钼（Mo）、氯（Cl）、钠（Na）、铝（Ai）、镍（Ni）

各无机营养元素之间构成木桶效应，需求量大小不一，但作用相同。调查发现，多数椒园都不使用有机肥，仅使用少量含氮、磷钾三

元素复合肥，所以，营养元素不平衡也是花椒产量、质量上不去的原因。调查显示，能够按标准施用肥料的花椒效益其实很高。如宜川县鹿川乡贺岭一农户种植3亩花椒，立地条件为半阴坡，栽植花椒150多株，每亩施用二铵1袋（50千克，含N 14%、P 46%），尿素1袋（50千克，含N46.4%），有机肥6袋（240千克），含纯氮30.2千克，纯磷23.2千克，平均0.2千克/株，磷0.155千克/株，有机肥3.2千克/株。亩产干椒100千克，平均株产干椒2千克。当年售价100元/千克，亩产值10000元（表2-6-10、图2-6-9）。

图2-6-9　营养元素的木桶效应

（四）解决办法

1. 改变耕作办法

山坡地花椒行距3~4米时，翻地、旋耕从下向上翻地，且只翻到行子中间，这样逐年向下倒土就会逐步改造成反坡或隔坡梯田。特别应该注意的是，每年花椒园只能在晚秋季节旋耕，因为这是根系的生长高峰期，断根后可以生长出新根。春季以后绝不能再进行旋耕，因为根系正在生长、吸收，一旦翻土就会断根，进而导致树体衰弱。应改为机械锄草和割草覆盖树盘（图2-6-10）。

图2-6-10　施肥沟土翻到树坑沿

2. 改梯田和鱼鳞坑

结合施肥，沿树冠外沿开挖施肥沟，并将土倒翻到树冠下部，施肥后将沟上方的熟土层和肥料进行回填，逐步改造成反坡梯田或者大鱼鳞坑。

3. 用营养坑的办法培肥土壤

川地采取逐年放树窝子的办法进行改土培肥。具体方法是：围绕树冠外沿每年采取条状或环状开挖深度60厘米以上、宽度40~50厘米的施肥沟，填入足够的有机肥、化肥、秸秆、树叶、杂草等有机物进行培肥和改土，第2年再沿上年施肥沟外沿向外挖1圈或1条施肥沟，4~5年后就可以把花椒植株栽入直径2.5~3米、深度60厘米以上的土壤培肥，即相当一个“大花盆”，可以满足花椒肥水的供应。

图2-6-11　陡坡地双台面整地

坡地在坡位上方、树冠外沿挖深度60厘米、宽度40~50厘米、长度不少于100厘米的施肥沟，并将挖出的土翻到树干下方，施肥后将沟上方的表土回填沟内，第2年再沿上年施肥沟外挖施肥沟，将土倒在外沿，如此三四年就会整出一定宽度梯田或者大鱼鳞坑。陡坡地也可以整成树干上、下2个台面，以利保水和地膜覆盖(图2-6-11)。

4. 增施肥料

从调查情况看，结果树每株每年施用纯氮、磷、钾不能少于

0.5~1千克，有机肥10千克。随着农资的不断涨价，建议椒农利用自有的农家肥，秸秆等有机物，自制复合肥或者掺混肥，不仅质量可靠，而且可以极大地减少肥料投资。

5. 采取树盘覆盖与覆膜技术

1）树盘生物覆盖的必要性　一是由于花椒种植面积大，多数立地条件差，土壤有机质很低，不能满足花椒生长需求。二是黄河沿岸地区常常出现花椒花期、果实着色期干旱，前者影响坐果率，后者影响着色。三是冬季低温可导致花椒根系分层结冰，根系吸收的水分跟不上树枝干蒸腾，导致抽干（冻死）现象。四是许多花椒病虫都是在落叶、土浅层越冬，是翌年病虫基数高低的关键。这些问题通过树盘覆盖一个办法就可以全部解决。即“春夏覆盖保水分，冬季覆盖保地温，春季翻压增养分”。从春季开始，尽可能地将秸秆、刈割的杂草等不断向树盘覆盖，可以起到很好的保墒作用，减低或避免大量的落花落果和着色不良的问题；冬季将园内枯枝落叶、杂草清理后继续对树盘覆盖，可起到保温，减低冻害的作用；翌年解冻后采取挖施肥沟的办法，将树盘所有覆盖物同表土、肥料一块翻压到底层，这样既增加了土壤有机质，提高了化肥利用率，还消灭了病虫，一举多得。

2）有机物覆盖+地膜覆盖施肥技术　经过上述几年的结合施肥整地，形成梯田或者鱼鳞坑后，不需要再挖施肥沟，直接将有机肥、化肥、秸秆、落叶等有机物混合后撒铺在树冠下，然后用双色地膜覆盖，四周压土成保水梗。以后再如此重复进行，慢慢地就会在树下形成一定厚度的肥沃有机质层，时间越长堆积越厚。这其实也是模拟自然生态下森林土壤的原理。当覆盖物达到一定

厚度时就会组成合理的土壤团粒结构，形成良好的根系生长生态环境，达到保水、保肥、保温的效果。同时有覆盖层保护，冬季冻层不会太厚，保水、保肥、保温，减低抽干现象，减轻劳动量（图 2-6-12、图 2-6-13）。

图 2-6-12 撒肥后台地双色地膜覆盖

图 2-6-13 陡坡地双台阶地膜覆盖

这种技术好处：一是保墒、保肥；二是防止杂草；三是减轻劳动量；四是可以节约肥料用量（因为普通开沟施肥只是 1 个方向或 2 个方向的切面，360°分布的根系只有 1 个或者 2 个切面吸收，且肥料集中还会引起烧根，而撒施肥是全冠幅根系均可吸收，从而提高了肥料利用率）；五是经过多年连续覆膜施肥，冠下会形成一层较厚的富含养分的有机质层，类似森林土壤，减低冻土层，防止冬季低温冻害。

6. 保水与使用新技术

缺水地区，加之山高路陡，有水也没办法浇灌，因此，采取逐年结合施肥改土整修梯田、挖鱼鳞坑、设拦水埂尤为重要。

随着国家乡村振兴计划的实施，对农业的投资不断加强，在有条件的地方，实施滴水灌溉是现代农业的方向。

（五）肥料知识

1. 单施化肥的问题

化学肥料都是以酸根为基础的，北方土壤偏碱，直接把化肥施入土壤会引起酸碱反应，降低肥效。氮会变成氮气挥发、游离，研究认为氮肥直接施用利用率只有14%；磷肥可用成分为五氧化二磷，酸碱反应后会变成其他化合方式，不能吸收，减低肥效，所以不宜单施。

2. 化肥和有机肥混合

可以通过土壤微生物的活动，把化肥有机肥合成腐殖酸、氨基酸之类的高分子物质，然后由根系慢慢吸收，减少损失，提高利用率。

3. 自制掺混肥

具体办法是把农家肥、工业有机肥、化肥混合均匀，最好加入一些肥料发酵剂，然后洒水，湿度达到40%，再混合施入。也可封土或塑料膜覆盖发酵十几天后使用。这样配制出来的肥料各种成分齐全，可以弥补微量元素不足，达到营养平衡，最大限度发挥肥料功效，而且可以大大降低肥料投入成本。特别是在农资涨价，农产品降价的情况下，科学用肥显得尤为重要。

四、采椒后的树体管理

（一）采椒后的树体管理

花椒采后树体管理如何，直接影响树体的营养、花芽分化和

来年的开花结果，特别是低产树，在椒果采收后，加强树体管理更为重要，这是改造低产椒树的重要环节，决不能放松管理。具体应抓好以下几点：

1. 保护叶片

花椒采收以后，叶片制造的养分转向树体的营养积累，必须使花椒在采收后到落叶前一直保持叶片浓绿和完整。为此，除做好必要的病虫防治外，可进行叶面喷肥。

2. 秋施基肥

秋施基肥能显著提高叶片的光合作用，对恢复当年树势和来年的生长结果等，起着举足轻重的作用。施肥种类以农家肥为主，并适量添加化肥掺匀施入。一般结果盛期树，每株施 50 千克土粪加 0.5 千克复合肥，采用开沟施肥法，在树冠投影外围挖 2 条深 40 厘米的沟，扫净落叶填入沟底，再放入肥料，将沟填平。秋施基肥一般从 9 月开始至椒树落叶前均可进行，但以早施效果为好。控制旺树生长，确保树体安全越冬。幼树或遭受冻害的花椒树，一般当年结椒少，树势较旺，枝条木质化程度较差，越冬比较困难，对这类树采椒后至 9 月底，应向树体喷洒 2 次 15%的多效唑 500~700 倍液，2 次喷洒间隔 10~15 天。同时，对幼旺树或大树旺枝进行拉枝处理，达到缓和树势、控制旺长的目的。

3. 防治病虫害

采摘椒果后，要及时剪除干枯枝和死树，清除椒园落叶和杂

草，集中烧毁，减少越冬病原和虫口密度。对遭受花椒锈病、花椒落叶病和花椒跳甲、潜叶蛾等病虫危害严重的花椒园，采椒后应尽快喷洒15%粉锈宁粉剂1000倍液加40%水胺磷1000倍液，或50%的托布津可湿性粉剂300~500倍液，加敌杀死2000倍液，减轻来年危害。

4. 护埂培土，保护根系

在丘陵山区、沟坡地带，花椒大多栽在地埂（畔）、埝边。由于雨水的冲刷，耕作期间人为或机械的损坏，常有埝畔和地埂塌陷裂崩现象发生，造成水土流失，花椒根系外露。为了满足花椒生长和管理的需要，摘椒后可利用雨后墒情抓紧修补损毁地埂和埝畔，为露根培土，夯实埂体，使其坚固完整。同时，整修好树盘，以便施肥、灌溉和蓄水排涝。“核桃不结放风，花椒结罢土封”。每隔一定时期，在树干周围壅一层新土，将裸露在外的根系埋住，增加根群上面的土壤，有利于花椒的根系向纵深发展，以吸收更多的养分，开花结果。

5. 树干涂白

冬季树干涂白不仅有利于椒树安全过冬，而且可以有效防治病虫害，特别是对树皮上的越冬病菌具有很强的杀伤作用。

（二）大小年的调整

花椒虽没有其他果树明显，但也有大小年现象，但只要进行合理修剪，加强树体管理，就可以克服花椒大小年。具体做法是：在歉收年，适当少剪枝条，多留花穗，维持树势，争取来年高产；

在丰收年，适当多剪枝条，控制其结果量，加强后期管理，增加树体营养，促其形成较多的饱满花芽，为来年丰产打好基础。只有这样，才能逐渐复壮树势，变歉年为丰产年。总之，要很好解决花椒大小年问题，仅靠修剪远远不够，必须综合考虑，如选择结果习性良好的品种进行栽植，栽植后加强土、肥、水管理，加强病虫害防治，加强树体管理。

第七章　花椒修剪

土、肥、水管理是解决如何长树的问题，修剪是要解决怎样把长出的枝条变最优化结果的问题。二者相辅相成，修剪是花椒能够取得经济效益的关键措施之一。

一、修剪基础知识

（一）修剪的意义

合理的整形修剪可以充分利用太阳光照，增加有机营养物质的制造，调节营养物质的分配，调节生长和结果的平衡关系，达到树冠结构合理，骨架牢固，实现早产、高产、优质、低耗的栽培目的。

（二）修剪的作用

花椒树如不整形修剪，任其自然生长，往往树冠郁闭，枝条紊乱，树冠内通风透光不良，导致病虫滋生，树势逐渐衰弱，产量减低，品质下降。合理的整形修剪，则可充分利用阳光，调节营养物质的制造、积累及分配，调节生长及结果的平衡关系，使树冠骨架牢固，达到高产、优质、低消耗的栽培目的。修剪的主

要作用是：

（1）在一定的条件下，修剪可使枝条的生长势增强，但对整个树体的生长则有减弱的作用。还可以利用离心生长与向心生长关系进行大枝更新。

（2）修剪能控制和调节树体营养物质的分配、运输和利用，有利于生长和结果。

（3）修剪能有效地调节花、叶芽的比例，使生长和结果保持适当的平衡，改善光照条件，增加叶枝的比例。合理修剪可以使幼树加快树冠扩大和结果枝组培养，提早结果，平衡结果期树生长、结果关系，稳产高产，达到老树树老枝新，维持结果能力。

（4）修剪不但提高光合效能，还具有减少蒸腾，从而达到抗寒抗旱作用。

（三）修剪时期

花椒修剪可分为春、夏、冬3个时期的修剪，幼树以春夏季修剪为主，大树春夏冬修剪并重。各期任务不同，使用技术措施也不同。

从花椒树落叶后到翌年发芽前这一段时间内进行的修剪叫冬季修剪，也叫休眠期修剪。在花椒树生长季节进行的修剪叫夏季修剪。在冬季，花椒树营养逐步从叶子转运到小枝内，回运到大枝继而运到骨干枝上，然后再由主干往根系运送。到了春天萌芽前，这些养分又向反方向运至枝和芽内，供萌芽、开花所需。冬季修剪的绝大多数方法都是要剪去一定数量的枝和芽，这些枝和芽所保留的养分，也就随之被剪掉浪费了。为了减少养分的损耗，在养分由枝、芽向根系运送结束后，还没有来得及再由根、干运回至枝、芽之前的这一段时间内进行修剪最为有利，也就是1~2月

时段。实践证明，在1~2月间进行修剪最好。幼树可在埋土防寒前修剪。冬季修剪大都有刺激局部生长的作用，因为剪去了一部分枝、芽，使上年积累的养分更为集中地运送到枝顶生长部分，而且分配的量也多，再加上输导组织的改善和运输通路的缩短，往往对剪口下的枝芽有明显的刺激作用。冬季修剪对整体而言，有一定的抑制作用。花椒树的生长季节，是花椒树整形的有利时期。因为绝大多数的夏剪方法，是为了抑制新梢旺长，去掉过密枝、重叠枝、竞争枝，改善通风透光条件，提高光合作用，使养分便于积累，促使来年形成更多的结椒枝。所以说，冬季修剪能促进生长，夏季修剪能促进结椒，是有一定道理的。对于幼旺树，在秋季枝条基本停止生长时进行修剪，剪去枝条的不充实部分，可以改善光照条件，充实枝芽，有利于其越冬。

（四）整形修剪的基本原理

1. 合理光照利用

花椒的生长结实和其他植物一样，都是以无机养分为原料，供给叶子，再通过叶绿素在太阳的作用下制造出有机营养实现的(图2-7-1、图2-7-2)。

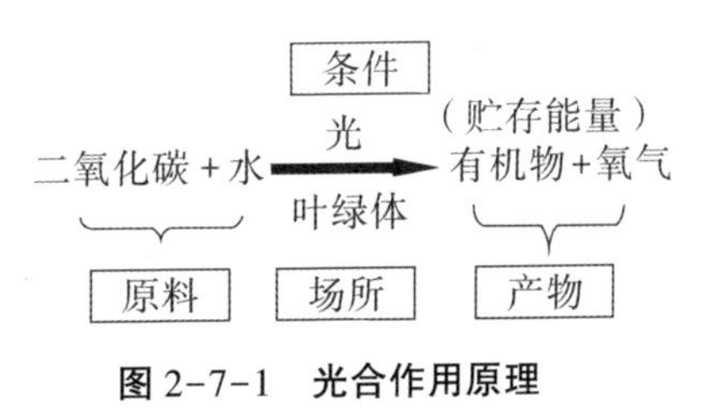

图2-7-1 光合作用原理

只有当在土肥条件良好情况下，树冠对地面的覆盖度最大化，才能获得最高的生物学产量。但生产中花椒园普遍覆盖度很低，这是产量低的重要原因。

(1) 要从幼树整形开始，保持主枝的角度开张到65°~70°，并保持单轴式延伸，扩大树冠，提高树冠覆盖度。

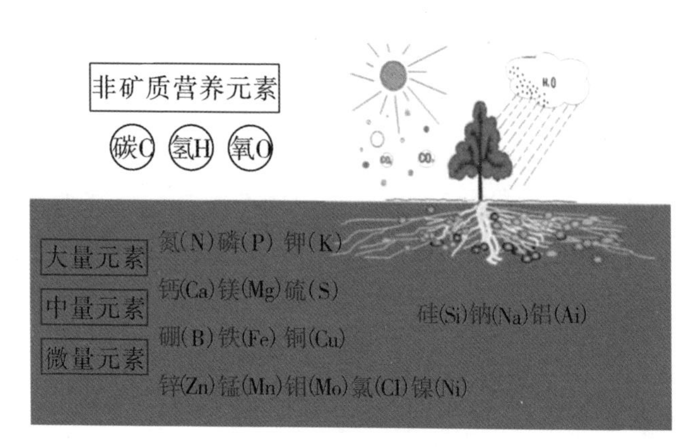

图 2-7-2 光合作用示意图

（2）各主枝上的大、中、小枝组分布合理，叶幕厚度控制在50厘米左右，宽度不互相碰撞、枝与枝之间不互相遮挡为度。保证光合面积、光饱的最大化。全树呈单层结构，像一个“大喇叭”的开心树形。这样通风透光良好，既可以保持二氧化碳供给，又可以降低呼吸作用消耗，提高净物质积累。

2. 调节生长与结果的关系

花椒在年周期的生长中，其营养分配有明显的“先给”性，即叶片制造的营养根据某一器官的生长状况，优先供给最需要的部分。这些能优先获得营养的部分，都是处于生长最活跃的部分。一般规律是，春季营养优先供给以花芽为主的生长点，以后再供给新梢和幼果，到果实成熟阶段优先供给果实，先受内源激素影响。长树与结果既矛盾又统一，是一个问题的2个方面，也就是我们通常所说的营养生长与生殖生长的关系。通过各种修剪手段，平衡生长与结果之间的关系，是贯穿花椒一生的主要内容，还涉及效益、质量问题。例如：

1）**效益**　花椒的效益不仅看结果多少，还要看采摘难易。因为，花椒有刺，目前基本靠人工采摘，如果出现花序坐果低的“满天星”现象，采收成本就会增加，效益降低，甚至卖钱没有工钱多的亏本现象。但如果单纯追求花序坐果率，过度减少花序数量，就会减少总体产量。据调查，花椒最多一个花序结果100多粒，最少只有几粒，变数很大。例如：在花序结果50粒的情况下，每个工日可采收花椒30~40千克，按照每500克工价2.5元，如果少于此指标就难雇请工人。综合考虑花椒的平均坐果数，只有达到50粒左右才是较为合理的，这也是修剪应该达到的目的之一。

2）**质量**　合理的结果和树体承载能力相一致，花椒颗粒皮厚、色红、内含物丰富，可生产出优质产品，否则则会因负载过大出现颗粒小，皮薄、色黄，内在质量差的问题。

（五）整形修剪原则

1. 自然条件和栽培技术

不同的自然条件和栽培技术，对花椒树会产生不同的影响。因此，整形修剪时，应考虑当地的气候、土壤条件、栽植密度、病虫害以及管理等情况。一般土层深厚肥沃，肥水比较充足的地方，花椒树生长旺盛，枝多冠大，对修剪反应比较敏感。因此，修剪适量轻些，多疏剪，少短剪。反之，在寒冷干旱、土壤瘠薄、肥水不足的山地、沙荒或地下水位高的地方，花椒树生长较弱，对修剪反应敏感性差，整形修剪时，修剪量应稍重一些，多短截，少疏剪。

2. 树龄和树势

对幼树的要求，主要是及早成形，适量结果；盛果期树势渐趋缓和，要求高产稳产，延长盛果期年限；衰老期树势变弱，要

求更新复壮，恢复树势。因此，不同年龄时期的修剪要求和修剪方法应有所不同。树势强弱主要根据外围1年生枝的生长量和健壮情况、秋梢的数量和长度、芽子的饱满程度和叶痕的表现等判断。一般幼树的1年生枝较多而且年生长量大，秋梢多而长，2、3年生部位中、短枝多，颜色光亮，皮孔突出，芽大而饱满，内膛枝的叶痕突起明显，说明树体健壮。如外围1年生枝短而细，春梢短，秋梢长，芽子瘦小，壮短枝少，色暗，剪断芽口青绿色，皮层薄，说明营养积累少，树势较弱。

3. 树体结构

整形修剪时，要考虑骨干枝和结果枝组的数量比例、分布位置是否合理、平衡和协调。如配置分布不当，会出现主、从不清，枝条紊乱，重叠拥挤，通风透光不良，各部分发展不平衡等现象，会影响正常的生长和结果，需通过修剪逐年予以解决。各类结果枝组的数量多少、配备与分布是否适当，枝组内营养枝和结果枝的比例及生长情况，都是影响光能利用、枝组寿命和高产稳产的因素。枝组强弱，结果枝多少，应通过修剪逐年进行调整。

4. 结果枝和花芽量

留多少结果枝和花芽量，对不同年龄时期结果枝和营养枝应有适当比例：幼树期营养枝多而旺，结果枝很少，不能早结果和早期丰产；成年树结果枝过多而营养枝过少时，消耗大于积累，不利于稳产；老年树结果枝极多，营养枝极少，而且很弱，说明树势衰弱，需更新复壮。花芽的数量和质量是反映树体营养的重要标志：营养枝茁壮，花芽多，肥大饱满，鳞片光亮，着生角度大而突出，说明树体健壮；枝梢细弱，花量过多，芽体瘦小，角

度小而紧贴枝条者，说明树体衰弱。修剪时应根据当地条件确定结果枝和花芽留量，以保持树势健壮，高产稳产。

5. 重视夏剪

传统修剪以冬季修剪为主，夏季不管理或只进行辅助性管理，结果造成徒长，萌蘖、直立、交叉、冗长，密生枝乱长，到冬季修剪时没有办法，只能通过锯枝、剪枝的办法处理，白白浪费施用的肥料和1年的生长量。

要想让花椒修剪符合自己意图，需发芽开始到生长的全过程（可控阶段），通过抹芽、摘心（包括多次摘心）、拉枝、拿枝、编枝等各种生长季节管理办法，促进主枝、大中枝组延伸扩冠，促进单轴四周的枝变成结果枝，就能达到理想修剪的目的。因树龄、长势不同，修剪方法、侧重有所区别。

6. 简化树形，单轴延伸（图2-7-3）

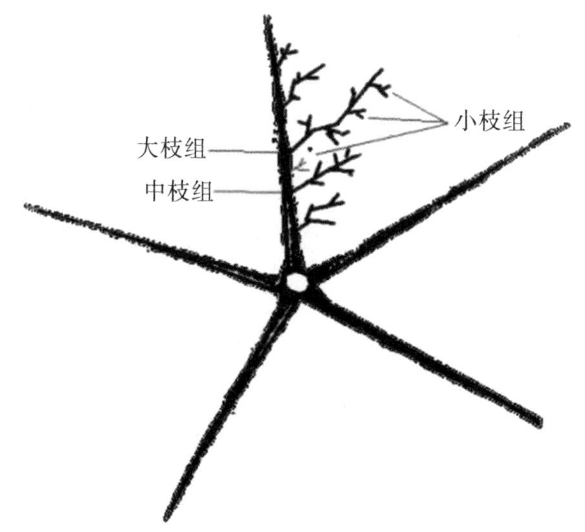

图2-7-3　丛状形主枝结构

1）简化树形　使用不留主干，只留生 3~5 个主枝的丛状形；主枝上不留侧枝，直接着生大、中、小结果枝组，即主枝+枝组式。这样幼树扩冠快，大树一枝受病虫危害可单独锯掉，用萌芽代替，很快便会恢复树冠，不至于全株死亡。

2）单轴延伸　全树骨架采用单轴主枝+枝组方式，枝组采用单轴枝+结果枝结构方式，可以简化修剪技术，易学易懂，也符合其生长规律。

（六）修剪的方法

修剪的目的和时期不同，采用的方法也有所不同。花椒树在冬季休眠期进行修剪，此期树体的大部分养分已输送到骨干枝和根部贮藏起来，修剪损失养分最少。通常多采用短截、疏剪、缩剪、甩放等方法。另外，在营养生长期进行修剪（夏剪），可调节养分的分配运转，促进坐果和花芽分化。夏季修剪使用的方法有开张角度、抹芽、除萌、疏枝、摘心、扭梢、拿枝、刻伤、环剥等，分别在不同情况下应用。花椒修剪方法，概括起来有以下几种：

1. 短截

短截是剪去 1 年生枝条的一部分，留下一部分，是花椒树修剪的重要方法之一，也叫短剪。短剪对枝条局部刺激作用能使剪口下侧芽萌发，促进分枝。一般说，截去的枝愈长，发生的新枝愈强旺；剪口芽愈壮，发出的新枝也愈强壮。短截依据剪留枝条的长短，有轻短截、中短截、重短截和极重短截。不同程度短截的修剪反应见图 2-7-4。

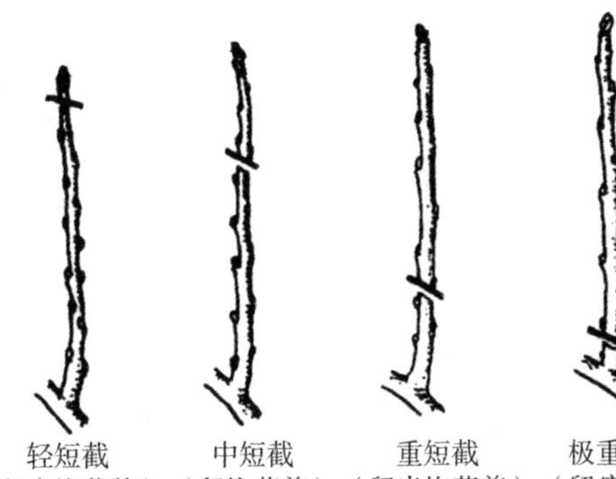

1. 极重短截；2. 重短截；3. 中短截；4. 轻短截

图 2-7-4 不同程度短截的反应

1）**轻短截** 剪去枝条的少部分。截后易形成较多的中、短枝，单枝生长较弱，但总生长量大，母枝加粗生长快，可缓和枝势。

2）**中短截** 在枝条春梢中上部分的饱满芽处短截。截后易形成较多的中、长枝，成枝力高，单枝生长势较强。

3）**重短截** 在枝条中、下部分的短截。截后在剪口下易抽生1~2个旺枝，生长势较强，成枝力较低，总生长量较少。

4）**极重短截** 截到枝条基部弱芽上，能萌发1~3个中短枝，成枝力低，生长势弱。有些对修剪反应比较敏感的品种，也能萌发旺枝。短截的局部刺激作用受剪口芽的质量、花椒树的发枝力、枝条所处的位置（直立、平斜、下垂）等因素影响。在秋梢基部或“轮痕”处短截，以弱芽当头的，虽处于顶端，一般也不会生弱枝。直立枝处于生长优势地位，短截容易抽生强旺枝，平斜、下垂枝的反应则较弱。对骨干枝连续多年中短截，形成发育枝多，

可促进母枝输导组织发育，培养成比较坚固的骨架。短截在一般情况下，不利于花芽形成，但对弱树的弱枝进行适度短截，由于营养条件的改善，有利于花芽形成。在某些情况下，对成串的腋花芽枝进行短截还可提高坐果率。短截1年生枝，应使剪口成45°角的斜面，斜面上方和芽尖相平，最低部分和芽基部相平或稍高。这样易愈合，剪口芽生长好。冬季干冷地区，或过量修剪，为防剪口芽受冻或抽干，可在芽上0.5厘米处剪截。

生长季节摘去新梢顶端幼嫩部分的措施叫摘心。从广义上讲，摘心也属于短截的范畴。新梢旺长时期摘心，可促生二次枝，有利于加快树冠的建成；新梢缓慢生长期摘心，可促进花芽分化；生理落果前摘心，可提高坐果率。坐果以后能促使果实膨大，提早成熟，并可提高果实的品质。对徒长枝多次摘心，可使枝芽充实健壮，提高越冬性。

2. 疏剪

即把枝条从基部剪除的修剪方法，也叫疏枝、疏删。疏枝造成的伤口，对营养物质运输起阻碍作用，而伤口以下枝条得到根部的供应相对增强，有利于促进生长。疏除树冠中的枯死枝、病虫枝、交叉枝、重叠枝、竞争枝、徒长枝、过密枝等无保留价值的枝条，可节省营养，改善通风透光条件，平衡骨干枝的长势，还可控前促后，复壮内膛枝组，延长后部枝组的寿命，增强光合作用能力，有利于花芽形成。在生产实践中，常采用疏弱留强的集中修剪方法，使养分相对集中，增强树势，强壮枝组，提高枝条的发育质量，取得增产的效果。但疏剪对母枝有削弱作用，能减少树体总生长量。因此，可用疏去旺枝的方法，削弱辅养枝，

以促其形成花芽。对强枝进行疏剪，减少枝量，可以调节枝条间的平衡关系。大年疏剪果枝，调节生长和结果关系，有利于防止大小年。疏除大枝时，要分年逐步疏除，切忌一次疏除过多，造成大量伤口。尤其是不要形成“对口伤”，以免过分削弱树势及枝条生长势。疏枝时要从基部疏除，伤口面积要小，这样易愈合。如截留过长，形成残桩不易愈合，易引起腐烂，或使潜伏芽发出大量徒长枝。

3. 缩剪

一般是指将多年生枝短截到分枝处的剪法，也叫回缩。缩剪的作用，常因缩剪的部位、剪口的大小，以及枝的生长情况不同而异。一般说，缩剪可以降低先端优势的位置，改变延长枝的方向，改善通风透光条件，控制树冠的扩大。缩剪能缩短枝条长度，减少枝芽量及母枝总生产量。如缩剪的剪口小、剪口枝比较粗壮时，缩剪可使剪口枝生长加强；如剪口大，剪去的部分多，则缩剪能使剪口枝生长削弱，而使剪口第 2、第 3 枝增强。因此，对骨干枝在多年生部位缩剪时，有时要注意留辅养桩，以免削弱剪口枝，使下部枝转强（图 2-7-5）。

图 2-7-5　缩剪

4. 甩放

又叫缓放、长放，对一年生枝不剪叫“长放”。无论是长枝还是中枝，与短截相较，甩放都有缓和新梢生长势和减低成枝力的作用。长枝甩放后，枝条的增粗现象特别明显，而且发生中、短枝的数量多。幼树上，斜生、水平或下垂的枝甩放后，成枝很差而萌芽较多；骨干枝背上的强壮直立枝长放后，易出现“树上长树”现象，给树形带来干扰，反而妨碍花芽形成。所以，此类枝一般不要长放。缓放的效果，有时连放数年才能表现出来。因此，对长势旺、不易成花芽的花椒品种应连续缓放，待形成花芽或开花结果后，再及时回缩，将其培养成结果枝组；生长较弱的树，如连续缓放的枝条过多，应及时短截和缩剪，否则更容易衰老，而且坐果率降低或果实体积减小。

5. 伤枝

凡能对枝条造成破伤以削弱顶端生长势，而促进下部萌发或促进花芽形成，提高坐果率和有利果实生长的方法均属此类，如刻伤、环剥、拧枝、扭梢、拿枝软化等。春季发芽前，在枝或芽的上方或下方，用刀横割皮层深达木质部而成半月形，称为刻伤或目伤。在枝芽上刻伤，能阻碍从下部来的水分养分，有利于芽的萌发并形成较好的枝条。反之，在枝芽下部刻伤，会抑制枝芽的生长，促进花芽形成和枝条的成熟。幼树整形修剪中，在骨干枝上需要生枝的部位进行刻伤，可以刺激刻伤下部隐芽萌发，以填补空间。生长季节，在花椒树枝干上，按一定宽度剥下1圈皮层的措施，叫环状剥皮。环剥作用的大小，决定了环剥宽度。环剥愈宽，愈合越慢，作用越大。但过宽不易愈合，甚至造成死亡。

为促进花芽分化，在新梢旺盛生长期进行环剥，会有明显的增产效果。一般较小的平斜枝条环剥宽度约为枝条直径的1/10，直立旺枝可适当加宽，但一般不超过5~7毫米，细弱枝一般不宜环剥。此外，环割、拧枝、扭梢、拿枝软化等方法，都是控制有机养分下运，促进花芽分化，有利坐果和椒果生长的有效措施，应根据树体情况，灵活运用。

6. 曲枝

将直立或开张角度小的枝条，采用拉、别、盘、压等方法使其改变为水平或下垂方向生长的措施叫曲枝。曲枝能改变枝条的顶端优势，在一定程度上限制水分、养分的流动，缓和枝条的生长势，使顶端生长量减小。不同修剪方法，有其不同的作用和效果。在修剪中，这些方法多是综合利用的，它们的作用不是孤立的，而是互相影响的。修剪时应根据树种、品种的特性、树龄、树势及不同枝条等因素，综合加以考虑。在加强土、肥、水管理的基础上，正确运用截、疏、缩、放、伤、曲等多种方法，调节椒树的生长和结果，才能获得良好的效果。

（七）修剪的强度

通常可分为重剪和轻剪2类：对于生长势来说，一般重剪有助势作用，相反，轻剪则有缓势作用；对总生长量来说，则效果相反。修剪轻重程度通常以剪去枝条的长度或重量表示，剪去部分长或剪去量多者叫重修剪，剪去部分短或剪去量少者叫轻修剪。决定修剪程度应综合考虑以下因素：

1. 花椒树生长情况

幼树期间生长旺盛，如修剪量过大，则造成地上旺长，抑制

根系生长发育及全树的生长，且不易形成花芽，故幼树在达到整形要求的前提下，应以轻剪为主。老树则应适当加重，以促进营养生长，恢复树势。整形过程中，如果同层主枝间强弱不均，对强枝应开张角度，并多疏少截，适当重剪，以抑制生长；对弱枝则少疏多截，适当重剪，增强生长势，可相对增加营养枝数量。

2. 环境条件和栽培管理技术

在自然条件适宜花椒树生长和栽培技术良好的地方，生长量大，修剪宜轻。相反，修剪量宜重，以维持较好的生长势。

3. 不同品种的修剪方式

修剪方法应根据花椒树的生长阶段确定，品种不同，整形修剪的方式也应有所区别。如小红袍枝条节间短，树冠小，大小年现象不明显，修剪应适中；豆椒枝条生长旺盛，节间长，有大小年现象，宜轻剪。

二、生产上常见树形

（一）丛状形

也叫自然杯状形，一般干高 30~50 厘米。在不同方向培养 3 个一级主枝，第 2 年在每个一级主枝顶端萌生的枝条中选留长势相近的 2 个二级主枝，以后再在二级主枝上选留 1~2 个侧枝。各级主枝和侧枝上配备成交错排列的大、中、小枝组，构成丰满的树形。

树形的特点：通风透光良好，主枝尖削度大，骨干枝牢固，

负载量大，寿命长。这种树形的培育，是在栽植前将主干由根部向上 1~2 厘米处截掉，或后从地面处将主干截掉，使其由根部萌发出数条主枝，然后再选留 3~5 条方向不同、位置布局均匀的枝条培养而成。生产实践中，较理想的树形是低干杯状形和丛状形（图 2-7-6）。

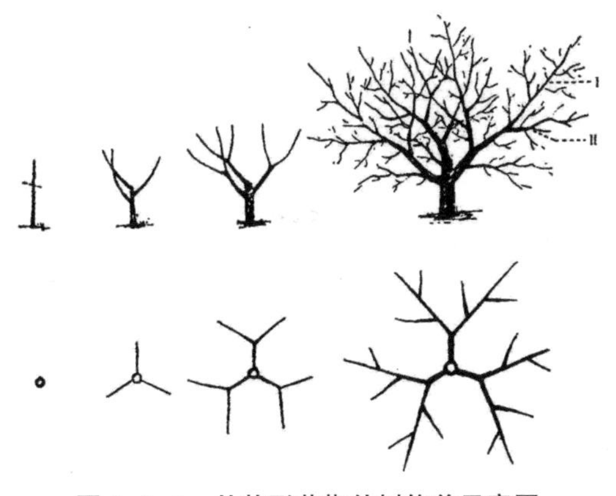

图 2-7-6　丛状形花椒幼树修剪示意图

花椒幼树经过定干后，当年夏季就会发出数个长枝，选出 3~5 个生长势较为平衡、分布均匀健壮无病虫害的作为主干，各主干的倾斜度应为 45°~60°为宜。如各主干已达到 1 米以上时，可行摘心。摘心时注意留外边的芽，以利开张角度，也可促使主干粗壮，萌发较多的二次枝。如各主干的角度太小，还应采用撑、拉、别等方法达到以上角度，否则不利于扩大树冠。对没有选作主干的枝条，在 30~40 厘米处重截，促使大量长出枝条，扩大树冠，以利提早进入结椒期。第 2~3 年，对主干的延长枝仍在 30~40 厘米处短截，对选作主干上的各级主枝及主枝上的各级侧枝，也要通过短截和摘心方法，促使其产生更多的枝条，以利扩大树冠。对

非骨干枝，要以多种方法，使其均匀地摆布在各级枝的空间，充实内膛。如有的枝条生长过旺要重剪，生长中等的长放，过弱的枝条要短截，注意合理处理竞争枝、徒长枝、过密枝，使其迅速形成树形好、骨架牢固的健壮幼树。

如要培育低干杯状树形，应该在定干的第1年发芽后选长势均匀、方向摆布平衡的3~5个主枝，垂直夹角45°~60°。各主枝长至40厘米左右时，可行摘心，促使萌发出新的枝条。在选留主枝的同时，也要注意选留各主枝的侧枝。一般每个主枝上要选留3~5个侧枝，每个侧枝上要注意培养更多的小枝。每个主枝的延长枝和各级侧枝，都要保持一定的距离；各侧枝的方向应相反，并要和其他各主枝、侧枝的方向、位置互相错开，不要重叠。定干后每年都要分别在主枝上培养选留侧枝。主侧枝和侧枝之间的距离，要因地制宜，因树下剪，不能规定得太死，死搬硬套。在幼树整形时期必须强调2个问题，即一方面要保持骨干枝的生长优势，明确主从关系，使各级骨干枝确实起到骨干作用，构成合理牢固的树体骨架；另一方面要严防骨干枝头生长过旺，造成后部光秃现象。

（二）自然开心形

是在杯状形基础上改进的一种树形。一般干高30~40厘米，在主干上均匀地分生3个主枝，在每个主枝的两侧交错配备2~3个侧枝，构成树体的骨架。在各主枝和侧枝上配备大、中、小各类枝组，构成丰满均衡的树冠。自然开心形，符合花椒自然生长特点，长势较强，骨架牢固，成形快，结果早，各级骨干枝安排比较灵活，便于掌握，易整形（图2-7-7、图2-7-8）。

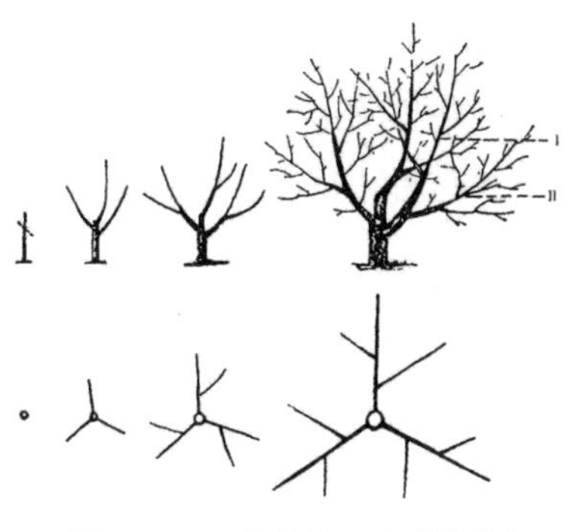

图 2-7-7　自然开心形示意图

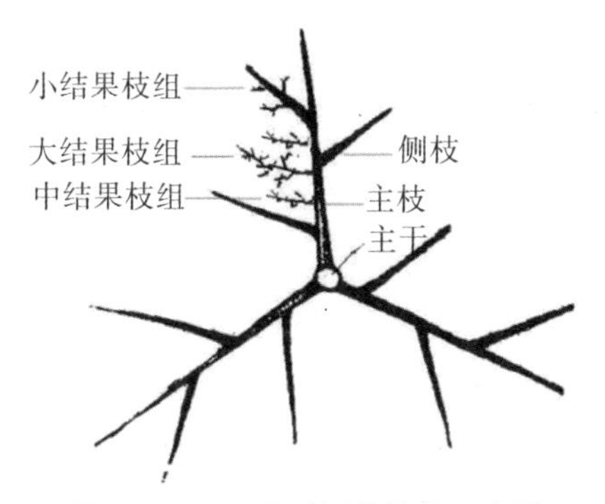

图 2-7-8　开心形树体结构示意图

自然开心形的整形修剪方法：

1. 定干

定干高度依据栽培品种、立地条件、栽培方式、栽植密度等不同而不同。立地条件差，栽植密度大，树干宜稍矮，反之，则宜稍高。据调查，丰产树的干高多在 30~40 厘米。定干一般在定植后立即进行，特别是北方一些地区，及时定干，可减少水分散失，提高成活率。通常定干高度为 40~60 厘米，定干时要求剪口下 10~15 厘米范围内有 6 个以上的饱满芽。这些芽子分布的部位

叫“整形带”。苗木发芽后，要及时抹除整形带以下的芽子，以节省养分，促进整形带内新梢的生长。如果栽植2年生苗木，在整形带已有分枝的，可适当短截，保留一定长度，合适时可作主枝。

2. 定植后第1年的修剪

定植的幼树，在肥水管理较好的情况下，一般到6月上中旬，新梢即可长到30~40厘米以上，这时可初步选定3个主枝，其余新梢全部摘心，控制生长，作为辅养枝。冬季修剪，主要是主枝的选留和辅养枝的处理。主枝要错落开一定距离，使3个主枝间隔15厘米左右，且向不同方位生长，使其分布均匀，相互水平夹角约为120°。主枝开张角度宜在40°左右。水平夹角和开张角度不符合要求时，可用拉枝、支撑或剪口芽调整的办法解决，主枝间的长势力求均衡。主枝一般剪留长度为35~45厘米。3个主枝以外的枝条，凡重叠、交叉、影响主枝生长的一律从基部疏除，不影响主枝生长的可适当保留辅养枝，利用其早期结果，待以后再根据情况决定留舍。

3. 定植后第2年的修剪

主要是继续培养主枝和选留第1侧枝。首先，对各主枝的延长枝进行短截，选留好延长枝。延长枝可适当长留，剪留长度为45~50厘米，要继续采用强枝短留、弱枝长留的办法，使主枝间均衡生长。当竞争枝的长势超过延长枝，位置又比较合适时，可改用竞争枝为枝头；如果竞争枝和延长枝长势相差不大时，一般应对竞争枝重短截，过一两年后再从基部剪除；如竞争枝弱于延长枝时，可将竞争枝从基部剪除；同时，应注意剪口芽的方向，用剪口枝调整主枝的角度和方向。除此之外，还要注意选留各主枝上的第1侧枝，第1

侧枝距主干30~40厘米。侧枝宜选留斜平侧或斜上侧，一般不宜选留背斜侧枝，以免长势过弱，结果后迅速下垂。侧枝与主枝的水平夹角以50°左右为宜，过小时易与主枝并生，过大时易与相邻侧枝交叉。各主枝上的第1侧枝，要尽量同向选留，防止互相干扰。

对生长健壮的树，夏季修剪主要是控制竞争枝和主侧枝以外的旺枝，以利于主、侧枝的生长和结果枝组的培养。控制的方法是对过旺的竞争枝和直立枝及早疏除，其余新枝可于6月中下旬摘心或剪截，使其萌发副梢，成为结果枝或结果枝组的基枝。

4. 定植后第3年的修剪

第3年树冠扩展较快，枝、叶生长量明显增加，整形修剪的任务仍以培养主枝和侧枝为主，选留好主枝上的侧枝，同时注意处理好辅养枝，培养结果枝组。各主枝上的第2侧枝，一般剪留50~60厘米。继续控制竞争枝，均衡各主枝的长势。同时注意各主枝的角度和方向，使主枝保持旺盛的长势。各主枝上的第2侧枝，要选在第1侧枝对面，相距25~30厘米处的枝条。最好是斜上侧或斜平侧，不宜选斜下侧。第2侧枝的夹角，以45°~50°为宜。对于骨干枝以外的枝条，在不影响主枝生长的情况下，应尽量多留，增加树体总生长量，迅速扩大树冠。这一时期，对于辅养枝处理得当与否，对早结果、早丰产影响很大。除疏除过密的长旺枝外，其余枝条均宜轻剪缓放，使其早结果，待结果后，再根据情况适时回缩。

（三）多主枝开心形

多主枝开心形最大的特点是没有中央领导干，在主干上分生3~4个主枝，使其向不同方向均匀分布。主枝的基角（主枝基部与中心干的夹角）为45°~50°，腰角（主枝中部与中心干的夹角）

为 30°~35°。由于主枝生长较直立，每个主枝距主干 40 厘米左右处着生第 1 侧枝，第 1 侧枝留背后侧枝，形成第 1 层；第 1 侧枝以上 60 厘米左右处相错着生 2 个背斜侧枝，形成第 2 层，其上再着生第 3 层侧枝。由于主枝角度小，必须重视侧枝的选留和培养。同时里侧枝又能培养不同类型的枝组，使其成开心形。这种树形通风透光好，主枝角度小，衰老较慢，寿命较长，适宜半开张的大红袍等品种。但由于主枝较直立，侧枝培养比较困难。

三、 整形与修剪技术

整形、修剪就是通过一系列技术手段重点完成三大任务：整形：就是加快树冠扩张，有合理光照，为以后高产奠定基础。修剪：就是不断培养结果枝组，增加结果单位数量，及时进行结果枝组更新，合理负载，实现树老枝新，循环结果。

（一）修剪步骤

首先，确定骨架枝（主、侧、大枝组），根据空间，采取短截促进生长和延伸或者回缩控冠。其次，剪去内堂过密枝、徒长枝，压缩直立枝，控制下坠枝，回缩或疏除冗长、细弱、病虫枝，保持合理叶幕厚度和疏密度。最后，采取回缩、抬缩、压缩等办法控制花芽量，更新结果枝组。

（二）各年龄时期的修剪要点

1. 幼树和结果初期的修剪

花椒栽后虽然第 3 年就开始挂果，但 5 年内修剪的主要任务是

以整形为主兼顾结果。这一时期的主要任务是培养、调整骨干枝，完成整形。花椒从第3年或第4年开始结果，一般从结果开始到第6年形成少量产量，这一段时间是结果初期（图2–7–9）。结果初期根系不断扩展，树体生长仍很旺盛，树冠迅速扩大，树体骨架已基本形成，虽然结果量逐年增加，但营养生长仍占主导地位。这一时期的修剪任务是：在适量结果的同时，继续扩大树冠，培养好骨干枝，调整骨干枝长势，维持树势平衡和各部分之间的从属关系，完成整形，有计划地培养结果枝组，处理和利用好辅养枝，调整好生长和结椒的矛盾，促进结椒，合理利用空间，为盛果期稳产高产打下基础。

图2–7–9　初果树

1）**骨干枝的修剪**　以自然开心形的树体结构为例，初果期虽然主、侧枝头一般不再增加，但仍需继续加强培养，使其形成良好的树体骨架。各骨干枝延长枝剪留长度，应根据树势而定。随着结果数量的增加，延长枝剪留长度应比前期短，一般剪留30～40厘米，树势旺的可适当留长一点，细弱的可适当短一点。这一时期要维持延长枝头45°左右的开张角度。对长势强的主枝，可适当疏除部分强枝，多缓放，轻短截；对弱主枝，可少疏枝，多短截。

对背后枝如放任不加控制时，过几年该枝就会超过原主枝，背上枝的后部枝则枯死，造成结椒部位外移，应及早控制背后枝生长，削弱生长势，以利结椒。对生长较弱背后枝更新复壮。对背后枝、下垂枝总的原则是尽量利用，注意观察，灵活采取措施，以扩大树冠为目的，以多结椒为准则。对徒长枝，在幼树整形期间，要控制其生长。控制的办法可采取重短截、摘心等措施；在结椒期，可把徒长枝适当培养成结椒枝组，或补充空间，增大结椒面积。对生长旺的直立徒长枝，一定要在夏季摘心，或冬季在春秋梢分界处短截，促生分枝，削弱生长势。当徒长枝改成结椒枝组后，若先端变弱，后部光秃，又无生长空间时，应及时重短截。

2）**辅养枝的利用和调整**　在主枝上，未被选为侧枝的大枝，可按辅养枝培养、利用和控制。在初果期，辅养枝既可以增加枝叶量，积累养分，圆满树冠，又可以增加产量。只要辅养枝不影响骨干枝的生长，就应该轻剪缓放，尽量增加结果量；当辅养枝影响骨干枝生长时，必须为骨干枝让路。影响轻时，采用去强留弱，适当疏枝，轻度回缩的方法，将其控制在一定的范围内；严重影响骨干枝生长时，则应从基部疏除。

3）**结果枝组的培养**　结果枝组是骨干枝和大辅养枝上的枝群，经过多年的分枝，转化为年年结果的多年生枝。结果枝组可分为大、中、小 3 种类型，一般小型枝组有 2~10 个分枝，中型枝组有 10~30 个分枝，大型枝组有 30 个以上分枝。花椒连续结果能力强，容易形成鸡爪状结果枝群，必须注意配置相当数量的大、中型结果枝组。由于各类枝组的生长结果和所占空间不同，枝组的配置要做到大、中、小相间，交错排列。1 年生枝培养结果枝组

的修剪方法，有以下几种：

（1）先截后放法：选中庸枝，第 1 年进行中度短截，促使分生枝条，第 2 年全部缓放，或疏除直立枝，保留斜生枝缓放，将其逐步培养成中、小型枝组（图 2-7-10）。

图 2-7-10 先截后放法

（2）先截后缩法：选用较粗壮的枝条，第 1 年进行较重短截，促使分生较强壮的分枝，第 2 年再在适当部位回缩，培养成中、小型结果枝组（图 2-7-11）。

图 2-7-11 先截后缩法

（3）先放后缩法：适用于较弱的中庸枝，缓放后很容易形成具有顶花芽的小分枝，第 2 年结果后在适当部位回缩，培养成中、小型结果枝组（图 2-7-12）。

图 2-7-12 先放后缩法

（4）连截再缩法：多用于大型枝组的培养，第 1 年进行较重短截，第 2 年选用不同强弱的枝为延长枝，并加以短截，使其继续延伸，以后再回缩（图 2-7-13）。

图 2-7-13 连截再缩法

2. 结果盛期的修剪

花椒定植 6～7 年后，开始进入盛果前期，期限为 15～20 年。结果盛期修剪主要是调节生长和结果之间的关系，这时整形任务已完成，并且培养了一定数量的结果枝组，树势逐渐稳定，产量年年上升。到 10 年生左右，花椒进入产量最高的盛果期，由于产量迅速增加，树姿开张，延长枝生长势逐渐衰弱，树冠扩大速度缓慢并逐渐停止，树体生长和结果的矛盾突出，如果不能较好地

调节生长和结果的关系，生长势必减退，产量下降，提前衰老。一般立地条件较好、管理水平较高的椒园，盛果期可维持 20 年左右；管理差，长势弱的椒园，只能维持 10~15 年。此期，修剪的主要任务是维持健壮而稳定的树势，继续培养和调整各类结果枝组，维持结果枝组的长势和连续结果能力，实现树壮、高产、稳产的目的（图 2-7-14）。

图 2-7-14　盛果树修剪效果

1）**骨干枝修剪**　在盛果初期，如果主侧枝未占满株行距间的空间，对延长枝采取中短截，仍以壮枝带头；盛果期后，外围枝大部分已成为结果枝，长势明显变弱，可用长果枝带头，使树冠保持在一定的范围内，同时要适当疏间外围枝，达到疏外养内，疏前促后的效果，增强内膛枝条的长势；盛果后期，骨干枝的枝头变弱，先端开始下垂，这时应及时回缩，用斜上生长的强壮枝带头，以抬高枝头角度，复壮枝头。要注意保持各主枝之间的均衡和各级骨干枝之间的从属关系，采取抑强扶弱的修剪方法，维持良好的树体结构。对辅养枝的处理，在枝条密挤的情况下，要疏除多余的临时性辅养枝，有空间的可回缩改造成大型结果枝组。永久性辅养枝要适度回缩和适当疏枝，使其在一定范围内长期

结果。

2）**结果枝组的修剪**　盛果期产量的高低和延续年限的长短，很大程度上取决于结果枝组的配置和长势。花椒进入盛果期后，一方面，要在有空间的地方，继续培育一定数量的结果枝；另一方面，要不断调整结果枝组，及时复壮延伸过长、长势衰弱的结果枝组，维持其生长结果能力。结果枝组的数量与产量关系很大，枝组过少，树冠不丰满，结果枝数量少，产量低；枝组过多，通风透光条件差，容易引起早衰，每一果穗平均结果粒数少，产量也会降低。合理的枝组密度是大、中、小结果枝组的比例，大体上是1∶3∶10。随着树龄的增加，这种比例关系也会发生变化。小型枝组容易衰退，要及时疏除细弱的分枝，保留强壮分枝，适当短截部分结果后的枝条，复壮树体生长结果能力；中型枝组要选用较强的枝带头，稳定生长势，并适时回缩，防止枝组后部衰弱；大型枝组一般不容易衰退，重点是调整生长方向，控制生长势，把直立枝组引向两侧，对侧生枝组不断抬高枝头角度，采用适度回缩的方法，不使其延伸过长，以免枝组后部衰弱。各类结果枝组进入盛果期后，对已结果多年的枝组要及时进行复壮修剪。复壮修剪一般采用回缩和疏枝相结合的方法，回缩延伸过长、过高和生长衰弱的枝组，在枝组内疏间过密的细弱枝，提高中、长果枝的比例。内膛结果枝组的培养与控制很重要，如果不及时处理或处理不当，由于枝条生长具有顶端优势的特性，内膛枝容易衰退，特别是中、小型枝组常干枯死亡，造成骨干枝后部光秃，结果部位外移，产量锐减；而直立的大、中型枝组，往往延伸过高，形成“树上长树”，扰乱树形，产量也会下降。所以，在修剪

中需注意骨干枝后部中、小枝组的更新复壮和直立生长的大枝组的控制。

3）结果枝的修剪　适宜的总枝量，合理的营养枝和结果枝的比例是树体生长结果的基础。盛果期树，结果枝一般占总枝量的90%以上。粗壮的长、中果枝每果穗结果粒数明显多于短果枝，且产量与每果穗结果粒数关系很大。所以，保持一定数量的长、中果枝是高产稳产的关键。据对盛果期丰产树的调查，在结果枝中，一般长果枝占10%~15%，中果枝占30%~35%，短果枝占50%~60%。一般丰产树按树冠投影面积计算，1平方米有果枝200~250个。结果枝的修剪，因为花椒以顶花芽结果，修剪方法应以疏剪为主，疏剪与回缩相结合，疏弱留强，疏短留长，疏小留大。

4）除萌和徒长枝的利用　花椒进入结果期后，常从根茎和主干上萌发很多萌蘖枝。随着树龄的增加，萌蘖枝愈来愈多，有时一株树上多达几十条。这些萌蘖枝消耗大量养分，影响通风透光，扰乱树形，应及早抹除。萌蘖枝多发生在5~7月，除萌应作为这一期间的重要管理措施。盛果期后，特别是盛果末期，骨干枝先端长势弱，对骨干枝回缩过重，局部失去平衡时，内膛常萌发很多徒长枝，这些枝长势很强，不仅消耗大量养分，也常造成冠内紊乱，要及早处理。凡不缺枝部位生长的徒长枝，应及时抹芽或及早疏除，以减少养分消耗，改善光照。骨干枝后部或内膛缺枝部位的徒长枝，可改造成为内膛枝组。其方法是选择生长中庸的侧生枝，于夏季长至30~40厘米时摘心，冬剪时再去强留弱，引向两侧（图2-7-15）。

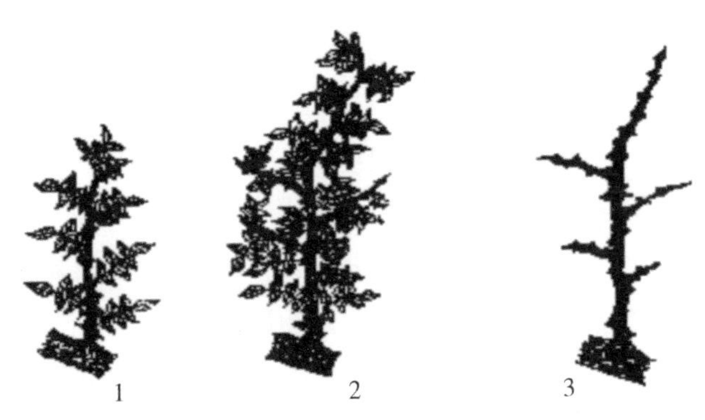

1. 摘心；2. 萌发副梢；3. 冬剪回缩

图 2-7-15 利用徒长枝培养结果枝组

3. 衰老树的修剪

衰老树修剪也叫更新修剪。衰老期树生殖生长明显大于营养生产，表现为离心生长减弱或停止，向心生长明显（内膛大量萌发徒长枝），树势衰弱，小枝组枯死，骨干枝先端下垂，典型现象是内部往往出现“满天星”结果现象，产量、质量下降。

花椒进入衰老期，树势衰弱，骨干枝先端下垂，出现大枝枯死，外围枝生长很短，多变为中短果枝，结椒部位外移，产量开始下降。但衰老期是一个很长的时期，如果在树体刚衰退时，能及时对枝头和枝组进行更新修剪，可以延缓衰老程度，仍然可以获得较高的产量。衰老期修剪的主要任务是：及时而适度地进行结果枝组和骨干枝的更新复壮，培养新的枝组，延长树体寿命和结果年限。为了达到以上目的，首先，应分期分批更新衰老的主侧枝，但不能一次短截得过重，以免造成树势更衰。应分段分期进行短截，待后部分复壮了，再短截其他部位。其次，要充分利

用内膛徒长枝、强壮枝代替主枝，并重截弱枝留强枝，短截下部枝条留上部的枝条。对外围枝，应先短截生长细弱的，采用短截和不剪相结合的办法进行交替更新，使老树焕发结椒能力。衰老树更新修剪的方法，依据树体衰老程度而定：树体刚进入衰老期时，可进行小更新，以后逐渐加重更新修剪的程度；当树体已经衰老，并有部分骨干枝开始干枯时，即需进行大更新。小更新的方法是对主侧枝前部已经衰弱的部分，进行较重的回缩。一般宜回缩在4~5年生的部位。选择长势强、向上生长的枝组，作为主侧枝的领导枝，把原枝头去掉，以复壮主侧枝的长势。在更新骨干枝头的同时，必须对外围枝和枝组也进行较重的复壮修剪，用壮枝壮芽带头，以使全树复壮。大更新一般是在主枝1/3~1/2处进行重回缩（图2-7-16）。回缩时应注意留下的带头枝具有较强的长势和较多的分枝，以利于更新。当树体已经严重衰老，树冠残缺不全，主侧枝将要死亡时，可及早培养根茎部强壮的萌蘖枝，重新构成树冠。一般选择不同方向生长的强萌蘖枝3~4个，注意开张角度，按培养主侧枝的要求进行修剪，待2~3年后，

图2-7-16　骨干枝在更新处进行重回缩效果

把原树头从主干基部锯除，使萌蘖枝重新构成丛状树冠，树势长偏了，要设法纠正。一般放任树的枝干都较直立，应采取撑、拉、别、坠等办法或在修剪时注意留外芽等，使之长出角度大的新枝；还可采用背后枝换头的方法，开张角度。开张的角度向偏少方向延伸。更重要的是要充分利用一切可以利用的枝条，扩大偏少部分的树冠，使之尽快达到全树平衡；还要加强管理，使树势很快恢复，开始正常生长。

利用萌蘖枝更新主枝修剪时要注意把干枯枝、过密枝、病虫枝先剪掉，对剪下的病虫枝一定要烧毁，以免其传染繁殖。花椒树的萌枝力较强，对老树还可以采取伐后萌蘖更新，让其长出新的枝条，重新培养树冠。这样从根部萌发的新树，第2年以后可重新结椒，并可继续结椒15~20年。在修剪过程中，一般不要锯大枝，大枝是树体的骨干枝和主体，轻易锯掉了很难再长成，也会削弱树势，影响结椒。如大枝非锯不可，锯口一定要平整光滑，并在锯口上涂抹保护剂（蜡、波尔多液等）。对老花椒树的根系修剪，可用树冠外缘深翻断根法对根系进行修剪，促发新根。具体做法是：在树冠外缘的下垂处，挖一条深、宽各为50~100厘米的环状沟，挖沟时遇到直径1.5厘米粗的根系时将其切断，断面要平滑，以利伤口愈合。根系修剪时期以9月下旬至10月上旬效果较好，有利于断根愈合和新根形成。修根量每年不可超过根群的40%，或以达到1.5厘米粗根系的1/3为宜。施肥要及时适量，以满足产生新根所需的养分。

花椒树各时期修剪技术见表2-7-1。

表 2-7-1　花椒树各时期修剪技术应用表

时期	名称	方法	对象	反应	备注
萌芽	抹芽	手工抹除	无用的	根除	
生长期	摘心、剪梢	摘除顶芽，剪掉梢顶端	过长、背上、二次枝新梢	抑顶促萌	培养枝组可多次摘心
	拿枝、软化	轻轻拿捏、软化、改变角度	两侧上斜枝	缓势促花	掌握力度不可折断
	拉、撑、编、别、坠	利用拉枝、绳拉、重物、撑棍等开角	调整主、侧枝，枝组的角度、方位	合理光照，缓势促花	侧枝角度大于主枝，各大枝合理占用空间
		利用枝与枝掰开改变角度	调整大、中枝组角度	合理光照，缓势促花	临时措施，固定后放开
休眠期	短截	剪掉一根枝一部分	当年生枝	促萌芽、防光秃带、强骨架	剪 1/3 轻剪，剪 1/2 中剪，剪 2/3 重剪，留 1~2 厘米为剪茬
	回缩	对有分支的枝留 1 个符合要求的分支，剪掉上部分	控制长度，调整角度、空间，疏密，促进坐果	抑前促后	按着生部位分为压缩、回缩、抬缩 3 种
	疏枝	从枝条基部剪掉	过密枝		尽量少疏
	缓放	不剪	长度合适、有发展空间发育枝	延伸、缓势促花	

（三）放任椒树的修剪与改造

放任树一般管理十分粗放，椒农不进行修剪，任其自然生长，产多少算多少。放任树的表现是，骨干枝过多，枝条紊乱，先端衰弱，落花落果严重，每果穗结果粒很少，产量低而不稳。放任树改造修剪的任务是：改善树体结构，复壮枝头，增强主侧枝的长势，培养内膛结果枝组，增加结果部位。

1. 放任树的修剪方法

放任树的树形是多种多样的，应本着因树修剪、随枝作形的原则，根据不同情况区别对待。一般多改造成自然开心形，有的也可改造成自然半圆形，无主干的改造成自然丛状形。放任树一般大枝（主侧枝）过多，首先要疏除扰乱树形严重的过密枝，重点疏除中、后部光秃严重的重叠枝，多叉枝。对骨干枝的疏除量大时，一般应有计划地在2~3年内完成，有的可先回缩，待以后分年处理。要避免一次疏除过多，使树体失去平衡，影响树势和当年产量。树冠的外围枝，由于多年延伸和分枝，大多数为细弱枝，有的成下垂枝。对于影响光照的过密枝，应适当疏间，去弱留强；已经下垂的要适度回缩，抬高角度，复壮枝头，使枝头既能结果，又能抽生比较强的枝条。结果枝组的复壮：对原有枝组，要采取缩放结合的方法，在较旺的分枝处回缩，抬高枝头角度，增强生长势，提高整个树冠的有效结果面积。

疏除过密大枝和调整外围枝后，骨干枝上萌发的徒长枝增多，无用的要在夏季及时除萌以免消耗养分。同时要充分利用徒长枝，有计划地培养内膛结果枝组，增加结果部位。内膛枝组的培养，应以大、中型结果枝组和斜侧枝组为主。衰老树可培养一定数量的背上枝组。

2. 放任树的分年改造

放任树的改造，要因树制宜，不可千篇一律，既要加速改造，又不可操之过急。根据各地经验，大致可分3年完成。第1年以疏除过多的大枝为主，同时要对主侧枝的领导枝进行适度回缩，以复壮主侧枝的长势。第2年主要是对结果枝组复壮，使树冠逐渐圆满。对枝组的修剪，以缩剪为主，疏缩结合，使全树长势转旺。同时要有选择地将主侧枝中、后部的徒长枝培养成结果枝组。第3年主要是继续培养好内膛结果枝组，增加结果部位，更新衰老枝组。

3. 劣质花椒树的改造

不少椒区，除大红袍等花椒优良品种外，也杂生有枸椒一类的劣质花椒，产量低，品质差，成熟较晚，影响椒农的收益。对劣质低产花椒，可采取高接换头的方法进行改造。首先是从距地面3~5厘米处锯截，再用小刀将锯茬处的皮层对口豁开2个1~2厘米长的小口子，然后截好2根约10厘米长的优质大红袍花椒接穗条（穗条粗细可根据砧木粗细和刀口大小而定），并将一头削成马耳形，从砧木开口处插入，再用塑条扎紧，然后用湿土封埋。过20多天后，穗条新芽便可萌出，比栽植的花椒可提前1~2年挂果。

四、修剪存在的问题及解决办法

（一）存在问题

（1）花椒介乎林业与果树之间，缺乏花椒修剪技术方面的研

究，或者研究不够深入，众多花椒栽培技术中关于修剪的描述几乎千篇一律，互相翻版，对实践的指导有缺陷。

（2）盲目模仿。修剪技术应该根据不同枝、不同时期采取不同办法，但目前农民却盲目模仿苹果以疏枝长放为主的修剪办法，不符合花椒自身的生长规律。

（3）枝组不更新，结果“满天星”。不注重枝组的培养与更新，导致结果枝组衰老，结果部位外移，内部出现花序坐果很少的“满天星”状态。

（4）夏季不管，冬季乱剪。树的生长可控阶段只能是生长过程，一旦枝条长成定型，只有疏枝、短截、缩剪，或者长放的强制办法。这样不仅白白浪费花钱投资换来的枝条，而且造成众多伤疤，给病虫滋生创造了条件。

（5）技术推广不到位。延安各县几乎没有花椒技术研究与推广单位，有技术人员指导也多是泛泛而过，且因为没有系统技术，讲解混乱，农民难以理解和接受。

（二）解决办法

1. 从修剪上解决

1）重视花椒修剪技术研究与推广　花椒虽然不是像苹果那样涉及面广的大众化产业，却是黄河沿岸农民的经济收入来源，因此应加强技术研究与推广的队伍建设。

2）加强花椒修剪技术培训　特别是实地指导，手把手给群众教会。

3）修剪理论更新　过去的修剪理论建立在冬季修剪的基础上，在此理论指导下的修剪方法也都是针对冬季修剪。事实上，

花椒树的年周期生长是有一定随机性的，比如常说的疏除徒长枝、拔水枝、萌蘖枝等都是在夏季没有管理的情况下，任其生长的结果，如果萌芽时抹除了，就不存在疏除问题；生长过旺、过长的外围枝，冬季需要短截，如果夏季在适当长度时摘心，逼发二次枝，既可以解决下部光秃问题，冬季也不需要短截，能够更快完成整形与树冠扩大。所以，枝条的性质不是“天生的”，而是后天条件影响的。

根据花椒的特点，在年周期中可分3季修剪去管理：

（1）冬剪整形。冬季修剪着重搞好花椒主、侧枝的选留，结果枝组的培养与更新。

（2）春剪定花。花椒不同于其他果树的一个显著特点是成花容易，产量与花序坐果率关系极大，一个花序可以结1粒花椒，也可以结100多粒。据笔者调查研究，花椒只有每个花序坐果达到50粒左右，采摘成本才合适。所以，春季花序显露时要剪去过多花序（只剪掉花序），留下的花序要根据长势合理分布，保证每序坐果达到50粒左右。

（3）夏季修剪。夏季是枝条发芽、逐渐长长的过程，是一年中唯一的可控阶段，也是调整叶果比的关键时期。据调查，花椒的光合能力很强，在光照充分时3~4个叶序可以满足1个50粒的果序。要想使修剪达到自己的目的，只能通过夏季修剪来控制。具体是：

2. 抹芽

花椒极容易在基部、树杈萌生很多萌芽，如不及时抹除会形成徒长枝，扰乱树形，扰乱正常的营养运输渠道。因此萌发后要根据

图 2-7-17　抹芽工具

需要及时抹去不需要的芽子。此项工作不限次数，只讲及时，发现了就抹除。群众用玉米芯插上竹竿制作的抹芽器实用、快捷，是一种很好的方法(图 2-7-17)。

3. 摘心、剪梢

萌芽开始生长后，要根据其发展的空间，准备培养的方向和目的，通过多次“摘心（剪梢）促萌”的办法，控制生长长度，增加分枝，增加结果枝数量。具体是：一般生长健壮的主、侧、大枝组延长头不摘心，徒长性的延长头则在 50～60 厘米时摘心，促发二次生长，加快扩冠。其余枝根据各自可占领空间大小，及时、多次摘心促萌，增加结果单位，这样就达到了最大化、快速整形，扩大树冠，早结果和高产的目的。

4. 拉枝

拉枝的意义有二：

1）调整角度　开心形（主干+主枝+侧枝+枝组）的，通过拉枝改变其夹角，参考值为主枝基角 65°、腰角 75°～85°、梢角 65°，侧枝角度大于主枝角度，枝组角度大于侧枝角度；丛状形（主枝+枝组）的，枝组角度应大于主枝角度。

2）改变方位　归根结底，产量是光合作用制造出来的，太阳照到土地上是结不出花椒来的，浪费太阳光照才是最大的浪费，但这一关键点却往往被人们忽视。因此，对于偏冠、一个方位缺大枝时，要想办法把其他方位多余的大枝通过拉的办法拉到空缺处，拉时不要受理论约束，只要能补位就行。

5. 重视枝组更新

花椒虽然结果早，结果快，但存在枝组容易衰老的问题。连年结果的枝组一旦呈现“鸡爪状”就会出现花序小，花朵少，坐果差的现象，所以从进入盛果期就要重视花椒枝组的更新。更新的原则是少疏多缩，即除过过密的、干枯的、病虫的、冗弱的，一般不能从根部疏除，而应该采取枝组间由多减少，由长缩短，由大缩小，由高缩低，由密缩稀的方法进行更新，健壮枝组、促发新枝。结果后如此往复循环进行更新，做到树老枝新，连绵不断，健壮结果的目的（图 2-7-18）。

图 2-7-18　结果枝组更新后结果状

6. 利用规律，做好老树更新

花椒经济寿命是 5~30 年，管理不好的 20 年左右就开始衰老。衰老不是生命周期的终结，而是自我更新的表现。衰老的明显标志就是延长停止（离心生长停止），枝组枯死，产量下降，但随之而来的是根部、基部出现大量的萌蘖枝。利用这个特点及时从基部萌蘖（芽）枝中选留出新的主枝，备用，培养，待主枝老化后

逐年回缩，减少长度、大小，尽可能利用结果，同时加快新的主枝培养，始终保持树新枝新的健壮结果状态。要注意的是，偏施化肥的树这种萌蘖枝往往不够充实，容易受冻死亡，故应从肥料使用上增加有机肥，管理上注重摘心，使之充实。修剪上尚有结果能力的枝适当回缩复壮，枝组及时回缩更新，尽量保持产量（图 2-7-19）。

图 2-7-19　利用萌蘖枝培养新主枝

第八章 花椒的病虫害防治

花椒树病虫害防治，是保障花椒丰产、产品质量安全、提高商品率的关键措施之一。应坚持“预防为主，综合防治为辅”的方针，坚持因地制宜，以无公害为前提，保护生态环境、保护食用安全健康的原则，合理运用化学防治、生物防治、物理防治等措施，把病虫害的危害控制在经济允许水平之下，以达到提高果品质量和可持续发展的目的。

一、花椒无公害病虫防治

常用的防治措施主要有以下几种：

（一）农业防治

农业措施是一项古老而有效的病虫控制技术，广泛存在于生产实践之中。农业生态控制技术方法灵活、多样、经济、简便，在作物生产期内，结合生态环境，栽培管理，不需要特殊的设备和器材，不用增加劳动投资与生产费用，即可收到很好的控制效果。更为突出的是农业生态防治不存在杀伤天敌、农药残留和环境污染等问题。这些特点决定了农业生态控制技术在无公害花椒

生产过程中的重要地位。

1. 选育抗病虫品种

选育抗病虫品种是预防病虫的重要一环，同一树种由于经过长期的自然选择和人工选择，形成了各种不同的品种，其性状不同，抗病虫的能力也不同。

我市目前普遍栽培的大红袍花椒不抗花椒流胶病，而豆椒抗流胶病的能力强，甘肃省农科院植保所利用抗病品种豆椒作砧木，用感病、高产、优质的大红袍花椒作接穗，进行幼苗嫁接和大树高接换头的抗病丰产试验、示范，在生产中获得了成功。嫁接成活率达 97. 3%，嫁接后新结的椒果色鲜、皮厚、味浓，为解决花椒因流胶病而引起大面积死亡问题开辟了一条新路。甘肃省秦安林业局采用良种选优方法选育出了喜肥水，耐瘠薄，抗干旱，耐寒冷，适宜在干旱或半干旱地区栽培的秦安一号新品种。陕西韩城在良种选育方面，以乡土品种为基础，将当地一些椒农自选的良种进行收集、观察、对比、归类，选出 10 多个优良单株，按照不同的生物学特征分别归纳为“早、中、晚熟”3 个系列，有“早熟椒”“无刺椒”“狮子头”及“南强一号”等新类型。

2. 合理栽植

栽培措施必须与花椒的生产技术措施保持一致，因为只有满足花椒生长发育要求，同时兼顾防治病虫发生的技术措施才能达到速生、丰产、优质的目的。合理栽植是防治病虫的重要措施。

1） **园地选择** 花椒建园规划和园地选择时，应对土壤的病虫

害进行调查，发现规划椒园地下病虫害严重时，要先防治再移栽。栽植前，深耕、细整，防止园内积水，减轻根部病害和落叶病的发生。做好椒园规划，便于椒园管理，创造树体生长的良好条件，达到优质丰产的目的。同时，为以后的病虫防治工作打下良好的基础。

2）**树种配置**　选用抗病虫品种和健壮无病虫的苗木定植，苗木要整齐一致，保持一定的株行距，有利于通风透光和机械化操作。在椒园间作绿肥及矮秆作物，以提高土壤肥力，丰富物种多样性，增加天敌控制效果。

3. 加强管理

改变管理模式，把粗放管理模式转变为采用优质椒果生产技术的管理模式，适时适度进行修剪，控制负载，加强土、肥、水管理，增强树势，提高抗性，消灭病虫来源。如春季通过刨树盘，可铲除杂草，疏松土壤，并能消灭尺蠖、花椒跳甲、大灰象甲、刺蛾、金龟子等害虫越冬基数，也可减少早期落叶病、褐斑病等病原，同时可提高树体对腐烂病等多种病害的抵抗力。通过冬季修剪改善树体结构，增加结果部位，同时可将在枝条上越冬的卵、幼虫、越冬茧等剪去，如剪去二斑黑绒天牛幼虫刚蛀入的小枝、蝉产卵后的枯梢、有台湾狭天牛或有介壳虫越冬的枯枝和衰弱枝，减轻翌年的危害；利用夏剪可改善树体通风透光条件，减少树干腐烂病、落叶病等的发生蔓延。减少农药在椒果中的残留，是生产无公害果品的一项关键技术。

4. 椒园清理

秋末冬初彻底清除落叶和杂草，消灭在其上越冬的落叶病、

炭疽病病源。及时摘除白粉病叶芽，生长季节及时检查、清理果园内受炭疽病、雅氏山蝉危害的枝条，刮除花椒窄吉丁危害的流胶斑，集中深埋或销毁。

（二）物理机械防治技术

利用简单工具，以光、电、热、辐射等物理技术进行病虫害防治，主要有以下几种方法：

1. 人工扑杀

1）**刮除法** 7月上旬至8月中旬晴天下午或雨前闷热时在树上捕捉花椒天牛成虫；在天牛幼虫钻入树体木质部后排出新鲜木屑处或在韧皮部之间被害处流出黄褐色液体，可用小刀挑刺或用细钢丝钩杀；在花椒跳甲成虫秋后入土越冬至来年4月中旬成虫出土上树前，刮除树干上的翘皮、粗皮，用胶泥封严树缝、树洞、虫洞，树下的落叶、杂草、刮下的树皮集中烧毁。

2）**利用假死性扑杀** 利用金龟子、花椒窄吉丁等的假死性，清晨或傍晚摇动树干，使其坠落捕杀。

3）**清除法** 清除枯死木和濒死木。花椒窄小吉丁成虫羽化期长，从开始到结束长达3~4个月，即使花椒树被害致死后仍有成虫羽化，5月上旬成虫羽化前对树皮干枯、叶片发黄、长势衰弱或部分大枝已经枯死的树进行清除，清除后的树体及时处理，最好烧毁。

4）**锤击法** 在花椒窄小吉丁幼虫蛀入木质部前，用钉锤或斧头、石块等锤击流胶部位，可直接杀死皮层幼虫。锤击时间一是幼虫越冬后活动危害流胶期，一般是4月中旬至5月上旬；二是初孵幼虫钻蛀流胶期，一般是6月上旬。

2. 阻隔法

人为设置各种障碍，切断害虫侵害途径，直接加以消灭。常用粘虫板涂上害虫喜欢的食物，将树上幼虫、成虫粘合在粘虫板上，人工收集销毁。陕西韩城椒农在树干涂药抹胶泥，杀死树皮下幼虫，阻止木质部成虫羽化和外来成虫产卵，有效地防治了天牛危害。

3. 诱杀法

利用害虫的趋性，设置诱虫器械或其他诱物诱杀害虫。

1）**灯光诱杀**　蛾类半翅目、鞘翅目、直翅目、同翅目害虫，大多具有趋光性，设置诱光灯可诱杀害虫。如在椒园中设置黑光灯或杀虫灯，可诱杀金龟子、蝼蛄、蝉等多种花椒树害虫，将其危害控制在经济损失水平以下。

2）**毒饵诱杀**　利用害虫的趋化性，在害虫嗜好的食物中掺入适量毒剂，制成各种毒饵诱杀害虫。可配制糖醋液（适量杀虫剂、糖 6 份、醋 3 份、酒 1 份、水 10 份）诱杀小地老虎等，还可用马粪、炒香的麦麸等加农药制成毒饵诱杀蝼蛄。

3）**潜所诱杀**　利用某些害虫越冬或白天隐蔽的习性，人工设置类似的环境诱杀害虫。如利用一些害虫在树皮裂缝中越冬的习性，在树干周围扎草把或破麻布片、废报纸等，诱集害虫越冬，翌年害虫出蛰前集中消灭。傍晚在苗圃的步道上堆集新鲜杂草可诱杀地老虎幼虫，用新鲜马粪可引诱蝼蛄类等，用新鲜的杨树枝诱杀金龟子等。

4. 冬季树干涂白

秋季或次年春季树干涂白。花椒修剪后，用生石灰 2 千克加水

10千克溶化后再加溶化的水胶25克，充分搅拌均匀后，用高压喷雾器喷在树枝上，既可防灼烧及冻裂，还可以阻止天牛等蛀干害虫产卵。

（三）生物控制病虫害

利用有益生物及其代谢产物控制病虫害。生物防治包括激素、天敌及其他有益生物的利用。椒园里病虫的天敌种类非常丰富，捕食性的昆虫有瓢虫、螳螂、蜻蜓、草蛉、步甲、捕食性蝽类等，还有动物如蜘蛛、捕食性螨类及啄木鸟、大杜鹃、大山雀、伯劳、画眉等都能捕食叶蝉、蝽象、木虱、吉丁虫、天牛、金龟甲、蛾类幼虫、叶蜂、象鼻虫等多种害虫。寄生蜂和寄生蝇类可将卵产在害虫体内或体外，经过自繁，消灭大量害虫。有些病原微生物如白僵菌、苏云金杆菌、刺蛾颗粒体病毒、核型多角体病毒等，可使害虫感病而降低其种群数量和危害程度。生物防治椒树害虫也可引进或人工繁殖天敌。生物防治不对环境产生任何副作用，对人畜安全，在椒果中无残留，是无公害果品生产的重要组成部分。目前主要有以下几种途径：

1. 保护和利用自然天敌

椒园生态系统中物种之间存在着相互制约、相互依存关系，各物种在数量上维持着自然平衡，使许多潜在害虫的种群数量稳定在危害水平以下。这种平衡除了受到物理环境的限制外，更主要的是受到椒园天敌的控制。我国天敌种类十分丰富，在无公害果品生产中，应充分发挥天敌的自然控制作用，避免采取对天敌有伤害的病虫防治措施，尤其要限制广谱有机合成农药的使用。同时改善椒园生态环境，保持生物多样性，为天敌提供转换寄主

和良好的繁衍场所。在使用化学农药时，尽量选择对天敌伤害小的选择性农药。秋季天敌越冬前，在枝干上绑草把、旧报纸等，为天敌创造一个良好的越冬场所，诱集椒园周围作物上的天敌来椒园越冬。冬季刮树皮时注意保护翘皮内的天敌，生长季将刮掉的树皮妥为保存，放进天敌释放箱内，让寄生天敌自然飞出，增加椒园中天敌数量。

2. 利用各种微生物

如真菌、细菌、放线菌、病毒、立克氏体、原生动物和线虫等导致昆虫疾病流行，有经常抑制有害种群数量的作用。人工利用这些微生物或其代谢产物防治椒树病虫，是花椒无公害生产的重要方法之一。目前用苏云金杆菌及其制剂在受害树上喷洒 Bt 乳剂或青虫菌 6 号 800 倍液，防效良好。用农抗 120 防治腐烂病，具有复发率低、愈合快、用药少、成本低等优点。

（四）化学控制技术

化学防治是利用各种有毒的化学物质预防或直接消灭病虫害，其特点是作用快，效果好，使用方便，应用广泛，便于机械化，受地域或季节性限制小。尤其是在病虫害大发生时，如正确选用农药，应用先进的施药机械，在很短时间内就能迅速将其歼灭。但是化学防治也有很多缺点，如使用不当会使人畜中毒和产生药害；不具选择性，能杀死天敌和其他有益生物，造成害虫的再猖獗；连续使用某种药剂能使病虫产生抗药性；造成环境污染；成本较高；仅在短时期内减少病虫数量，不能从根本上改变病虫的增殖条件等。因此，化学防治只是综合防治的一个组成部分，只有和其他防治措施配合，才能获得理想的防治效果。

在我国目前条件下，化学农药对病虫害防治，特别是病虫害大发生时的防治，仍起到不可替代的作用。连年大面积应用化学防治，加剧了对人类健康生存环境的破坏。因此，了解农药污染的方式、途径与危害，有效控制污染，保证生产出符合国家标准的安全、优质、无公害花椒产品，是化学控制技术要解决的主要问题。

1. 残留农药的污染

1）农药对土壤的污染间接进入椒果 树上用药的10%左右能黏附在树上部分，其余绝大部分进入土壤，防治地下害虫需地面用药，且残效期要足够长，这都是土壤农药污染的途径。通过降水或灌水被根系吸收后，间接进入和污染椒果。特别是农药进入土壤与其中的胶体或其他有机成分结合成缓释体，增加了持续残留和污染的时间。

2）树上用药直接污染椒果农药可通过树体枝干、叶片和椒果表皮组织吸收直接进入椒果，如残留量过大，特别是剧毒农药的残留，可造成急性中毒症状（头昏、恶心、休克以致死亡等）。

除了农药急性中毒症状外，有些农药具有致癌、致畸、致突变的作用，残留农药超标的椒果被人们食用后，在体内积累会出现慢性中毒症状。

2. 农药改变椒园生物群落而加剧污染

1）病虫抗性代产生，使用药量增大 具体表现在浓度和绝对数量的增大。据资料介绍，世界已知有500多种害虫对1种或多种农药产生了抗性。我国目前已知有27种主要害虫和螨类对16种农

药产生了抗性。

2）有益生物数量锐减，使用药量增加　椒园害虫多为植食性，依赖椒树生存，而害虫的天敌类多为捕食性或寄生性，依赖害虫类作食物生存。害虫（害螨）类只面对农药杀伤的选择，而天敌、有益生物却面临害虫（螨）类季节性食物缺乏和农药杀伤2方面选择，加上除草剂或人工锄草，作为天敌食物来源的草中昆虫大幅度减少，也加剧了有益生物类种群数量的锐减。一旦抗性代病虫大发生时，常没有足够数量的天敌生物同步控制，只能单纯依靠化学农药。这些都是天敌生物消失的不平衡因素，而且成了天敌减少到用药量增加的恶性循环状态。

3）人们认识上的偏差导致用药量增加　人们在病虫防治中求速求彻底，认为快速彻底地消灭病虫危害只能依靠化学农药，而天敌生物及制剂、无公害农药类防效慢、不彻底的性质使人们不愿意接受这方面的技术。这样做的效果仅是眼前见效，一旦抗性产生时，病虫害就难以控制。有些新农药开发难度大，对人类健康危害需要数年方可显现，无形中增加了污染和公害。而天敌生物类虽见效稍慢，但对病虫害控制具长期稳定性，只要种群数量足够，就可收到较好效果，减少用药次数。在这方面须有适度防治（经济阈值）和保护生态观念。

4）农药不规范使用而加剧污染　具体表现在以下方面：一是相当一部分椒农基于害虫对常用农药的抗性和用药浓度经验，在应用新农药时，不经试验即以其最浓的说明浓度甚至加倍使用，增加用药量和污染。二是配药和喷药操作不规范。配药时不用专门计量器具，而以瓶盖、堆垛大小粗略估计，甚至凭颜色深浅；

不按农药使用条件（水的 pH、气温高低、光照等），盲目使用；喷洒质量不高，喷布不均匀，漏喷等，造成害虫局部发生，重复用药。三是单纯应用 1 种或 1 类农药。部分椒农对新农药抱有怀疑态度，连续使用已用过多年的农药，一旦认识了新农药，接着连续使用以求保守防治，使农药杀虫效率降低，增加用药量。四是认为高毒、高残留农药必定杀虫除病效果好，盲目采用这类农药。五是农药生产中品牌过乱，不标明有效成分或复配剂种类，甚至以中试品用来销售。这些问题就是科技推广人员也难辨真伪，使椒农增加了用药选择的重复性或盲目性，无形中加剧了污染。

（五）无公害花椒病虫防治中的用药原则

1. 严格执行农药品种的使用准则

农药品种按毒性分为高、中、低毒 3 类，无公害果品生产中，禁用高毒、高残留及致病（致畸、致癌、致突变）农药，有节制地应用中毒低残留农药，优先采用低毒低残留或无污染农药（表 2-8-1～表 2-8-4）。

1）禁用农药品种　有机磷类高毒品种有对硫磷（1605、乙基 1605、一扫光）、甲基对硫磷（甲基 1605）、久效磷（纽瓦克、纽化磷）、甲胺磷（多灭磷、克螨隆）、氧化乐果、甲基异柳磷、甲拌磷（3911）、乙拌磷及较弱致突变作用的杀螟硫磷（杀螟松、杀螟磷、速灭虫），氨基甲酸酯类高毒品种有灭多威（灭索威、灭多虫、万灵等）、呋喃丹（克百威、虫螨威、卡巴呋喃）等，有机氯类高毒高残留品种有六六六、滴滴涕、三氯杀螨醇（开乐散，其中含滴滴涕），有机砷类高残留致病品种有福美砷（阿苏妙）及无机砷制剂砷酸铅等，二甲基甲脒类慢性中毒致癌品种有杀虫脒

(杀螨脒、克死螨、二甲基单甲脒)，具连续中毒及慢性中毒的氟制剂有氟乙酰胺、氟化钙等。

2）**有节制使用的中等毒性农药品种**　拟除虫菊酯类：如功夫（三氟氯氰菊酯）、灭扫利（甲氰菊酯）、天王星（联苯菊酯）、来福灵（顺式氰戊菊酯）等；有机磷类：敌敌畏、二溴磷、乐斯本（毒死蜱）、扫螨净（速螨酮、哒螨灵、牵牛星、杀螨灵等）。

3）**优先采用的农药制剂品种**　植物源类别剂：除虫菊、硫酸烟碱、苦楝油乳剂、松脂合剂等；微生物源制剂（活体）：Bt 制剂（青虫菌 6 号、苏云金杆菌、杀螟杆菌）、白僵菌制剂和对人类无毒害作用的昆虫致病类其他微生物制剂；农用抗生菌类：阿维菌素（齐螨素、爱福丁、7051 杀虫素、虫螨克等）、浏阳霉素、华克霉素（尼柯霉素、日光霉素）、中生菌素（农抗 751）、多氧霉素（宝丽安、多效霉素等）、农用链霉素、四环素、土霉素等；昆虫生长调节剂（苯甲酰基脲类杀虫剂）：灭幼脲、定虫隆（抑太保）、氟铃脲（杀铃脲、农梦特等）、扑虱灵（环烷脲、噻嗪酮等）、卡死克等；矿物源制剂与配制剂：硫酸铜、硫酸亚铁、硫酸锌、高锰酸钾、波尔多液、石硫合剂及硫制剂系列等；人工合成的低毒、低残留化学农药类：敌百虫、辛硫磷、螨死净、乙酰甲胺磷、双甲脒、粉锈宁（三唑酮、百理通）、代森锰锌类（大生M-45、新万生、喷克）、甲基托布津（甲基硫菌灵）、多菌灵、扑海因（异菌脲、抑菌烷、咪唑霉）、百菌清（敌克）、菌毒清、高脂膜、醋酸、中性洗衣粉等以及性信息引诱剂类。

2. 科学使用农药

1）**严格按产品说明使用农药**　包括农药使用浓度、适用条件

（水的pH、温度、光、配伍禁忌等）、适用的防治对象、残效期及安全使用间隔期等。

2）保证农药喷施质量 一般情况下，在清晨至上午10时前和下午4时后至傍晚用药，可在树体保留较长的作用时间，对人和作物较为安全，而在气温较高的中午用药则易产生药害和人员中毒现象，且农药挥发速度快，杀虫时间较短。还要做到树体各部位均匀着药，特别是叶片背面、果面等易被害虫危害的部位。

3）提倡交替使用农药 同一生长季节单纯或多次使用同种或同类农药时，病虫的抗药性明显提高，既降低了防治效果，又增加了损失程度。必须及时交换新类别的农药交替使用，以延长农药使用寿命，提高防治效果，减轻污染程度。

4）严格执行安全用药标准 无公害椒果采收前20天停止用药，个别易分解的农药如二溴磷、敌百虫等可慎在此期间应用，但要保证国家残留量标准的实施。对喷施农药后的器械、空药瓶或剩余药液及作业防护用品要注意安全存放和处理，以防新的污染。

3. 依据病虫测报科学用药

对病虫危害要做多方面预测，如气候、天敌数量和种类、病虫害发生基数及速度等。在充分考虑人工防治难度和速度、天敌生物控制及物理防治的可行性基础上，做出准确测报，是决定是否采用化学药剂用的科学方法。在病虫害发生时，能用其他无公害手段控制时，尽量不采用化学合成农药防治或在危害盛期有选择地用药，以综合防治减少用药。

表 2-8-1　农药毒性与使用分类表

分类	品种品名
国家明令禁用农药（中华人民共和国农业部 2002 年第 199 号公告）	甲胺磷、特丁硫磷、硫环磷、甲基对硫磷、甲基硫环磷、蝇毒磷、对硫磷、治螟磷、地虫硫磷、久效磷、内吸磷、氯唑磷、磷胺、克百威、苯线磷、甲拌磷、涕灭威、甲基异柳磷、灭线磷
节制性使用品种	拟除虫菊酯类：如功夫（三氟氯氰菊酯）、灭扫利（甲氰菊酯）、天王星（联苯菊酯）、来福灵（顺式氰戊菊酯）等。 有机磷类：敌敌畏、二溴磷、乐斯本（毒死蜱）、扫螨净（速螨酮、哒螨灵、牵牛星、杀螨灵等）
优先使用农药	1. 植物源类别剂：除虫菊、硫酸烟碱、苦楝油乳剂、松脂合剂等 2. 微生物源制剂（活体）：Bt 制剂（青虫菌 6 号、苏云金杆菌、杀螟杆菌）、白僵菌制剂及其他微生物制剂 3. 农用抗生菌类：阿维菌素（齐螨素、爱福丁、7051 杀虫素、虫螨克等）、浏阳霉素、华克霉素（尼柯霉素、日光霉素）、中生菌素（农抗 751）、多氧霉素（宝丽安、多效霉素等）、农用链霉素、四环素、土霉素等 4. 昆虫生长调节剂（苯甲酰基脲类杀虫剂）：灭幼脲、定虫隆（抑太保）、氟铃脲（杀铃脲、农梦特等）、扑虱灵（环烷脲、噻嗪酮等）、卡死克等 5. 矿物源制剂与配制剂：硫酸铜、硫酸亚铁、硫酸锌、高锰酸钾、波尔多液、石硫合剂及硫制剂系列等 6. 人工合成的低毒、低残留化学农药类：敌百虫、辛硫磷、螨死净、乙酰甲胺磷、双甲脒、粉锈宁（三唑酮、百理通）、代森锰锌类（大生 M-45、新万生、喷克）、甲基托布津（甲基硫菌灵）、多菌灵、扑海因（异菌脲、抑菌烷、咪唑霉）、百菌清（敌克）、菌毒清、高脂膜、醋酸、中性洗衣粉等以及性信息引诱剂类

表 2-8-2　常见无公害农药使用表

来源	名称	杀虫	常用浓度
植物源	苦皮藤素	鳞翅目	450~700 倍液
	茴蒿素	蚜虫和螨	按说明使用
动物源	灭幼脲 3 号	鳞翅目、鞘翅目、半翅目等	2000~3000 倍液
	蛾螨灵	同上，兼红蜘蛛	按说明使用
	定虫隆（抑太灭幼脲 3 号和 15%扫螨净的复配剂）	食心虫等	1000~2000 倍液
	噻嗪酮（优乐得、灭幼酮）	介壳虫、叶蝉和飞虱	1500~2000 倍液
	灭蚜松可湿性粉	蚜虫、螨类、蓟马	1000~1500 倍液
微生物源	农抗 120	白粉病、梨树锈病、炭疽病、斑点落叶病	600~800 倍液
	多抗霉素（多氧霉素、宝丽安）	斑点落叶病	1000 倍液
	阿维菌素（齐螨素、虫螨光）	红蜘蛛	4000 倍液
矿物源	石硫合剂	抑杀多种病菌	5 波美度，0.5 波美度等
	硫悬浮剂	白粉病，兼治螨类	150~200 倍液
	波尔多液	保护性杀菌剂	160~240 倍液
有机合成农药	杀虫：氯氰菊酯、溴氰菊酯、抗蚜威、吡虫啉、蚜虱净、扑虱蚜、功夫乳油，三氟氯氰菊酯，联苯菊酯、定虫隆、氟虫脲、氟虫腈		
	杀菌：多菌灵、百菌清、粉锈宁、甲硫菌灵、代森锰锌、三唑锡、甲霜灵、春雷氧氯铜、霜霉威、氢氧化铜		

注：有的农药因厂家、产品规格不同，使用浓度有别。按说明书使用。

表 2-8-3　有机作物种植允许使用的农药参考表

防治类型	来源	名称
防病为主	矿物源防病	硫制剂（石灰硫黄合剂、可湿性硫、硫悬浮剂），铜制剂（波尔多液、硫酸铜、氢氧化铜、氯氧化铜、辛酸铜等），石灰，高锰酸钾、碳酸氢钾、氯化钙、硅藻土，黏土（如斑脱土），珍珠岩、蛭石、沸石等硅酸盐（硅酸钠），石英
	生物源	大蒜素、灭瘟素、春雷霉素、多抗霉素、井冈霉素、武夷菌素、大黄素甲醚、枯草芽孢菌、农抗 120
防虫为主	植物和动物	天然除虫菊（除虫菊科植物提取液）、印楝树提取物及其制剂、苦楝碱（苦木科植物提取液）、苦参及其制剂、鱼藤酮类（毛鱼藤）、烟碱类、天然酸（如食醋、木醋等）、蘑菇提取物、植物油及其乳剂、植物制剂、天然诱集和杀线虫剂、植物来源的驱避剂（如薄荷、薰衣草）
	动物源	牛奶及其奶制品、蜂蜡、蜂胶、明胶、卵磷脂
	微生物	真菌及真菌制剂如白僵菌、轮枝菌、细菌及细菌制剂（如苏云金杆菌），即 Bt、病毒及病毒制剂（如颗粒体病毒等）
	生物防治	释放寄生、捕食、绝育型的害虫天敌，昆虫性外激素诱剂，驱避剂
	物理	黑光灯等机械诱捕器、诱虫带、黄板等色彩诱器、糖醋诱杀、覆盖物

注：参考 ofdc 有机认证标准。

表 2-8-4 农药剂型参考表

剂型	特点	使用	备注
可溶性粉剂			
可湿性粉剂	农药和填充剂、湿润剂、悬浮剂组成	喷雾	
乳油	原药溶解于有机溶剂中，再加入少量乳化剂，混合的透明液体	喷雾	幼果期避免使用
胶悬剂	也称悬浮剂，原药超细粉碎后分散在水、油或表面活性剂中	喷雾	
水剂	水剂是由可溶于水的农药原药溶于水中而制成的液态剂型	喷雾、泼浇或灌根等	
粒剂	原药加辅助剂制成粒状	土壤消毒、拌种	
缓释剂	原药储存在加工品中，可使有效成分缓慢释放	土壤消毒，特殊用途	
烟剂	是由农药原药，燃料（木屑、淀粉），氧化剂（亦称助燃剂，如氯酸钾、硝酸钾等），消燃剂（陶土、滑石粉等）制成的粉状物，装袋内	插上引火线，点燃后，只冒烟不着明火	
熏蒸剂	由易挥发性药剂、助剂及填充料按一定比例混合制成的用于熏蒸的药剂	喷雾	
粉剂	原药和填料混合	大田喷粉	

二、花椒病虫害种类与防治

危害花椒的病虫种类很多，但由于花椒本身具有麻辣味，许多杂食性昆虫并不喜食，一般不会造成危害。且花椒是大面积造林的经济林树种，许多分布在远离村庄的偏僻地域，水源困难，不可能定期喷药防治。所以花椒的病虫害防治不等同于苹果、梨等水果的有规律防治，而是有目的的重点防治。

（一）虫害

1. 蚜虫

又名腻虫、旱虫等，危害多种植物，是枝梢害虫。

蚜虫属刺吸式口器，成虫、若虫均以针状口器吸食叶片、花、幼果、幼叶、幼梢的汁液。被害叶片向背面卷缩，畸形生长。蚜虫在吸食时能排泄蜜露，使叶片表面油光发亮。高发期在幼梢上密布蚜虫，影响新梢、幼叶、幼果生长，并可诱发烟煤病等(图 2-8-1)。

图 2-8-1　蚜虫及危害

1）**形态特征**　有翅胎生雌蚜：体长 1.2~1.9 毫米，虫体黄色、

淡黄色或深绿色，触角比身体短，翅透明。无翅胎生雌蚜：体长1.5~1.9毫米，虫体黄绿色、深绿色、暗绿色，触角为体长1/2。复眼暗红色，前胸、背板两侧各有1个锥形小乳突，腹管黑色或青色。卵：椭圆形，长0.5~0.7毫米，初产期为橙黄色，后转深褐色，最后为黑色，有光泽。有翅蚜虫：夏季黄褐色或黄绿色，秋季灰黄色，2龄出现翅芽，翅芽黑褐色。无翅蚜虫：夏季淡黄色，秋季深蓝色或蓝绿色，复眼红色，触角节因虫龄而异，末龄虫触角6节。

2）**生活习性** 蚜虫生活史复杂，1年可繁殖20~30代，以卵在花椒芽寄主上越冬。第2年3~4月树木萌芽后，越冬代卵开始孵化。蚜虫开始危害，采取胎生的方法大量繁殖，出现世代重叠，成虫、若虫群集危害。4~5月间产生有翅胎生蚜虫，扩散危害，并有一部分留在树上继续危害。8月部分有翅蚜飞回花椒二次危害。10月中旬产生雄蚜，雄蚜和雌蚜交配后在枝条皮缝、芽腋、枝丫处产卵越冬。

3）**防治方法** 蚜虫对植物的危害，主要是因其有独特的孤雌胎生方式，能在短时间内大量繁殖，以众多的数量对花椒造成危害。春季气温适宜时，4~5天就可以产生1代，气温较低时10天可以产生1代。防治的难点在于不能完全杀灭，剩下一小部分很快就能大量繁殖，加重危害。蚜虫的天敌很多，主要有各种瓢虫、草蛉等。只要天敌和蚜虫的比例合适就可控制其危害。可是天敌出现的高峰要晚于蚜虫的危害高峰，这个时间差往往会出现大量危害。一般化学农药在杀蚜虫的同时也杀天敌，所以常出现农药越喷蚜虫越多的局面，不仅增加了防治成本，还增加了农药的残

留。具体防治办法：

（1）压低虫口密度：蚜虫刚开始上树，天敌尚未出蛰初期，用25%吡虫啉可湿性粉剂2000~3000倍液喷雾1~2次，消灭越冬代，压低前期虫口密度。

（2）天敌开始出现但数量尚不足时加以控制：用合成洗衣粉400倍液喷雾，减少虫口密度，保护天敌。

（3）及时喷药防治：大量发生年份，依靠天敌难以控制时，可喷灭蚜净乳剂4000倍液防治+螨蚜净或啶虫脒灭杀。

（4）悬挂粘虫板物理防治。

2. 花椒跳甲

又名花椒橘潜叶甲、花椒啮跳甲，俗称红猴子、小红牛，属鞘翅目叶甲科跳甲亚科，是花椒的主要叶部害虫，随着花椒的大面积种植，纯林增多，往往引起突发危害（图2-8-2）。

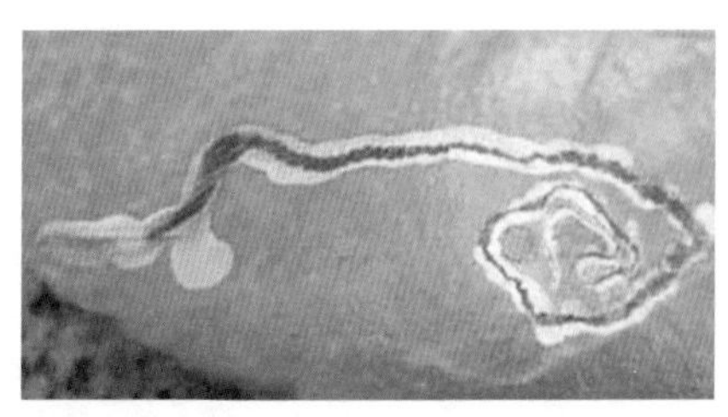

图2-8-2　花椒跳甲及危害症状

1）**形态特征**　成虫：体长3.5~5毫米，长椭圆形，略扁，头部黑色，前胸橘黄色，鞘翅橘红色，具数条纵刻沟，刻点整齐，每翅11行。弹跳、飞翔能力都很强。卵：淡黄色，扁圆形，卵径长0.8~1毫米。幼虫：初龄幼虫乳白色，头部、足黑色，腿节和胫节略淡黄色，体腹面淡黄色。蛹：淡黄色，体长有黑色

刚毛。

2）生活习性　该虫一年发生2代，以成虫在土壤中越冬。越冬代成虫，翌年4月上旬花椒芽绽开时，开始出土取食，4月下旬至5月上旬为出土盛期，末期为5月下旬至6月上旬。成虫出土后即上树食叶危害，夜间在叶背栖息。5月下旬开始产卵，6月下旬为产卵盛期，产卵时雌虫先将卵不规则地产在叶背面，然后排出黑色胶质物质覆在卵上呈馒头状。卵期4~7天，初卵化幼虫先取食卵壳，然后在嫩叶上咬一小孔，潜入叶面上表皮与下表皮之间，取食叶肉，残留下表皮。取食时近于同心状，故在叶片上可见一块块黑斑，经15~20天，于6月下旬开始有老熟幼虫入土化蛹，蛹期25~30天。第1代成虫7月下旬出现，8月上旬渐进盛期，成虫取食叶片，补充营养8~15天后，交配产卵。9月中旬为第2代危害期，9月下旬幼虫开始化蛹，10月上旬渐次羽化，并入土越冬。越冬场所主要在树冠下松土内、枯草中或树缝内。

3）防治方法

（1）地面防治：4月中旬花椒展叶期用溴氰菊酯、百树菊酯或杀螟松3000倍液喷杀地面，杀越冬成虫。越冬代成虫出土时，用氯氟氰菊酯或功夫乳油直接对冠下地面喷药，也可在地面撒苦参碱等农药防治，力争把越冬成虫大量杀灭在出土之时。此方法在第1代成虫出土前，越冬代成虫入土时再各进行1次。

（2）叶面喷药：在花椒展叶期5月下旬至6月上旬，树上喷溴氰菊酯3000倍液防治，较轻时在第1代成虫和第2代成虫期各喷1次即可防治。较多时，由于该虫出土期较长，可在第1次喷药

后的第 7 天再喷 1 次。

人工捕捉：秋季气温降低，利用早晚成虫不活泼状态，可以人工捕捉。

3. 蓝橘潜叶甲

该虫以幼虫蛀入幼果取食种子，果实被害后发红提前脱落（图 2-8-3）。

1）形态特征　成虫：该虫和花椒跳甲近似。区别是头、前胸背板、鞘翅亮蓝色，触角处半部多毛，棕褐色，小盾片棕黑色。幼虫：老熟幼虫乳白色，体长 5~7 毫米，略扁。蛹：长 3~4 毫米，初化蛹时白色，后渐变为黄色，复眼黑褐色，腹部末端有 2 弯刺。

图 2-8-3　蓝橘潜叶甲

2）生活习性　1 年发生 1 代，以成虫在树冠下及附近的土壤、石缝及老树皮缝中越冬。第 2 年 4 月上旬花椒发芽后出土取食幼嫩枝叶，交配后产卵于花序上，果实膨大期幼虫孵化并蛀进果内取食种子，15~20 天后幼虫发育成熟出果入土，在冠下土层深3~5厘米处做土室化蛹。6 月下旬羽化出土，取食叶片，6 月以后蛰伏越冬。

3）防治方法　成虫出蛰后在树上间隔 1 周左右连喷 2~3 次 2.5%溴氰菊酯 1500~2000 倍液等农药防治。地面防治：和花椒跳

甲防治办法相同。

4. 花椒铜色跳甲

俗名折花虫、折叶虫、霜杀、土跳蚤、椒狗子等(图 2-8-4)。

图 2-8-4　铜色跳甲危害状

1）**形态特征**　形似花椒跳甲，头、前胸背板、鞘翅古铜色。以幼虫危害花椒花序的花梗、嫩叶和复叶柄的髓心，造成花序及嫩茎和复叶萎蔫变黑死亡。

2）**生活习性**　1 年发生 1 代，以成虫在花椒树冠和土中越冬，也有以卵越冬的。4 月上旬出蛰或孵化，群集危害，5 月上中旬进入危害盛期，15 天左右后老熟幼虫入土化蛹，经 10 多天新一代成虫羽化出土。7 月下旬为成虫出土高峰，出土后成虫在叶片的背面啮食叶子补充营养，8 月后入土蛰伏。

3）**防治方法**

（1）发现被害的花序复叶及时剪除、烧毁。6 月下旬结合中耕除草、翻动土壤破坏化蛹场所，地面撒苦参碱等农药防治。

（2）在上树危害期，以乐斯本或其他杀虫药防治。

5. 花椒窄吉丁

又名花椒小吉丁虫，是近年来造成花椒树残缺不齐和大量死

树的主要原因。是主要干部害虫（图 2-8-5）。

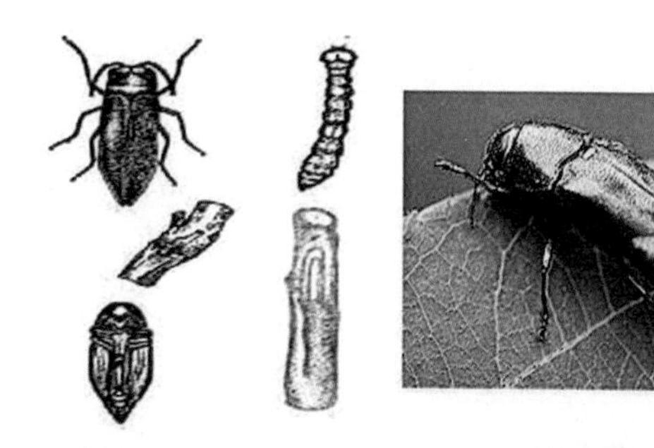

图 2-8-5　花椒窄吉丁危害症状

1）**危害特点**　该虫主要以幼虫取食韧皮部，以后取食形成层。初期被害处流出胶液，群众误把此现象叫作“流胶病”；后期干瘪下陷成疤，近似苹果的腐烂病疤。

2）**形态特征**　成虫：体长 7～10.5 毫米，铜色或青铜色、古铜色，有光泽。复眼大，呈椭圆形，黑褐色，触角锯齿状，11 节，

布刚毛。前胸背板长形，黑褐色。具不规则铜斑块，或密生铜色刚毛。整个背面呈波浪状刻纹。鞘翅铜色，背面呈 4 个黑褐色斑块，其他三斑为不规则形。卵：扁椭圆形，初产为乳白色，后变蛋黄色、红褐色。幼虫：乳白色，扁平。

老熟幼虫体长 18~22 毫米，头小、黑色。蛹：长 8~10 毫米，乳白色，羽化前变古铜色。

3）生活习性　在陕北 2 年发生 1 代，但世代重叠，虫态交错。以幼虫在木质部或树皮下越冬，4 月上旬开始化蛹，4 月下旬为化蛹盛期，6 月下旬为化蛹末期，蛹期 30~40 天。成虫于 5 月中旬开始羽化，5 月下旬为羽化期，8 月上旬为羽化末期。

4）防治方法

（1）树干防治：树干涂药泥包裹法：5 月中旬，用 20~50 倍的乐斯本涂干，然后涂黄泥 2~3 毫米，并加裹塑料薄膜，既可杀死越冬代幼虫，又可防止再产卵危害。刮除：刮取被害部树皮，收集烧毁，也可刮取老皮，保留韧皮，并涂农药。切割涂药：在危害处用刀间隔 0.5 厘米切 1 刀，然后涂农药灭杀。锤击法：幼虫越冬后，活动流胶期，4 月上旬至 5 月上旬，用锤子锤击被害部，直接杀死幼虫。塞药法：在花椒树干基部或者虫口较多的地方，用小螺丝刀或粗铁钉，将树干钻 1 个或几个直径 0.5 厘米、深达木质部的小圆孔，然后用棉花蘸杀虫药封孔。

（2）树冠喷药：成虫羽化盛期的 5 月中旬，用三氟氯氰菊酯或者其他杀虫药进行树冠喷药，连续喷药 2~3 次。

6. 铜绿金龟子

鞘翅目金龟甲总科。分布广泛，食性复杂，危害多种果林树

木和农作物（图 2-8-6）。

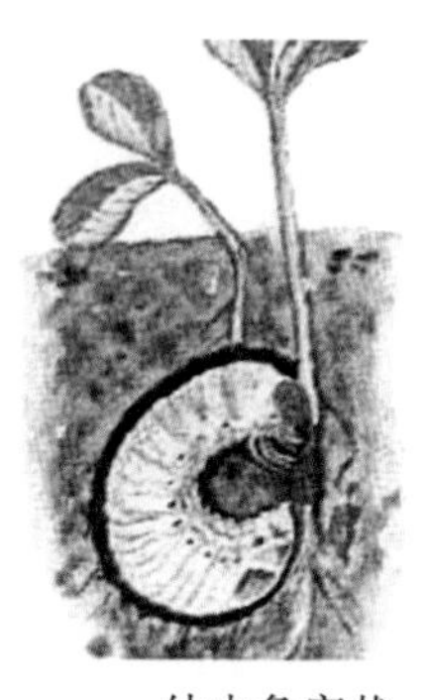

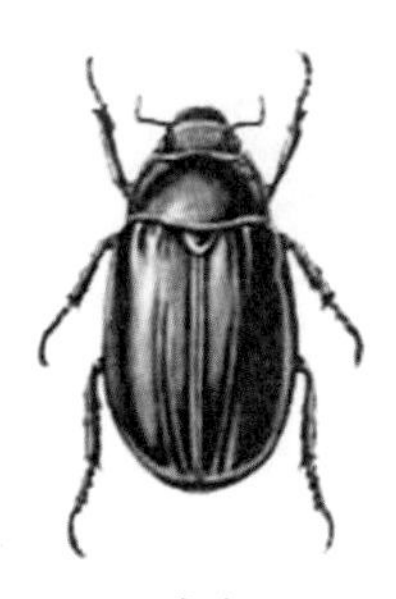

幼虫危害状　　　　成虫

图 2-8-6　铜绿金龟子幼虫和成虫

1）**形态特征**　成虫体长 19~21 毫米，宽 10~11.3 毫米，头、前胸背板、小盾片和鞘翅铜绿色，有金属闪光。3 对足的基部均为黄褐色、端部为棕褐色，触角为浅黄色，9 节。卵为白色，长椭圆形或接近球形，长、宽约 2 毫米。蛹体长 22~25 毫米，宽 11 毫米，浅黄色，体微弯曲，头部、复眼等体色在羽化时均变为深褐色。

2）**生活习性**　在华北 1 年发生 1 代。幼虫有 4 个龄期，以第 3 龄幼虫在土壤深处越冬，第 2 年春季随土壤温度回升，逐渐向上层土壤中转移，并取食危害。5 月开始化蛹，成虫在 6 月上旬开始羽化出土，6 月中旬至 7 月上旬是集中羽化期，8 月上下旬渐少，9 月绝迹。

7. 华北大黑金龟子

鞘翅目金龟甲总科（图 2-8-7）。

1）**形态特征**　成虫：体长 16~21 毫米、宽 8~11 毫米，长椭圆形，后端宽于前端，黑色或黑褐色，有光泽。前胸背板两侧边

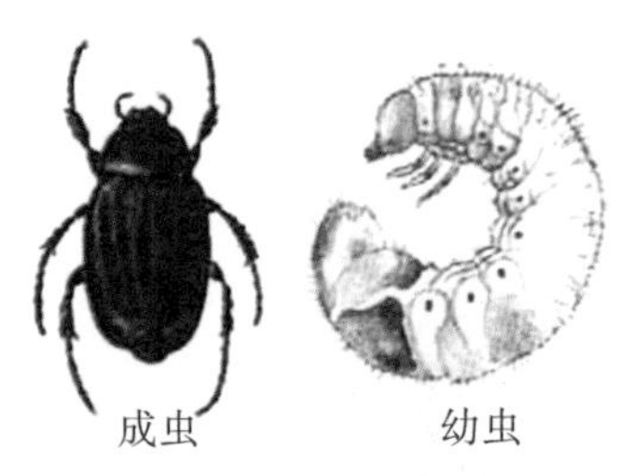

图 2-8-7 **大黑金龟子成虫和幼虫**

缘弧状向外扩张，鞘翅上有 3~4 条纵向隆起的背纹，足上的 2 个爪均分裂成叉状。幼虫：长 35~45 毫米，头宽 4.9~5.3 毫米、长 3.4~3.6 毫米。蛹：长 21~23 毫米，宽 11~12 毫米，化蛹初期为白色，2 天后变为黄色，7 天后变为黄褐色或红褐色。

2）生活习性 该虫 2 年完成 1 代，幼虫期分 3 龄，以幼虫和成虫在土壤内越冬。越冬成虫 4 月中旬开始出土活动，5 月上旬为发生高峰期，9 月上旬为终期。成虫 5~8 月产卵，6 月下旬至 7 月中旬为孵化盛期，8 月以后幼虫进入 2 龄，10 月上旬幼虫开始向土壤深处迁移，在 55~145 厘米的深土层中越冬。越冬幼虫第 2 年 4 月下旬上升到浅土中危害，6 月中旬化蛹，7 月下旬开始羽化，羽化成虫当年不出土，直到来年再出土活动。

8. 黑绒金龟子

鞘翅目金龟甲总科，又称东方金龟子。食性杂，寄主多，为害嫩芽、幼叶及花的柱头，且常出现群集暴食，对花椒危害很大（图 2-8-8）。

图 2-8-8 **黑绒金龟子成虫及幼虫**

1）形态特征　成虫：体长8~10毫米，卵圆形，黑色，有光泽，上披黑色绒毛，触角10节，前翅上有9条纵沟，前足胫节有2齿。卵：椭圆形，乳白色。幼虫：头部黄色，体乳白色，上披黄褐色细毛，尾节腹板约由28根锥状刺排列成向前突的横弧。蛹：黄色，头部黑色，椭圆形，长6~9毫米。

2）生活习性　1年发生1代，以成虫在土中越冬。次年3月下旬开始出现，4月中旬后渐进入盛期，6月为产卵期。

3）防治方法　金龟子类地下害虫，有明显的发生规律，一般上年降雨适中，土壤中未经发酵的饼肥、羊粪、鸡粪多时，可导致大量发生。

（1）人工捕杀：金龟子都有假死特性，清晨、傍晚振落成虫，集中杀灭。

（2）利用黑光灯、性诱剂、糖醋诱杀剂诱杀。

（3）树上防治：成虫羽化时用氟氯菊酯1500~2000倍液喷雾。

9. 大袋蛾

又名大蓑蛾，属杂食性，危害林木有65种，主要取食叶嫩梢，虫量大时可将全株叶片食光。是主要叶部害虫（图2-8-9）。

1）形态特征　成虫：雄成虫长15~20毫米，翅展35~44毫米，体黑褐色，翅及体面的鳞毛蓬松，前翅端各有2个近楔形的透明斑，触角羽状。雌成虫幼虫状，足、翅均退化，体软，乳白色，表皮透明，腹内卵粒在体外可见。卵：椭圆形，长0.8毫米，宽0.5毫米，黄色。幼虫：小龄幼虫黄色，少斑纹，3龄后可分出雌雄。老熟雌虫长32~37毫米，头部赤褐，头顶有环状斑；雄虫体较小，黄褐色，头部中央有“个”字状白色纹。雌蛹枣红色，无

触角、翅及足；雄蛹赤褐色，腹部3~8节背面的前沿有一横列刺，末端有1对小弯刺。

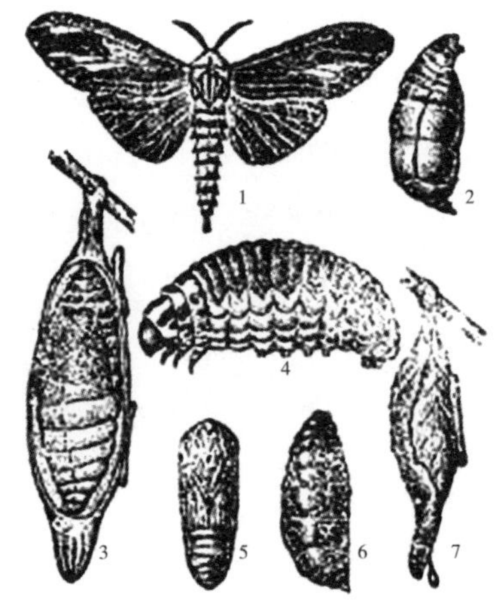

图2-8-9 大袋蛾虫害发育过程及危害

2）生活习性 1年发生1代，老熟幼虫在丝袋内越冬。来年5月初化蛹，5月下旬羽化为成虫，6月中旬进入幼虫孵化期，此后即吐丝织袋，并咬碎树叶粘于丝袋外。雄虫孵化至羽化期常留袋内，雌虫则终生居袋不出，携袋危害。

10. 柑橘凤蝶

又名黄菠萝凤蝶。幼虫蚕食叶片和幼芽，食量大，暴发时常将叶片吃光，是主要叶部害虫（图2-8-10）。

1）形态特征 成虫：体长25~30毫米，翅展70~100毫米，体绿黄色，背面有黑色的直条纹。翅绿黄色或黄色，沿脉纹两侧

黑色，外缘有黑色宽带；带的中间有前翅 8 个，后翅有 6 个绿色新月斑；前翅中室端部有 2 黑斑，基部有几条黑色绒线；后翅带中有散生的蓝色磷粉。卵：圆球形，直径 1 毫米，初产为黄白色，孵化时为黑灰色。幼虫：老熟幼虫体长 48 毫米，幼虫初龄黑褐色，头尾黄白，拟似鸟粪；老龄身体绿色，侧面有条黑色斜带，后胸两侧有眼状斑，中间有 2 对马蹄形纹。蛹：长约 30 毫米，淡绿略呈暗褐色，体较瘦，头顶有角状突起。

图 2-8-10　凤蝶幼虫及成虫

2）**生活习性**　1 年发生 2～3 代。4～10 月有成虫、卵、幼虫和蛹出现，有世代重叠现象。成虫白天活动，卵散生于叶背，卵期 7 天左右，幼虫 1～5 龄均食椒叶等。

3）**防治方法**　幼虫期全树喷 25%灭幼脲 3 号胶悬剂 2000 倍。

11. 刺蛾类

常见的有黄刺蛾、青刺蛾、褐刺蛾、扁刺蛾、褐边绿刺蛾等种（图 2-8-11～图 2-8-13）。

1）**形态特征**　刺蛾类为中型蛾类，鳞片厚，身体粗壮，体多呈色、褐色或绿色，上有红色或暗色斑纹。幼虫蛞蝓形，头小内缩，胸足小或退化，体上常具瘤状刺，人触之皮肤疼痒，故土名毛辣子、洋辣子。该虫以幼虫咬食叶片，严重时成群危害。

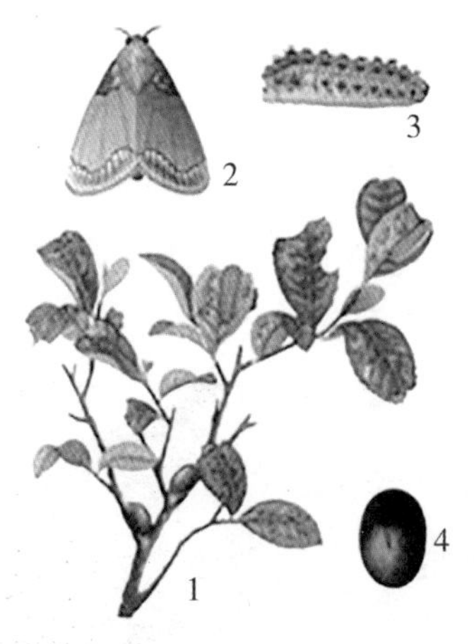

1.受害虫枝；2.成虫；3.幼虫；4.卵

图 2-8-11 青刺蛾

图 2-8-12 黄刺蛾成虫及幼虫

2）生活习性 该类虫 1 年发生 1 代或 2 代，以老熟幼虫在树枝上或枝杈处结茧越冬。越冬代成虫于 6 月出现，产卵于叶背面，成虫具趋光性。幼虫 7 月中旬至 8 月下旬发生危害，8 月为危害盛期，8 月下旬幼虫开始老熟结茧越冬。

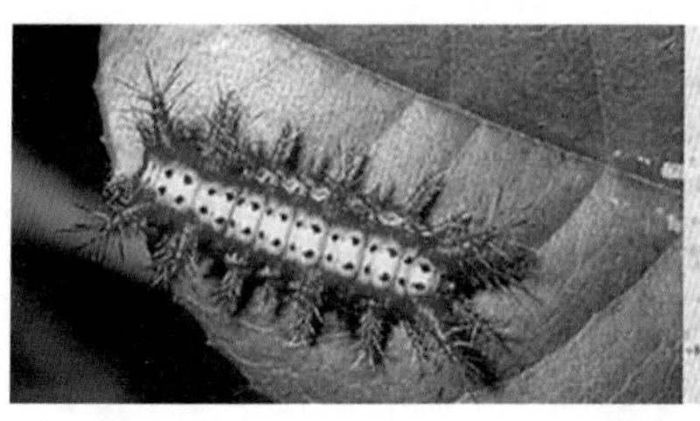

图 2-8-13　棕刺蛾幼虫及成虫

该虫有一个显著特征：秋季老熟幼虫做1个卵虫的越冬茧，外壳坚硬，上有暗褐色条纹，幼虫在这里越冬并化蛹羽化，极易辨认。可结合修剪、采椒及时发现并消灭，严重时可喷杀农药防治。

此外，蛾类易造成危害的有尺蠖蛾，蝶类易造成危害的还有玉带凤蝶等。蝶、蛾类害虫，均为鳞翅目类，共同特点是具咀嚼式口器，都是以各种龄幼虫蚕食叶片。

3）防治方法

（1）捕捉：可在5~10月间捕捉幼虫、蛹、茧。

（2）幼虫量大时，叶面喷氯氟氰菊酯灭杀，也可幼虫期全树喷25%灭幼脲3号胶悬剂2000倍液防治。

（3）注意保护和利用天敌。

12. 山楂红蜘蛛

1）形态特征　雌成虫：体卵圆形，长0.55毫米左右。体背隆起，有细皱纹，背有刚毛26根，分成6排，足4对，冬型朱红色，夏型红色或暗红色。雄虫体长0.4毫米，由第3对足起向后方逐渐变细，末端尖削。卵：圆球形，半透明，有光泽，橙红色。幼虫：初孵时圆形，黄白色，取食后渐变为卵圆形，淡绿色，为3对足。4对足幼虫：前期虫体背开始出现刚毛，后期个体较大，可以区分

图 2-8-14　山楂红蜘蛛

性别（图 2-8-14）。

2）生活习性　1 年发生 10 代左右，以受精雌成虫在枝干裂缝内、粗皮及靠近基部土块缝里越冬。花椒发芽时开始活动，并吸食幼芽、嫩叶汁液。以后世代重叠，随温度升高加重危害，一般干旱年份危害严重。该虫有孤雌生殖特性，在温度、湿度适宜时可大量发生。但天敌种类也很多，瓢虫、草蛉等天敌的数量和红蜘蛛的发生量关系密切。

3）防治方法

（1）成虫出蛰期喷 0.3～0.5 波美度石硫合剂，既能消灭虫、卵，又可防病。

（2）选用哒螨灵、扫螨净 1500～2000 倍液喷雾灭杀，或用克螨特 2500～3000 倍液防治。由于该类害虫繁殖速度快，需要间隔 10～15天再次喷药，一般 2～3 次即可防治。

（3）注意保护天敌，尽量减少农药用量。

13. 蚱蝉

枝条害虫又名知了，对花椒的危害主要是在产卵时期。一般 7～8 月，雌成虫将产卵器插入当年生枝条中，造成爪状“卵窝”，然后产卵于木质内。卵窝大部单行，成直线或螺纹状排列。被产卵的枝条、枝梢干枯而死，影响新梢生长发育，特别是幼树整形期间受害，易导致树形紊乱，是主要枝干害虫（图 2-8-15）。

图 2-8-15　蚱蝉成虫

防治方法：一般年份危害量不大，只要及时剪除被害枝条段就可达到防治的目的。严重发生年份可在成虫羽化期喷氯氟氰菊酯等杀虫农药防治。

14. 天牛类

鞘翅目天牛总科可以危害花椒的天牛有星天牛、光肩天牛、橘褐天牛、黄带黑绒天牛、花椒天牛、六斑虎天牛、桃红颈天牛等多种（图 2-8-16、图 2-8-17）。

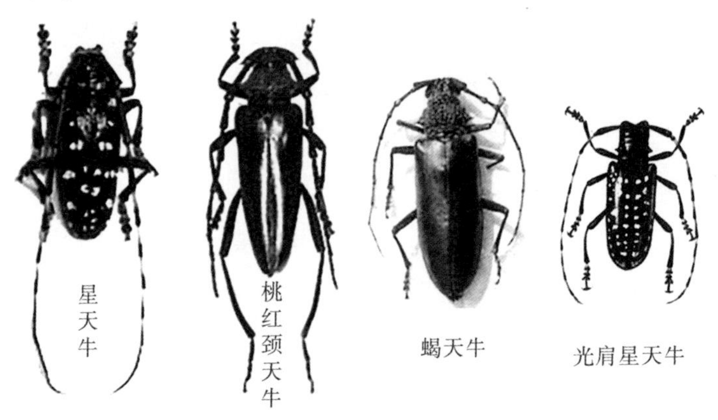

图 2-8-16　几种常见天牛成虫

天牛类害虫共同特点是：发生世代较少，一般1年1代或2年1代，有的2~3年完成1代。以幼虫在木质部蛀道危害，造成树体衰弱。以花椒天牛的防治举例说明：

图2-8-17　花椒天牛成虫

花椒天牛，又名花椒虎天牛。成虫取食花椒树叶和幼梢，幼虫在树干下部以45°斜向上钻蛀入木质部后，沿心向树干上部取食。受害后输导组织毁断，引起树体枯萎，甚至死亡。

1）形态特征　成虫：体长19~24毫米，体黑色，全身密生黄色绒毛，前胸背板呈圆形，具黄色绒毛。触角11节，约为体长的1/30。鞘翅茎部有细刻点，鞘翅中部有2个黑斑。翅面1/3处有一近圆形黑斑。卵：长椭圆形，长1毫米，宽约0.5毫米，初产白色，孵化前呈黄褐色。幼虫：初孵化幼虫头淡绿色，体乳白色，2~3龄头黄褐色，节间凹陷处粉红色，前胸背板有4块黄褐色斑。大龄幼虫长20~25毫米，体黄白色，节间青白色，气孔明显。

2）生活习性　2年发生1代，少数跨越3年。以幼虫、蛹在危害处越冬，少数以卵越冬，幼虫和蛹全年可见。5月下旬成虫开始羽化，并取食木屑补充营养。6月下旬爬出蛀孔，取食树叶。7月中旬产卵，一只雌虫可产卵20~30粒。8月上旬至10月孵化并入树干危害。

3）防治方法

（1）虫孔注药：用废弃的一次性针管吸取杀虫药从蛀孔中注

入消灭幼虫。

药棉塞堵：用棉球蘸取农药原液，塞入蛀孔。

（2）幼虫刚进入时：蛀孔处有黏液流出，发现后及时用小刀挖出，或用细铁丝捅死。及时伐去枯萎枝、树茬，消除虫源。

15. 柳木蠹蛾

1）形态特征　成虫体长 25~28 毫米，翅展 45~48 毫米，体及前翅灰褐色，后翅灰白色，触角狭长，丝状，灰褐色，前翅布满多条弯曲的黑色横纹，肩角至中横线前缘至肘脉间形成灰褐色暗区，并有黑色斑纹，危害主要在幼虫阶段。幼虫特征：体呈筒圆形，略扁，老熟时体长 25~40 毫米，肉红色，有光泽（图 2-8-18、图 2-8-19）。

图 2-8-18　柳木蠹蛾成虫

图 2-8-19　柳木蠹蛾幼虫

2）生活习性　1 年发生 1 代，以幼虫在枝干内越冬。经过 3 次越冬的幼虫，于第 4 年 5 月间在土内化蛹，蛹期 20 天左右。成虫发生在 6 月中旬至 7 月下旬，交尾 1 小时后产卵，卵块成堆或行，产于树干、较粗大侧枝的粗皮缝内、剪锯口或机械伤处。每堆几粒或几十粒，最多可达 40 粒，卵期 11~27 天（平均 20 天左右）。孵化后的幼虫选择树皮裂缝或其他伤口侵入，常数头在韧皮部蛀食，形成

宽阔的坑道，随后分别逐渐蛀入木质部，向上蛀成规则的密集坑道，间或在髓心危害。10 中旬开始在坑道内越冬，翌年 4 月中旬继续危害。由于具有集中取食的特点，严重时可导致整株死亡。

3）**防治方法** 幼虫刚蛀入时，蛀入孔向外流出红褐色汁液，群众称为流胶。此时是防治的最好时期，只要将有虫的皮层刮取，并涂药消毒即可。成虫羽化的 6 月、7 月用黑光灯诱杀，羽化产卵期在树上喷杀虫农药防治。

16. *花椒桑拟轮蚧* 介壳虫类。

1）**形态特征** 成虫特征：雌虫介壳圆形，略隆起，直径2~2.5 毫米，灰白色或黄白色；雄虫介壳长形，两侧平行，长 0.8~1 毫米，宽 0.3 毫米，白色，蜡状，背面有 3 条纵背线。

2）**生活习性** 1 年 2 代，第 1 代 5 月中旬到 6 月初出现，第 2 代 7~8 月间出现。害虫孵化后在介壳下停留数小时，然后出来活动，5~6 小时后将身体固定，插入口器取食，同时分泌蜡质，雌虫分泌丝腺，形成介壳。该虫主要危害幼嫩枝梢，吸食汁液，造成嫩枝细弱，甚至枯萎（图 2–8–20）。

图 2–8–20 蚧壳虫危害状

其他蚧壳虫:草履蚧、桑盾蚧、球坚蚧、梨园盾蚧等(图 2–8–21)。

蚧壳虫特点：都是依靠其特有的刺吸性口器，吸食植物芽、叶、嫩枝的汁液，造成枯梢、黄叶，树势衰弱，严重时死亡。一般在管理较好的花椒园影响不大，管理粗放的花椒园危害严重。

图 2-8-21　草履蚧成虫

3）**防治方法**　加强果园管理，提高果树的抗虫能力；结合整形修剪，烧毁带虫枝条；抓住蚧壳虫生命活动中 2 个薄弱环节，采取物理、机械方法，可以起到事半功倍的防治效果；在果树休眠期喷 3～5.5 波美度石硫合剂，对蚧壳虫有较好的防治效果。危害时喷噻嗪酮效果也较好。在果树生长期应抓住 2 个关键防治时期：第 1 个防治时期是初龄若虫爬动期或雌成虫产卵前，常用药剂乐斯本（毒死蜱）、菊酯类农药等。第 2 个防治时期是卵孵化盛期，选用低毒的选择性杀虫剂进行防治，如氯氟氰菊酯等，或者专杀性农药蚧死净 800～1000 倍液防治。

（二）花椒树病害

1. 梨锈病

又称赤星病、羊胡子病，主要危害叶片，也危害幼果、叶柄和果柄（图 2-8-22）。

图 2-8-22　梨锈病危害症状

1）**病原**　锈菌侵染引起，病害的轻重与春季风向及梨园与桧柏的距离有密切的关系。春季多雨温暖，有利于冬孢子的萌发，17~20℃冬孢子萌发迅速。梨树幼叶初展时，如正逢春雨，梨锈病将严重发生。

2）**症状**　侵染叶片后，在叶片正面表现为橙色近圆形病斑，病斑略凹陷，斑上密生黄色针头状小点，叶背面病斑略突起，后期长出黄褐色毛状物。果实和果柄上的症状与叶背症状相似，幼果发病能造成果实畸形和早落。

3）**发病规律**　梨锈病病菌有转主寄生的特性，在转主寄生如桧柏、龙柏、欧洲刺柏等树木上越冬。春季萌芽展叶时，如有降雨，温度适宜，冬孢子萌发，就会有大量的担孢子飞散传播，4月初至5月上中旬降雨次数多、雨量大，则病害易流行。

4）**防治方法**

（1）梨锈病的防治主要以农业防治和化学防治为主。尽量远离桧柏、龙柏等转主寄生植物。

（2）彻底清园，减少越冬病原菌和害虫。

（3）喷药防治：用0.5%敌锈钠、粉锈宁、甲硫菌灵、三唑锡（使用浓度按说明）在4月下旬或5月上旬第1次喷药，间隔10~15天再喷1次，一般就可以控制。严重时可以再次喷药。几种农药应交替使用。

2. 花椒锈病

主要危害叶片。

1）**病原**　真菌病害。

2）**症状**　发病期在叶子整片上出现2~3毫米水渍状绿斑，

叶片染病，叶背面现黄色、裸露的夏孢子堆，受害处有淡黄色晕环。大小0.2~0.4毫米，圆形至椭圆形，包被破裂后变为橙黄色，后又褪为浅黄色，在与夏孢子堆对应的叶正面现红褐色斑块，秋后又形成冬孢子堆，圆形，大小0.2~0.7毫米，橙黄色至暗黄色。孢子堆破裂后放出橘黄色粉状物——夏孢子。发病后期，夏孢子堆基部产生褐色蜡质的冬孢子堆（图2-8-23）。

图2-8-23　花椒锈病危害状

3）**发病规律**　6月中旬开始发病，7~9月为发病盛期，10月上旬病叶全部脱落。锈病以冬孢子堆在病叶上越冬，锈病发生程度与降水有直接关系。6~8月降水多时，容易出现大面积危害。

4）**防治方法**

（1）农业管理：一是清扫落叶集中管理。二是加强肥水，增强树势。三是合理修剪，改变通风、受光条件。

（2）化学防治：参照以上梨锈病用药防治。

3. 花椒落叶病

又称花椒黑斑病，主要危害花椒叶片（图2-8-24）。

1）**病原**　真菌。

2）**症状**　病害发生在叶片上，由树冠下部向上发展，嫩梢、叶柄均能感病。发病时在叶片上产生1毫米大小的黑斑，叶背面出现明显的疹状小突起或破裂，即病菌的分生孢子盘。后期叶面病

图 2-8-24　花椒落叶病危害状

斑上也着生疹状小点，但当分生孢子盘集生在一起时，叶背则出现大型不规则褐色病斑。老叶上的病斑周围有时可见紫色晕圈。

3）发病规律　病菌以菌丝体、分生孢子盘在落叶或枝梢的病组织内越冬，第 2 年雨季到来时分生孢子而成为初侵染源。一般 7 月下旬至 8 月初病害开始发生，8 月下旬至 9 月发病达到高峰，并出现落叶，严重时全树叶子落光。

4）防治方法

（1）农业防治可参考锈病防治办法。

（2）花椒落叶病和锈病病菌有所区别，防治上除可选用波尔多液、石硫合剂等广谱性杀菌剂外，可用代森锰锌 300~500 倍液，甲基托布津 800~1000 倍液防治。也可以使用多菌灵、百菌清、粉锈宁等，按照说明喷雾防治。喷药时要注意对叶背面喷药。

4. 花椒枯梢病

1）主要症状及发病规律　危害当年生枝嫩梢，造成部分枝梢枯死。发病初期症状不明显，但嫩梢失去水分呈萎蔫症状，枯死、直立，小枝上产生灰褐色、长条形病斑。病斑上生有许多小黑点，略突出表皮，即为分生孢子器，以菌丝和分生孢子器在病组织中越冬。翌年春季病斑上的分生孢子器产生孢子，借风、雨传播。6 月下旬开始发病，7~8 月为发病盛期，1 年中可多次传染危害。

2）防治方法　及时剪除病梢，集中烧毁；喷甲基硫菌灵、代森锰锌、波尔多液等。使用浓度按说明，波尔多液用等量式即可。

5. 花椒干腐病

1）主要症状及发病规律　危害树干或干基部，严重时也危害枝条，往往造成大面积树皮腐烂，导致花发黄，枝条枯死，甚至整株死亡。症状：被害处表皮呈红褐色，湿腐状，树皮凹陷，并有流胶出现，病斑变成黑色，长椭圆形。剥开病皮可见白色菌丝布于病变组织中，后期干缩龟裂，并出现许多橘红色小点，即分生孢子座。老病斑上常有黑色颗粒产生，为子囊壳。大病斑可长达5~8厘米。

该病以菌丝体、分生孢子座及子囊壳的方式在病组织中越冬。第2年5月初，当气温升高时，老病斑恢复扩展。6~7月可多次产生分生孢子，借风、雨、昆虫传播。

2）防治方法　该病只能由伤口入侵，所以要加强枝干病虫防治；对发病较轻的大枝干的病斑可采用刮治的办法治疗，刮治后进行伤口消毒保护；每年4~5月枝干喷1∶1∶160波尔多液有较好的防治效果。

6. 花椒流胶病

1）主要症状及发病规律　主要危害枝干，导致树皮开裂，树干逐渐干枯，叶片枯黄，树势衰弱，直至树体死亡。发病初期，发病部位出现红褐色，随着病斑扩大，逐渐呈湿腐状，表皮凹陷，流出一种黄褐色汁液，凝固后似“胶”状，流胶部位的皮层、木质部变褐，腐烂。流胶病病菌在组织内越冬，第2年4~5月随气温回升开始危害，6~8月为发病高峰期。病菌可借风、雨传播，

从伤口侵入发病（图 2-8-25）。

图 2-8-25 花椒流胶病

2）**防治方法** 加强树体管理，增强树势，提高抗病能力；刮除病斑，刮治后消毒保护伤口。有资料报道，刮治后涂维生素$_{B6}$软膏效果可达 91.6%，也可涂抹熟猪油等。

图 2-8-26 花椒炭疽病

7. 花椒炭疽病

主要危害果实(图 2-8-26)。

1）**症状** 发病初期果实表面有数个褐色小点，呈不规则状分布，后期病斑变成深褐色或黑色，圆形或近圆形，中央下陷，病斑上出现褐色或黑色小点，呈轮纹状排列。阴雨天病斑上的小黑点呈粉红色突起，即病原菌的分生孢子堆。

2）**发病规律** 病菌在病果、

病枯梢及病叶中越冬。分生孢子借风、雨、昆虫等传播，1 年中能形成多次侵染。每年 6~7 月为发病期，8 月为发病盛期。

3）防治方法　松土除草，科学修剪，增施有机肥料，改善椒园通风条件；6 月中旬喷 1 次1：1：2波尔多液，6 月下旬喷 1 次 50%退菌特 800 倍液，8 月喷1：1：2波尔多液或退菌特可湿性粉剂 600~700 倍液进行防治。

8. 花椒根腐病

是由腐皮镰孢菌引起的一种根部病害。

1）症状

花椒根腐病常发生在苗圃和成年椒园中。受害植株根部变色腐烂，有异臭味，根皮与木质部脱离，木质部呈黑色。地上部分叶形小而色黄，枝条发育不全，严重时全株死亡。

2）防治方法

（1）合理调整布局，改良排水不畅。环境阴湿的椒园改造通风透光条件，使其通风干燥，抑制病害发展。

（2）做好苗期管理，严选苗圃，以 15%粉锈宁 500~800 倍液消毒土壤。高床深沟，重施基肥。及时拔除病苗。

（3）移苗时用 50%甲基托布津 500 倍液浸根 24 小时。用生石灰消毒土壤，并用甲基托布津 500~800 倍液，或 15%粉锈宁 500~800 倍液灌根。

（4）4 月用 15%粉锈宁 300~800 倍液灌根成年树，能有效阻止发病。夏季灌根能减缓发病的严重程度，冬季灌根能减少病原菌的越冬结构。

（5）及时挖除病死根、死树并烧毁，消除病源。

（三）鼢鼠危害

1. 危害特点

在花椒产区，特别是黄土高原地区，鼢鼠是危害花椒的主要害鼠之一。鼢鼠俗称“瞎狯”“瞎老鼠”，遍布我国北方各地。它常年栖居地下，打洞潜土，危害花椒幼苗、幼树的地下部分。

2. 形态识别

鼢鼠体长146~250毫米，雌鼠小，雄鼠大。体躯肥胖，圆筒形，稍扁平，全身密被光泽的鹅绒细毛。头宽扁，吻端平钝，尾细短，四肢较短，均有强爪。前肢变为肢形，尤为强大。具镰刀状坚强锐爪（图2-8-27）。

图2-8-27　鼢鼠

3. 发生规律

鼢鼠是一种终年营地下生活的鼠类，取食、繁殖、防御等一切活动均在洞道之内进行，具有特殊的生活习性。鼢鼠以植物的地下部分为食物，食性很杂，适应性强。一年之中，除冬季活动较少外，其余季节均有危害，雨后地湿活动尤烈，晴天、刮风天不常活动。鼢鼠的听觉和嗅觉都很发达、灵敏。鼢鼠怕光，有封洞习性，特别是在大风天或打雷下雨天封洞既快又多。鼢鼠的繁

殖能力很强，每只雌鼠1年可生幼鼠10只左右。有鼢鼠活动的地方，地面常出现土包（或土丘）。

4. 防治方法

1）**灌水法**　距水源近的地方，可利用灌水捕杀。

2）**挖掘法**　首先寻找鼠洞，然后将有鼠的取食洞和常行洞分段用铁锹切开，便于阳光和风进入洞口，待10多分钟以后，逐个检查各洞口，即可沿封洞的方向挖掘。刨挖时要沉着、迅速、仔细。

3）**压箭法**　此法是用长约100厘米、直径2~3厘米的木棒3根作为支架，一端用绳将3根木棍结扎起来，支成三脚架。一根长33~49厘米、直径3厘米的棍作为杠杆，杠杆的一端系一条49~66厘米长的绳子作为牵绳，绳子另一端系一根长6~12厘米的木棍作为横档棍，在杠杆1/10处绑一条短而较粗的绳子，悬于三脚架下作为支点，在支点一旁用4条绳子作为提绳，悬2.5~3千克重的石板。若无石板可在木板上压土代板。支架前先要判断洞内有无鼢鼠及其去向，搞清后再支架下箭。插箭距离可根据洞口大小及天气情况决定。洞径为3~5厘米，且无风无雨时，第1箭距洞口应为10厘米，箭中距为6厘米，共需箭3根；洞径为6~9厘米时，第1箭距洞口14厘米，箭中距为7厘米，共需箭3根；洞径为9厘米以上时，第1箭距洞口14厘米，箭中距为7厘米，共需4根箭。插箭时，从洞前方或后方依次进行。全部插完后，在洞口左或右顺着洞的方向插一竖档棍，然后将石板提起，距箭上端20~25厘米高，压下杠杆另一端，将横档棍置于竖档棍下面，挡于洞口中的土块上，待鼢鼠推土封洞时，将洞口土堆推到洞外，这

时横档失去挡力，即速升起，石板下落，压箭入洞，穿推土堵洞的鼢鼠体。

4) **磷化锌毒饵法** 由饵料和磷化锌及黏着剂3部分组成。利用鼢鼠贪食的习性，选用其喜吃的马铃薯、萝卜、大葱等作为饵料，切成指头粗、长3厘米的小块，然后拌以磷化锌制成毒饵。投饵方法有以下几种：穿洞投饵，可分直插式和斜插式2种。直插式投饵：即在主洞的上面用探棍钻一小孔，放上漏斗投入毒饵，然后封口。此法适用于土层稍厚，土壤湿润，种植作物的田地。其优点是方便、省力、省料，不损庄稼。斜插式投饵，是用探棍从主洞的侧面插入钻孔，放上漏斗将饵投入，盖好钻口。此法适用于土壤干燥、洞浅、土松的新翻地和未种作物的田地。挖洞投饵：将主洞挖开，在鼻印浅的一面（即鼠居住的一面），距洞口50厘米的地方撒毒饵，然后用土块封洞。此法下饵准确，适用于未种田和土壤干燥、疏松地。棚洞投饵：在主洞顶部挖开4~5厘米直径的小口，投饵用土块棚顶即可。此法适用于土壤干燥、洞浅、庄稼已出苗的地里。

5) **窒息灭鼠弹** 是利用烟火技术，结合生物、化学、物理等综合技术措施研究的一种高效灭鼠烟剂。使用前，首先准确判别有效鼠洞。通常以开洞后封堵者视为有效洞。然后按开洞—封洞—开洞投弹的步骤进行。投弹时一定要确认药弹点燃，并准确投入洞中，然后再将洞口封死，以不漏烟为准。在投弹后1~2天内打开鼠洞，如未见堵洞则证明鼢鼠已死。该方法简便，省工省时，安全无毒，不伤害人畜。

三、自然灾害防治

花椒树耐寒性较差，幼树在年绝对最低气温-18℃以下的地区，大树在绝对最低气温-25℃以下的地区，冬季往往遭受冻害。在我市花椒产区因冬季冻害、春季晚霜冻害灾害比较突出，造成十年五年灾，不但减产、绝收甚至花椒树冻死。冬季冻害主要是绝对最低温度过低，且严寒持续时间长造成的；春季冻害主要是霜冻和“倒春寒”造成的灾害。

（一）冻害的类型

1. 树干冻害

是冻害中最严重的一种。主要受害部位是距地表50厘米以下的主干或主枝。受害后，树皮纵裂翘起外卷，轻者能愈合，重者则会整株死亡。

2. 枝条冻害

在我国北方，花椒枝条冻害比较普遍，只是被害程度有所不同。枝条冻害除伴随树干冻害发生外，多发生在秋雨很少、冬季少雪、气候干寒的年份。严重时，1~2年生枝条大量枯死，造成多年歉收。幼树生长停止晚，枝条常不能很好成熟，尤其是先端成熟不良的部分更易受冻。

3. 花芽冻害

花芽较叶芽抗寒力低，故其冻害发生的地理范围较广，受冻的年份也频繁；由于花芽的数量较多，轻微的冻害对产量影响不

大；比较严重时，每果穗结果粒数显著减少。

花芽冻害主要是花器官冻害，多发生在春季回暖早后又复寒的年份。一般3月中下旬气温迅速回升，花芽萌发，从4月中旬至5月上旬，由于强冷空气侵袭，气温急骤下降，造成花器受冻。

如2002年12月20~25日，我市出现了50年不遇的低温天气。据宜川县气象站观察记载，最低气温达到-23.3℃，且持续时间长达6天，地面温度降到了-30℃~28℃，致使花椒大量枝干顶部枯死也叫抽干。据笔者灾后调查，宜川集义镇花椒平均死亡率高达90%，寿峰乡花椒死亡率达到48.4%，使2003年全县花椒产量锐减。2010年再次发生，致使宜川县花椒产业发展受到严重影响（图2-8-28）。

图2-8-28　花椒受冻抽干

（二）冻害的表现症状

1. 全树冻死

受害后，树皮纵裂翘起外卷，有的树干纵裂，全树枝条失水变脆，地上部分全部死亡。

2. 局部受害

有的椒树部分主枝冻死，有的主枝全部冻死，后部还可恢复。

3. 枝条受害

受害区大部分1~2年生枝条全部冻死。

4. 花芽受害

花芽较叶芽抗寒力低，故有相当一部分树，虽整株开春后逐渐恢复，但大部分花芽受害，结果寥寥无几。

（三）冻害的原因

影响花椒冻害的因素很复杂。有树体本身的因素，如品种、树龄、生长势、枝条的成熟度与抗寒锻炼，都与冻害有密切关系。还有环境因素，如地理位置、土壤地势、栽培管理及当年的气候条件等。异常的低温是造成冻害的直接因素。若初冬气温较高，以后骤降或低温来临早，持续时间长，绝对气温低，温度变化大，风力强，干旱，都会不同程度地加重冻害的发生。海拔愈高，冻害愈烈。同一时期阴坡的冻害比半阳坡严重。山区阳坡土层浅，昼夜温差大的地方易发生冻害。一般凡冬季受西北风影响大的坡面和背阴的地角，埝根比其他方向受害重，枝条冻害幼树较盛果期树重。树干冻害则树龄越大，树干越粗，冻害越重。

造成冻害的原因很多，常见的有：

（1）品种抗冻能力差。

（2）冬季异常的低温可导致花椒根系分布范围全部结冻，土壤水分冻结后，根系无法从土中吸收水分供应枝干，而枝干仍在不断地蒸发水分，造成相对干旱，导致抽干死亡。

（3）越冬时树体内的自由水结冻，体积增大，破坏了细胞和输导组织的正常生理功能，两者在寒冻条件下共同作用，加剧了冻害程度。

（4）春季出现“倒春寒”天气。在花椒萌芽或开花前，气温异常升温过快过高超乎常年几天后，又突然剧烈大幅降温，气温在零度以下，加之花椒园湿度大，造成晚霜，冻伤花椒嫩芽嫩叶或花，形成春季低温晚霜冻害。

（5）果园管理松土深翻不当。花椒园山地旋耕除草导致树下方根系裸露，上方根系切断吸收水分减少。

（四）冻害的防治

1. 冬季冻害预防

（1）选用抗冻品种。从调查情况看，品种之间差异很大。同块地大红袍死亡率在100%时，构椒死亡率只有15%，所以在今后发展中要注意搞好不同抗寒能力的品种搭配。引进试验推广“秦安一号”等抗寒优良品种，同时注意在当地未冻死的花椒中，选育在本地表现有优良抗寒性的品种，是解决冻寒问题的关键。

（2）生物覆盖（图2-8-29）。

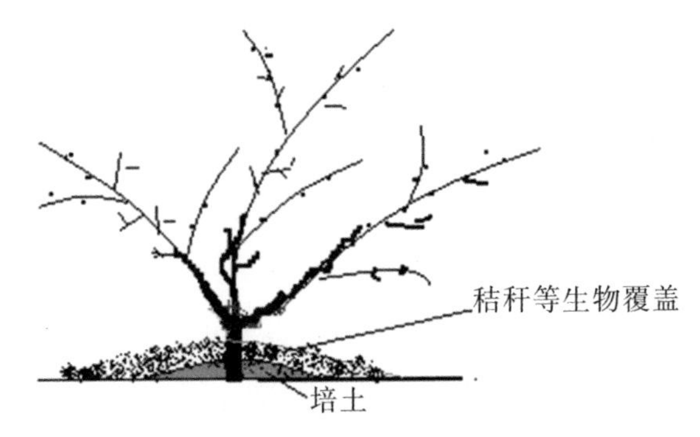

图2-8-29　培土覆盖示意图

（3）冠下培土。冬季给树冠下压土15~20厘米，根茎部分培至40~50厘米。培上的虚土含空气轻得多，可形成保护层，减轻根系分布区的土壤结冰程度。开春后结合施肥，中耕再刨去覆土。

（4）灌水防寒。川台地一般受害最重。有条件的可在预报特

殊低温到来时，给椒园灌水，灌水后可以使土壤表层接近地面空气温度下降变慢。

（5）改变旋耕除草办法，保证根系吸水功能。

（6）冬剪短截虚旺枝，清除萌蘖枝，并保护好伤口，减少水分蒸发。

2. 春季低温冻害预防

春季冻害主要是晚霜和倒春寒，二者的共同特点是在早春发芽、显蕾期发生。受冻后一般不造成死树，但可造成当年花椒大量减产，甚至绝收。

1）**利用花期推迟**　一种是选择发芽晚品种，如小红袍、构椒（臭椒）、秦安一号、狮子头，另一种办法是树干（枝）喷白。可以反射光照，减少椒树对热能的吸收，降低有效积温，推迟花期3~5天，避开晚霜期，防止霜冻。涂白剂的配制方法：先将30份生石灰、15份食盐分别用温水化开，混合搅拌成糊状，然后加入5份硫黄粉、1份植物油和5份面粉，最后加入150份水搅拌均匀即可。用16份生石灰、10份黄黏土（越细越好）、200份水及少许肥皂或洗衣粉搅拌均匀即可。也可用石灰1千克，食盐0.5千克，石硫合剂原液0.5份，食用油0.1~0.2份，水适量，调至稀糊状，稀释至能喷出，然后对全树喷白。

2）**熏烟**　寒流来临之时，在椒园迎风面园内，堆草堆后，上覆薄土。每亩10~15堆，当凌晨气温降至3℃以下时，点火发烟，形成烟雾可防止土壤热量的辐射散发。烟雾可吸收湿气，使水分凝结成液体，释放出热量，提高温度。较好的烟雾剂配方为硝铵20%~30%、锯末50%~60%、废柴油10%、细煤粉10%，装袋后

点燃（图 2-8-30、图 2-8-31）。

图 2-8-30 烟雾熏

图 2-8-31 简易熏烟炉

3）土坑式防冻窖防冻技术

花椒园大部分靠近林区，上述熏烟法对森林（草原）防火造成威胁。目前推广苹果、核桃园用“土坑式防冻窖”进行熏烟防治。

为了有效预防果树花期低温冻害，宝塔区果业局通过实践总结，创新出熏烟防冻的新方式——土坑式防冻窖。该方法的优点是：烟雾大、持续时间长、易建造、易操作、效果好，不易引起山区森林草原火灾。具体如下：

（1）防冻窖建设位置和数量

应根据风向、风力大小具体确定。3 级以上风力，设置在果园的上风口（根据降温当晚的风向决定果园的上风口），加大熏烟的覆盖面，每亩 5~8 个；2 级以下风力或无风天气，在果园东西南北中梅花式布点，每亩 6~10 个。

土坑式防冻窖分为平地和山地 2 种。根据果园的空间（宽度和长度），并结合降温幅度、低温持续时间调整布点数量和防冻窖大小。

（2）防冻窖的建造

挖长1.5米、宽1.5米、深1.2米的方坑或直径为1.5米、深1.2米的圆坑，并在窖底挖一个0.3米宽的通风道，通风道与通风口的水平线等高。预备一个比通风口稍大的小木板，在底层秸秆燃透后，利用木板调节通风口的大小，控制燃烧达到熏烟的最佳效果，延长熏烟持续时间（图2-8-32）。

图2-8-32　土坑式防冻窖

（3）防冻窖的燃料填充

一是在通风道与通风口放一根直径为10厘米粗的木棍靠近坑底，并踏实、踩平。二是底层垫一层厚10厘米的易燃秸秆，再垫一层厚20厘米较细的果树枝条，也要铺平、踩实。三是利用粗一点的果树枝条或木棒将剩余的空间填满。切记要填充实，才能达到预期的效果，如填充不实，空间大，易燃烧，会造成熏烟效果差，持续时间短。四是用牛粪、羊粪、锯末和成稠泥封顶（切记不要用土封顶，牛粪、羊粪、锯末厚度30~40厘米，燃烧后期根据情况随时添加牛粪、羊粪、锯末）。封顶时留单口排烟或多口排烟道（周边的缝隙要尽量封实，保证不燃烧，无明火，熏烟效果好）。五是准备一些废弃的柴油从排烟口中注入，起到烟雾缭绕的最大效果。六是点燃

时在通风口将通风道的木棍取出，短时间内可形成大量的烟雾。

防冻窖最好在每年清园时建造好。填充材料充分利用每年清园的废弃果袋、果枝、落叶等，既解决了果园的环境卫生，又可将废弃物转化为果园熏烟防冻材料。

（4）土坑式防冻窖的好处

①烟雾大。过去熏烟方式是四周裸露，燃烧快，明火多，产生的烟雾小、少。此办法是把裸露的打火熏烟变成土坑里密闭熏烟，用同样的燃烧材料，可以提高烟雾浓度的最大化，使秸秆、果树枝条集中在密闭的土坑中焚烧产生大量的烟雾。同时，土坑里熏烟热量急剧高温，可以在很短的时间内将燃料不充分燃烧碳化，并形成大量高浓度的烟雾。因此，燃烧产生的烟雾比裸露增加10~20倍。

②时间长。把不受限制打火熏烟的短时间变成风门控制熏烟的长时间。同样的材料采用土窖熏烟，根据防冻需求随时添加燃料连续熏烟，一次建好多年使用，熏烟持续时间增加5~10倍。

③投资小。一个烟幕弹可覆盖1~2亩，持续时间2小时，成本240元，防冻8小时每亩需500元左右，熏烟的材料为果园废弃物，取材方便、容易、数量足，可就地取材，不需要资金投入。

④易操作。土坑式防冻窖工艺简单，无须任何高新材料，有劳动能力的人均可在果园随时随地建造。

⑤易推广。该技术在我国各果业生产区域都可以推广，不受地域限制，不受材料限制，成本低、易推广。

⑥效率高。该方式熏烟烟雾大、效果好、持续时间长，根据

单位面积内土坑式防冻窖的不同密度，抵御低温天气的冻害不同，每亩5~8个土坑式防冻窖可以抵御低温天气的冻害。

⑦安全性能好。把裸露的打火熏烟由专人死看死守，变成土坑里密闭熏烟，不产生明火，火源在地下，不需要专人死守，不易引发靠近果园的森林、草原火灾，安全性能好。

四、石硫合剂与波尔多液配制

1. 石硫合剂

在众多的杀菌剂中，石硫合剂以其取材方便、价格低廉、效果好、对多种病菌具有抑杀作用等优点，被广大果农普遍使用。

1）材料　硫黄粉：生石灰：水=2：1：10为1成，根据锅能盛水多少计算一锅能熬几成。

2）熬制方法

（1）锅里称重倒水（不可超过锅一半），烧开。

（2）用水把称重好的硫黄粉化成稠糊状；石灰也称好（生石灰块不用化开，可把硫黄糊倒入锅后直接分次投入生石灰块，这样可以利用石灰与水反应增强化学反应质量，熬出的石硫合剂质量最好。如果是普通石灰则要用水化成糊状）。

（3）锅烧开后倒入化好的硫黄糊，再分次放入生石灰块（称重时要除去渣滓的重量，即根据质量好坏决定增重的多少），始终保持沸腾，要不断搅拌而以不溢出来为度。如果是糊状石灰，则要先把硫黄糊倒入锅内并大火烧开，再倒入石灰糊。这个过程是

好坏的关键，窍门就是始终保持锅里沸腾。

(4) 硫黄、石灰投放完后，捞出石灰渣滓，大火熬制并不断搅拌40分钟。熬成砖红色表示熬制成功。

(5) 石硫合剂为强碱性，不能装在金属容器。

(6) 浓度测量：石硫合剂放凉后，轻轻在液体中放入比重器，测量出波美浓度，以便喷药时掌握稀释倍数。

2. 波尔多液

波尔多液是一种广谱、无机（铜）、保护性杀菌剂，可防治炭疽病、黑痘病、黑星病、苹果炭疽病、轮纹病、早期落叶病等，并能促使叶色浓绿、生长健壮，提高抗病能力。具有杀菌谱广、持效期长、病菌不会产生抗性、对人和畜低毒等特点，是应用历史最长的一种杀菌剂。

1）材料　硫酸铜、生石灰、水。

2）量式　根据使用季节、植物种类的不同，波尔多液配制比例也有多种，见表2-8-5。

表2-8-5　波尔多液配制比例

波尔多液量式	硫酸铜	生石灰	水
少量式	0.5	1	160~240
等量式	1	1	160~240
倍量式	1	2	160~240
三量式	1	3	160~240
多量式	1	4~5或更多	160~240

3）配制方法　一般有2种：

(1) 同时倒入法：用水量一半溶化硫酸铜（先用少量热水化

开再加水，这样比较容易融化），另一半溶化生石灰，待完全溶化后，再将两者同时缓慢倒入备用的容器中，并不断搅拌。

（2）稀铜浓灰法：用10%~20%的水溶化生石灰，80%~90%的水溶化硫酸铜，待其充分溶化后，将硫酸铜溶液缓慢倒入石灰乳中，边倒边搅拌，使两液混合均匀即得天蓝色波尔多液。

（3）配成的波尔多液呈天蓝色，胶体性能强，不易沉淀，质量好。要注意切不可将石灰乳倒入硫酸铜。

五、农药稀释计算

在农业生产中，大部分农民买来农药，不懂得农药的配制方法，只能凭经验兑农药，导致用药量大，有的甚至造成药害，给农产品的生产及环境污染带来了较大的威胁。下面为大家介绍农药药剂浓度的表示方法，以及农药稀释倍数计算方法。

1. 稀释倍数

这个是比较常见的，也是比较简单的。因为农药的稀释倍数一般非常大，所以在计算过程中直接忽略农药本身的重量。例如某粉剂农药的稀释倍数为1500倍液，农药粉剂每袋10克，如果需要整袋使用，则兑水应该为10×1500＝15000克＝15千克。一般情况下，1升水为1千克，也就是说一袋药要兑15升的水。水量可以看喷雾器侧面的水量显示，上面标有刻度。

2. 亩/公顷用量

亩用量就是每亩需要使用的量，例如，100克/亩，代表着每

亩地需要用药 100 克。这个在实际使用过程中要看经验，如每亩作物需要用 15 升的水（平时使用的喷雾器大部分是 15 升），也就是一壶水，那么直接用 100 克就可以了。如果每亩作物需要用 2 壶水，那么就是 100÷2＝50 克，每壶水放 50 克农药。

公顷用量和亩用量差不多，只不过 1 公顷＝15 亩，在换算成亩的时候需要除以 15。如每公顷用量 3000 克，则每亩用量应该为 3000÷15＝200 克。

第九章　花椒采摘干制与加工

一、采收时期

图 2-9-1　花椒成熟

花椒果实在发育中，内在的生理状态和外部的形态表现都会发生一系列变化（图 2-9-1）。花椒果实生理成熟与形态成熟是一致的，在生产上都是以外部形态标志作为确定适宜采收期的依据。花椒成熟的外观标志是：果皮缝合线突起，少量果皮开裂，表现出品种特有的色泽，种子呈黑色光亮，种仁子叶变硬，幼胚成熟，脂肪大量积累。一般地势低的地方比海拔高的地方成熟早，阳坡比阴坡成熟早，干旱年份比多雨年份成熟早。采收时期是否适宜对花椒产量和品质有明显影响：适时采收，色泽鲜艳，具有品种特有色泽，出皮率高；香味和麻辣味浓郁，芳香油含量高；采收过晚，果皮开裂，难以采摘，也会对次年的生长结果造成不良的影响。

二、 采摘方法

目前普遍采用的办法是人工手摘。采收前，要先准备好采椒篮、盛椒器具、苇席及晾晒场地等。采摘时，一手握住枝条，一手采摘果穗。由于果穗基部长有针刺，采摘时易扎破手指，有的地方用剪刀剪，这样往往损害顶部椒枝，对第2年产量有较大的影响。但对过密、衰老的结果断枝或单位枝可以直接掐断，起到直接疏除的作用。

采摘时用手从果穗茎部掐断。一定要注意只能摘下果穗部分，而不能伤害果穗下的小枝，因为这些小枝有可能就是来年的结果枝。采摘时要尽量轻拿轻放，减少对果面造成的机械损伤，避免影响花椒的外观质量。

用手从果穗基部掐取果穗比较费工，每个工日一般可摘鲜椒12~15千克，所以在栽培面积大、数量多的主产区，要合理安排不同成熟期的品种，以便调剂劳动力。

近几年不断出现各式各样的花椒采摘机（图2-9-2）。

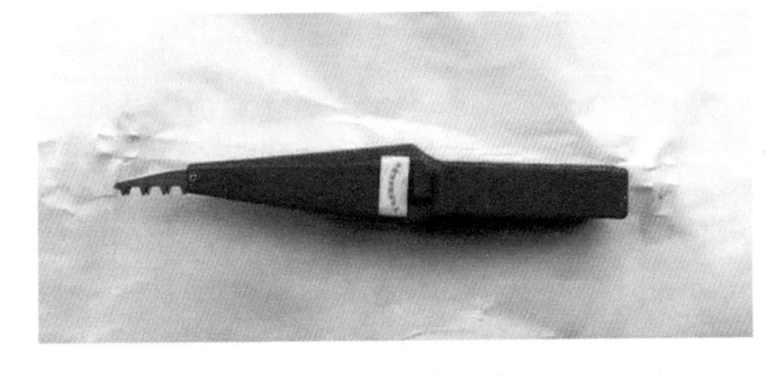

图2-9-2 花椒采摘机

三、花椒的干制

摘下来的鲜花椒先放至干燥、通风的阴凉处 1~2 天，这样既便于集中零散摘回来的鲜椒，又可使花椒进一步后熟，并蒸发一部分水分，以便待阳光充足的晴天一次性晾熟或干制成功。

1. 自然晾熟

晾熟场地最好为水泥砂浆预制的地板，没有条件的也可以在地上或架上铺竹帘、草席或在地面铺彩条布、塑料膜等进行晾熟。晾熟时将花椒轻轻摊开，厚度在 3~4 厘米。晾熟时应有专人照管，其间用竹棍轻轻翻动 4~5 次，约 85%以上开口后，将果皮和种子分开，除去杂质，按品种、级别分装，置干燥通风处保存。应注意的是：晾晒前要注意天气预报，一旦晾晒，1 天内必须晒干，否则会变黑影响商品价值（图 2-9-3）。

图 2-9-3 花椒室外晾晒

2. 机械干制法

利用烘干机进行烘干。花椒烘干机的种类很多，大小不一，果农常用主要有 2 种（图 2-9-4）。当烘干机内温度达到 30℃时放入花椒，保持 30~55℃的温度 3~4 小时，待 85%的椒口开裂后从烘干机内取出，用木棍轻轻敲打，使果皮和种子分离，然后将果皮再次放入烘干机内烘烤 1~3 小时，温度控制在 55℃。

图 2-9-4　农村常见花椒烘干小型机械

四、普通花椒的分级标准

目前花椒多是通过中间商收购，收购价格也基本是根据质量协商确定，没有严格的分级标准。随着电子商务的兴起，网络销售成为重要渠道。而网络销售质量与价格关系较为严谨，为此，椒农应根据销售渠道确定自己的产品层次，以便体现出优质优价。有关标准如下：

1. 一级品

外表颜色深红，果肉黄色，睁眼椒颗粒大而均匀，麻味足，香味浓，无枝干、无杂质，椒柄不超过 1.5%，无霉坏、无杂色椒。

2. 二级品

色红，内黄白，睁眼椒颗粒大，无枝干，椒柄不超过 2%，无杂质、无霉坏，无杂色椒、闭眼椒、青椒，椒籽不超过 8%。

3. 三级品

椒色橙红，麻味正常，闭眼椒、青椒、椒籽不超过 15%。

按照陕西省《花椒质量等级》（DB61/T72.5—2011）标准，主

要指标如表 2-9-1、表 2-9-2 所示。

表 2-9-1　感官指标

项目	特级	一级	二级	三级
色泽	大红或鲜红，均匀，有光泽	深红或枣红，均匀，有光泽	暗红或浅红，较均匀	褐红，均匀
滋味	麻味浓烈、持久、纯正		麻味浓烈、持久、无异味	麻味尚浓、无异味
气味	香气浓郁，纯正		香气较浓，纯正	具香气，尚纯正
果形特征	睁眼，粒大、均匀，油腺密而突出	睁眼，粒较大、均匀，油腺密而突出	绝大部分睁眼，粒较大，油腺较突出	大部分睁眼，果粒较完整，油腺较稀而不突出
霉粒、染色椒和过油椒	无			
黑粒椒	无		偶有，但极少	
外来杂质	无	极少		较少
干湿度	干			

表 2-9-2　理化指标

项目	特级	一级	二级	三级
固有杂质含量/%≤	4.5	6.5	11.5	17.0
外来杂质含量/%≤	0	0.5	1.0	
水分含量/%≤	10			
挥发油含量/（毫升/100 克）	4.0	3.5	3.0	2.5

花椒的卫生指标应包括重金属元素铅、镉、汞和类金属元素

砷的卫生限量标准，以及多菌灵、乐斯本、辛硫磷、氯氟氰菊酯、溴氰菊酯、氯氰菊酯6种农药的残留限量标准。除此以外，还应包括六六六、DDT、敌敌畏、乐果、马拉硫磷、对硫磷、甲拌磷、杀螟硫磷和倍硫磷最大残留量标准。这些标准应符合GB 2762、GB 2763、GB 4788、GB 5127等有关食品卫生国家标准的要求（有机磷农药残留量要求按原粮之要求，有机氯农药残留量和汞允许量按成品粮之要求）。另外，对于国家明令禁止在果树上使用的农药，在花椒果实中不得检出（表2-9-3）。

表2-9-3　花椒的卫生指标

项目	指标/(毫米/千克)	项目	指标/(毫米/千克)
镉	≤0.03	DDT	≤0.1
汞	≤0.01	六六六	≤0.2
铅	≤0.2	敌敌畏	≤0.2
砷	≤0.5	辛硫磷	≤0.05
多菌灵	≤0.5	杀螟硫磷	≤0.5
乐斯本	≤1.0	氧化乐果	不得检出
乐果	≤1.0	马拉硫磷	不得检出
溴氰菊酯	≤0.1	对硫磷	不得检出
氯氟氰菊酯	≤0.2	甲拌磷	不得检出
氯氰菊酯	≤2.0	倍硫磷	不得检出

五、果实质量检验方法与规则

（一）检验方法

根据《陕西省地方标准——花椒》规定，花椒的各项质量指

标分别按表 2-9-4 中的标准方法进行检测。对于农药残留限量指标，除多菌灵采用紫外分光光度法外，其余农药均采用气相色谱法。其中，辛硫磷采用火焰光度检测器，乐斯本采用氮磷检测器（FPD 检测器），溴氰菊酯、氰戊菊酯和氯氟氰菊酯采用电子捕获检测器（ECD 检测器）。对于元素卫生限量指标，砷采用银盐法（主要仪器为紫外可见分光光度计），铅和镉采用石墨炉原子吸收光谱法（主要仪器为原子吸收分光光度计），汞采用冷原子吸收光谱法（主要仪器为双光束测汞仪）。

表 2-9-4　花椒及实质量检测方法

指标		执行标准编号	标准名称
感官指标 理化指标		DB61/T72.5—2011	花椒综合体
卫生指标	砷	GB3762	食品中总砷的测定方法
	铅	GB2763	食品中铅的测定方法
	镉	GB4788	食品中镉的测定方法
	汞	GB5127	食品中总汞的测定方法
	辛硫磷	GB 14875	食品中辛硫磷农药残留量的测定方法
	多菌灵	GB/T 5009.38	食品中有机磷和氨基甲酸酯类农药残留量的测定方法
感官指标 理化指标		DB61/T72.5—2011	花椒综合体
卫生指标	乐斯本	GB/T 17331	食品中有机氯和拟除虫菊酯类农药残留的测定
	氯氟氰菊酯	GB/r 17332	食品中六六六、DDT 残留的测定方法
	三氟氯氰菊酯		食品中有机磷农药残留的测定方法

续表

指标		执行标准编号	标准名称
卫生指标	溴氰菊酯		
	氰戊菊酯	GB/T 5009.19	
	六六六	GB/T 5009.20	
	DDT		
	敌敌畏		
	乐果		
	马拉硫磷		
	对硫磷		
	甲拌磷		
	杀螟硫磷		
	倍硫磷		

（二）检验规则

1. 检验分类

无公害花椒的检验分为常规检验和型式检验。

常规检验是在收购、贸易和贮运交货等成批交易时，对花椒品质进行的一般性检验，包括感官检验和理化检验（一般只检验总杂质含量、水分含量和挥发油含量）。若供需双方认为需要时，可要求增加检验不挥发性乙醚抽提物、醇溶抽提物和（或）灰分。

型式检验是在国家质量监督检验机构或供需双方认为需要时对花椒品质进行的全面性检验，包括感官检验、理化检验和卫生检验的全部项目。有下列情形之一者应进行型式检验：

（1）前后2次抽样检验结果差异较大。

（2）人为或自然因素使生产环境发生较大变化。

（3）国家质量监督机构或主管部门提出型式检验要求。

2. 检验批次

同一品种、同一等级、同一时期生产的一次性发运或接收的花椒为一批次，凡品种混杂、等级混淆、包装破损者，由交货方整理后再进行抽检。

3. 取样方法

成批包装的花椒取样按 GB/T 12729. 2—1991 的方法进行，抽取的实验室样品总量不得少于4 千克净产品。分散采收、散装交接的花椒，应随机从样本的上、中、下不同方位抽取基础样品，基础样品混合及缩分后，至少应再等分为实验室样品和仲裁样品。基础样品的抽取总量按货批量的大小决定（1000 千克以上取 0. 5%，500~1000 千克取 1%，200~500 千克取 2%，200 千克以下取 4 千克），抽取的实验室样品总量不得少于 2 千克。

4. 判定规则

检验结果中有任何 1 项指标不符合《陕西省地方标准 花椒》感官指标、理化指标规定的某一等级指标要求时，应相应降级，直至各项指标都符合所规定的等级要求。卫生指标中有 1 项不符合要求者，则判该批产品不合格。

六、花椒的加工利用

1. 花椒的精选

花椒的精选是对干制花椒进一步去杂加工的过程，以生产高档的商品花椒产品。精选采用专门的花椒精选机进行。经过精选机加工后，可使果皮、种子、果柄、碎枝、碎叶、杂质彻底分离，形成不同等级的产品（图 2-9-5、图 2-9-6）。

图 2-9-5　花椒筛选机

图 2-9-6　花椒筛选机

2. 花椒（果皮）加工

1）原椒加工　主要指对经筛选选出的花椒进行包装，然后作为初级加工产品进入市场，网络销售。一般的是将精选花椒装入 250 克、500 克、1000 克不等的塑料袋内，然后热封；比较先进的是采取真空包装机封装。产品形式如图 2-9-7 所示。

图 2-9-7　花椒初加工及包装

2）香料类加工　以花椒为主的香料是我国家家必备、食品行业不可或缺的佐料。以花椒为主料，根据产品设计，按不同要求

加入大茴、小茴、草蔻、良姜、生姜、蔻仁、砂仁等调料，可制成五香粉、八香粉、十全大料等调味品。加工方法比较简单，一般是把花椒与大小茴香、八角等香料按用途、比例粉碎成粉，装袋、装瓶、装盒即可。

3)花椒调味油的加工　花椒油是调制凉食的重要作料(图2-9-8)。

(1) 工业加工法：以鲜花椒为原料的花椒调味油。加工时先将食用菜油放入锅中，加热烧开使油末散后，停止加热，待油温降至120~130℃时，按菜油与花椒1∶0.5的比例倒入鲜花椒，立即加盖密封。冷却后用离心机在1600~200转/分下离心，去除沉淀，装瓶。加工花椒油时，要严格掌握油温：温度过高，会使麻味素受到破坏，芳香物质迅速挥发；油温过低，不能使麻味素和芳香物质充分溢出，影响产品质量。

图2-9-8　花椒油

(2) 家庭制作方法

a. 油淋法：将鲜花椒放在漏勺中，用180℃的油（油、椒比1∶0.5)浇在漏勺里的花椒上，待花椒色由红色变白为止。将制成的花椒油冷却后装瓶密封保存。

b. 油浸法：将油温加热至102~140℃时，按油、椒1∶0.5的比例，将花椒倒入油中并立即加盖，使香麻味充分溶于油中，冷却后去渣装瓶保存。

4) 提取芳香油、香精

(1) 提取芳香油：花椒皮含芳香油4%~7%，主要成分有花椒烯、水茴香萜、香叶醇、香芋醇等，提出后，经过加工处理可用

于调配香料。

（2）提取花椒精（麻味素）：将花椒粉碎，用酒精浸泡，使花椒精溶于酒精，然后蒸馏萃取可得到工业用花椒精。花椒精广泛应用于食品加工行业或作为药用。

5）保健类产品　花椒归肺、肾、肝三经，具有温中止痛，祛湿散寒，补肾阳，明目，消食等作用。花椒水泡脚去寒湿，帮助消除水肿等。近年来开发出的以花椒为主料的保健类产品很多(图 2–9–9)。

图 2–9–9　花椒加工的保健品

图 2–9–10　花椒芽菜

3. 花椒叶、芽利用

1）花椒嫩芽利用　花椒嫩芽、嫩叶是很好的蔬菜，香味浓郁，味道可口，民间有普遍食用的传统。作为抹芽副产品加工或者出售，可以增加花椒的附加值；作为一项产业，采取大棚生产花椒芽菜也很普遍。芽菜加工有：

（1）芽菜加工。采用人工或机械清洗，除去老叶等不可食用部分并适当切分，放入清水加 1%~1.5%的盐水、亚硫酸钠水溶液等特制护色液中，进行护色处理，再进行烫漂等工艺，装瓶销售（图 2–9–10）。

（2）芽菜干制。在上述加工基础上，沥干水分或用振动筛和离心机脱水。工艺流程：原料选择→清洗→整理→护色处理→烫漂→干燥→后处理→成品→包装。

2）花椒叶子利用　花椒叶子香味浓，口感好，将干叶子碾碎和入面粉中烙饼、蒸馍都别有风味，十分受人喜爱。秋季落叶前采摘无病虫的叶子，清洗、消毒、晾干后装袋、装盒作为产品销售(图2-9-11)。

图2-9-11　花椒干叶

4. 花椒籽榨油

花椒籽含油多在20%~30%。椒籽油味麻、辛香，可以烹饪，更宜凉调食用。工业上还以用来制作润滑剂或掺和油漆，制作肥皂等。

1）螺旋压榨　将椒籽用铁锅炒后，按3%~5%加水，放入螺旋榨油机压榨。

2）液压榨油　花椒籽去杂，用铁锅炒熟，以口尝清香、不糊为宜，并加适量清水，拌成粉末状。用结实的袋子分装，分层装入压榨机，启动千斤顶压榨。

3）土法熬油　花椒籽炒后粉碎成粉末状，按椒籽与水2∶2.5的比例，把椒籽粉末倒入开水锅中，用铁勺搅动，使之均匀，以文火加热，油即浮在水面，用勺撇出后，再用勺在沉渣上轻压，促使其再次出油，直至不出为止。

4）油渣利用　油渣含粗渣的10%左右，可加其他配料制成动物饲料，也可加上其他无机元素制成高效有机化肥，开发前景

广阔。

5）**花椒籽榨油**　花椒籽皮厚，一般榨油机容易堵塞；花椒籽表皮有一定的不饱和脂，容易氧化变质，原料不能长期保存等。近年来研制出了立式刮栅型花椒籽脱皮机，先把种皮和种仁分开，然后再压榨，较好解决了花椒籽食用油生产问题（图 2-9-12）。

图 2-9-12　花椒籽油压榨机

七、花椒产品的包装、运输和贮藏

（一）包装

主要指花椒果皮的包装。

（1）出口花椒，按外贸部门统一规定包装贮藏。

（2）大包装采用无异味的，经防虫处理的编织袋或纸箱包装，袋（箱）内加一层 0.18 毫米左右的聚乙烯薄膜袋。内、外袋口缝扎紧，袋上包装标志按 GB7718—2004 规定执行，标明品种、等级、净重、产地及检验人员姓名或代号等。

(3) 小包装采用防潮、防霉变、防串味食品密封袋包装，袋内重量依照市场和顾客需要确定。袋口密封，装入小包装盒，外套塑料包装纸。小包装盒包装标志按 GB7718—2004 规定执行，标明品种、等级、净重、产地及检验人员姓名或代号。

(二) 运输

花椒皮及产品运输，注意防雨、防潮、防暴晒，严禁与有毒物品、有异味物品混装；禁止与其他物品混装，以防与其他物品串味；严禁用含残毒、有污染的运输车运载。

(三) 贮藏

花椒产品应贮藏于通风、干燥、无阳光直射的室内。库房要专库专用，通风防潮，不能与化肥、农药及有异味的物品混放，也不能与其他物品混贮藏。装卸和堆垛花椒，禁止踩踏，并注意防鼠害、防虫、防潮湿、防霉变。

附件

延安花椒生产管理年历表

月份	旬	物候期	管理内容		
			土壤管理	整形修剪	病虫防治
3	上	休眠期	秋季未施肥的，幼树每株15：15：15复合肥 1~2 千克，混合有机肥 10 千克；大树复合肥 2~3 千克，有机肥20~30 千克，混合后施入表土沟，或者混合后撒在树盘上，然后用黑白双色地膜覆盖	未完成冬剪的继续修剪	1. 根据预报，可能发生晚霜危害时喷“霜迪丰”2次或“天达2116”等。 2. 检查并刮治花椒窄吉丁、木蠹蛾，并涂抹保护剂 3. 萌芽前树上喷5波美度石硫合剂
	中				
	下	萌动期			
4	上	发芽	1. 采用人工或者机械安装除草轮除草，切忌旋耕 2. 花量大的树采取放射状沟施，或水溶肥稀释后用射枪浇灌方式补肥	1. 抹芽除萌。幼树基部不留萌芽，老树选留萌芽更新主枝 2. 摘心。主枝上背上、过长梢两侧、背下过旺新梢摘心促萌，转化为枝组，增加枝组级次 3. 花前复剪定花，增加花序坐果率	1. 准备防霜冻材料，并在霜冻来临前燃放烟雾。叶可喷芸苔素等 2. 4 月下旬（花后）喷吡虫啉+高氯菊酯类农药，防治蚜虫等虫害
	中	展叶			
	下	抽梢			

续表

月份	旬	物候期	管理内容		
			土壤管理	整形修剪	病虫防治
5	上	花期	1. 采用人工或者机械除草 2. 中下旬叶面喷施 0.3%～0.5% 尿素+磷酸二氢钾或高磷水溶肥	1. 摘心、剪梢，增加枝组级次，调整光照，健壮枝组。除去无用萌芽 2. 拉枝变角、变向，调整角度和方位	5月上中旬喷灭蚜净或啶虫脒+溴氰菊酯+吡唑嘧菌酯+叶面肥，防治锈病、花椒炭疽病及其他虫害，增加养分
	中				
	下	幼果期			
6	上	果实膨大期	1.刈割杂草并进行树盘覆盖 2. 花量大的树用水溶肥穴灌，或用射枪浇灌方式补肥	继续做好拉枝、摘心、剪梢等夏季管理工作	6月上旬喷吡虫啉+代森锰锌+苯醚甲环唑+氯氰菊酯+叶面肥，防治蚜虫、锈病和其他害虫。有红蜘蛛时需要哒螨灵类杀螨农药防治
	中				
	下				
7	上	膨大期	继续割草覆盖树盘。维修鱼鳞坑、地埂，保持水土	继续对摘心后的二次长旺枝摘心促壮	7月上旬喷甲基硫菌灵+溴氰菊酯+叶面肥，防治花椒落叶病和凤蝶、刺蛾、毛虫类等
	中	着色期			
	下	采摘期			

续表

月份	旬	物候期	管理内容		
			土壤管理	整形修剪	病虫防治
8	上	采摘期		结合采摘回缩衰老、过密枝	
	中	花芽形成期	继续割草覆盖树盘，补充水溶肥料，促进成花		采收后，喷硫酸铜、石灰、水1∶3∶160波尔多液防治落叶病
	下				
9	上	花芽形成期	继续割草覆盖树盘，维修地埂、鱼鳞坑	继续做好生长季修剪管理工作	如落叶病严重，喷杀菌农药防治，保护叶片
	中				
	下	营养积累期	叶面喷施0.5%尿素，促进树体营养积累	抹掉萌芽、萌蘖枝	清除腐烂枝、病虫枝
10	上	落叶期	清扫落叶并向树盘覆盖	清除干枯枝、病虫枝	检查刮治花椒窄吉丁、柳木蠹蛾、天牛等蛀干害虫
	中				
	下				
11月至次年2月		休眠期	做好捡拾、修剪枝条，清扫落叶等清园工作	冬季修剪。夏剪搞好的幼树冬季不需要修剪，或者对个别枝进行修剪。结果树重点是回缩各级结果枝组、主枝上的小结果枝组	1. 用5%的生石灰+石硫合剂+食盐+喷干（主干和大枝）防冻 2. 开春后用5%石灰乳全树喷白防冻

注：1. 黄河沿岸地形、地类复杂，管理水平参差不齐，所以，本管理方案应参考执行。

2. 病虫防治农药种类多，含量、使用浓度不一，应按说明书使用。

附录

附录 A　花椒苗木分级标准

种类	苗龄	级别	地径/厘米	大于5厘米长侧根数	侧根长厘米	产苗量（万株/亩）	Ⅰ、Ⅱ级苗占总产量的百分率	综合控制指标
播种苗	1年生	Ⅰ	>0.6	≥6	≥15	1	80.0以上	苗木无明显损伤，充分木质化
		Ⅱ	0.4~0.6	≥4	≥12			

附录 B　苗木检测抽样数量

单位：株

苗木株数	检测株数
500~1000	50
1001~10000	100
10001~50000	250
50001~100000	350
100001~500000	500
500001以上	750

附录 C　花椒基肥施肥量表

单位：千克

树龄	农家肥	磷肥	尿素
2~5年	10~15	0.3~0.5	0.1
6~8年	15~20	0.5~0.8	0.3
9年以上	20~50	0.8~1.5	0.5

附录 D　花椒土壤追肥量表　　　　单位：千克

追肥时间	树龄	氮肥	磷肥	钾肥
花蕾形成	幼树	0.2~0.3	0.2~0.3	
	盛果树	0.2~0.5	0.3~0.6	
	老弱树	0.4~0.5	0.5~0.8	
花椒成熟前 1.5 个月	幼树	0.1~0.2	0.3~0.5	0.2~0.3
	盛果树	0.15~0.25	0.5~1.0	0.3~0.5
	老弱树	0.2~0.3	0.5~1.2	0.4~1.0

附录 E　花椒根外追肥肥种及浓度表　　　　单位：%

追肥时期	肥种	浓度/%
花期、果实膨大期	尿素	0.3~0.5
花期、果实膨大期	硫酸铵	0.2~0.3
花期、果实膨大期	过磷酸钙	1.0~2.0
花期、果实膨大期	磷酸二氢钾	0.2~0.4
花期	硼酸	0.1~0.3
果实膨大期	硫酸钾	0.4~0.8
果实膨大期	硫酸亚铁	0.3~0.5
果实膨大期	钼酸铵	0.5~1.0
果实膨大期	硫酸铜	0.2~0.5
果实膨大期	草木灰	3.0~5.0

参考文献

[1] 朱建，冯敏杰．花椒［M］．西安：陕西科学技术出版社，1993.

[2] 张炳炎．花椒病虫害诊断与防治原色图谱［M］．北京：金盾出版社，2006.

[3] 王有科，南月政．花椒栽培技术［M］．北京：金盾出版社，1999.

[4] 唐俊昌．花椒栽培管理技术 100 问［M］．西安：陕西科学技术出版社，2007.

[5] 云丰民．花椒［R］．韩城市花椒研究所，2001.

[6] 李五建，杨途熙．花椒［M］．西安：三秦出版社，2013.

[7] 鲜宏利，孙丙寅，云丰民，等．花椒优质丰产栽培技术图例［M］．杨凌：西北农林科技大学出版社，2015.

[8] 党心德，蒲淑芬．花椒栽培及病虫防治［M］．成都：天地出版社，1998.

[9] 羽鹏芳，刘显星，张村锁．花椒优质丰产栽培技术［M］．上海：科学技术文献出版社，2003.

[10] 王振功，张保福，羽鹏芳．花椒主要病虫害防治技术［C］．陕西林业，2004（2）．

[11] 羽鹏芳．黄河沿岸山地花椒栽培技术研究与推广［M］．2011．